大学課程

電機設計学

改訂3版

竹内 寿太郎　原著
西方 正司　監修

第1版のまえがき

本書の前身は故竹内寿太郎博士著の「電機設計大学講義」で，電気機器設計理論の骨子である装荷分配に関する「微増加比例法」の根拠を解説するとともに，各種機器にそれを適用して設計計算を進める手順を簡明にまとめた図書として，大学の教科書としてはもちろん，広く電気技術者にも親しまれてきたものである．

同書は昭和28年に出版され，同43年に改訂版が出されたが，それから既に10年余を経ている．

微増加比例法の理論は今日でも何ら変わるものではないが，絶縁物その他の材料の進歩や，パワーエレクトロニクスと電気機器との結合に伴う新技術の開発，さらには電気機器設計における電子計算機の利用など，さきの改訂版以後に電機設計に関連する新問題が次つぎと生じてきた．

著者は故人になられたが，この名著を時代に即応した形に再改訂をして残したいとの声が博士の教えを受けた者の間から生じ，原著の気品を慎重に維持した上で，新しい書として書名も「大学課程 電機設計学」として公にすることとなった．このような経緯で原著の改訂が行われるということは極めて異例で，新しい書名，その内容などについてオーム社とも審議を重ねた後，編者らが新原稿の分担をして改訂が進められ，全体の原稿の調整を磯部が行った．

新しくなった本書は，だいたい原著と同じ形で構成されているが，パワーエレクトロニクスや電子計算機などの電機設計への関わり合いについて，短いながら新たに章を加えて説明した．第2章の微増加比例法の理論展開の所はほとんど前のままとしたが，章末において装荷分配定数や基準磁気装荷については最近の数値に改めた．

同期機をはじめとする各種機器の設計例の詳しい設計手順もたいだい原著と同じように進めてあるが，計算例はすべて新しい例題に改めた．とくに交流機の漏れリアクタンスの計算は原著では簡略に過ぎた感があったので新しい算式を示し，直流機の設計例は原著では発電機をとり上げていたが本書では電動機の例に改めた．また配電用変圧器の設計においては巻鉄心を用いたものに改めるなど，全面的に新しい原稿を起こして改訂が進められた．

その他原著以後の JEC の規格の改訂，単位の呼称や用語の変更などについても現行のものに沿って改められた．

本書はこのようにして編者らが今日の電気機器設計に適合する書とすべく細心の注意を以て完成したものであり，大学における電気機器工学カリキュラムにおける設計学のテキストとして自負できるものと信じている．

この書が機器の設計はもちろん，その構造，理論を学ぶ読者にとっても良き参考書となれば幸いである．

終わりに，貴重な御業績を遺された故竹内寿太郎先生に，謹んで本書を捧げるものである．

1979 年 8 月

編者を代表して

磯 部 直 吉 しるす

改訂2版発行にあたって

本書が“大学課程 電機設計学”と改称して公にされた経緯については，1979年改訂版の“まえがき”に記した．

本書は，電気機器の設計法に関して原著者竹内寿太郎博士が提唱した“微増加比例法”を説明し，その理論に従って回転機および変圧器等の具体的設計例を述べたもので，大学，短期大学等の電気系学科において教科書として永く広く使用され今日に至っている．微増加比例法は電機設計の基礎理論で不動のものであるが，設計例などは時代の変化に応じた内容を保っていなければならない．

1986年に電気機器を構成する主要材料である“けい素鋼帯”のJIS規格が改正され，鋼帯の種類を厚さと，無方向性か方向性かを示す記号および鉄損保証値の三者の組合せで表示するように改められた．このことは本書の全章に関連することであり，再改訂の必要に迫られた．

そこで先ず，第1章にあるけい素鋼帯に関する二つの表を新規格に従って鋼帯の種類の呼称を改め，新規格に示された鉄損値から逆算して表の中のヒステリシス損係数およびうず電流損係数の検討を坪島委員が詳細に行い，これらも改めた．これに伴い，各章の設計計算例についても，目次の各章ごとに示した担当委員が本文および章末の付録設計表も含めて鋼帯の呼称を改めたほか鉄損に関連する数値を見直し，効率や温度上昇も再計算の後新数値に改めた．

なお，前の版と大きく異なる点は，回転機の設計例においては鋼帯の厚さ0.50 mmのものを用い工程短縮を図り，一方変圧器においては効率を重視するため厚さ0.30 mmを用いている点で，これらは時代の趨勢である．

また，第8章はさきの改定後のパワーエレクトロニクスの進歩に合わせて大幅な書換えを行った．

以上の見直しがJISの改正からやや遅れた感があるが，今度の改訂によって時流に沿った内容となり，教科書としての適正さを取り戻したと信ずるものである．

改訂にあたり各章の編者に積極的に数値の再計算，書換えにあたっていただいたことを記し，深謝するものである．

1993 年 1 月

磯　部　直　吉

改訂3版にあたって

第二次世界大戦中の1944年に故竹内寿太郎博士により『電気機器設計学』（オーム社）が著された．この本は時代の変遷・要請とともに改訂され，この度の改訂3版は5回目にあたる．前回の改訂2版が発行されてから既に20年以上が経過し，改訂に寄与された編者諸氏は既に他界されている．しかしながら，いまなお多くの大学や高専等で教科書として採用されていることから，オーム社より改訂版発行の検討依頼があった．これは，竹内先生やこれまでの改訂を取りまとめられた故磯部直吉先生にご縁があったためと思われる．そこで，明電舎の関係者に相談したところ，改訂への全面的協力を快諾いただいた．

今回の改訂にあたっては，前回改訂からかなりの年月を経過しているので，全面的に見直すこととした．主要な変更点を以下に示す．

1. 電気機器を構成する種々の材料の特性・性能が，前回改訂の時点より大幅に向上し，関連するJIS, JEC規格が改訂されたので，本書の内容を最新の規格に準拠するよう全面的に見直した．

2. 近年，希土類磁性材料を用いた永久磁石の性能が著しく向上し，永久磁石電動機が産業用，民生用等多くの分野で使用されるようになったので，新たに第5章「永久磁石同期電動機（PMモータ）の設計」を加えた．

3. 三相誘導電動機（第4章）の特性計算には，長年用いられてきた円線図計算法に代わり，近年等価回路が利用されるようになったので，改訂2版まで記載されていた円線図計算法については削除した．

4. 従来，寸法の単位としてセンチメートルが多く使用されていたが，製造現場の実態に合わせてミリメートルに統一した．

5. 近年，電気機器関連の講義時間数などの関係で巻線法の詳細についてほとんど説明されなくなったので，読者の便宜を図るため，第３章「三相同期発電機の設計」の導入部に巻線の具体的なイメージが湧くことを目的とした説明を追加した．

6. 使用される専門用語のうち，読み方がわかりにくいと思われる用語については，ルビをふって読者の便宜を図った．

改訂にあたっては，原著からこれまでの改訂版に至るまで通底している「機器設計の基礎」をベースに，各章をそれぞれの分野のエキスパートが分担して，現時点の設計について執筆した．これにより，最新の電気機器設計の要点が理解できよう．さらに近年，「必ずしも解が一つでない課題に対して，種々の技術等を統合して，実現可能な解を見つけ出すのに必要な能力」を涵養（かんよう）するため，デザイン教育の充実が求められているが，今回の改訂により本書がこれらの要望に多少なりとも役立つものと確信している．

以上のように，本書は現在利用されている主要な電気機器の最新の設計について記述したものであるが，原著者の竹内寿太郎博士が70年以上も前に創案した電気装荷と磁気装荷の分配を行う微増加比例法の考え方が，新規に追加された永久磁石電動機の設計を含めてすべての電気機器に適用されており，原著者の洞察力が如何に優れていたか，感服する次第である．

本書が電気機器設計の標準的な教科書として，末永く電気機器関連分野の教育やデザイン能力の向上に役立ち，また電気機器設計の実務に携わる方々の良き参考書として利用いただけるものと信じるものである．

本書を，竹内寿太郎先生に謹んで捧げるとともに，これまでの改訂に尽力された磯部直吉先生をはじめ，明電舎の関係各位に深甚の謝意を表するものである．

2016年10月

監修者　西方　正司

目　　次

第1章　電気機器の本質とその内容

1・1　電気機器の寸法と容量の関係 …… 1
1・2　電気機器の損失 …… 3
1・3　絶縁の種類と温度上昇限度 …… 8

第2章　電気機器設計の基礎原理

2・1　二つの基本的な計算問題 …… 11
2・2　電気機器の容量を表す一般式 …… 16
2・3　鉄機械と銅機械 …… 20
2・4　完全相似性にある機器 …… 22
2・5　不完全相似性にある機器 …… 26
2・6　微増加比例法の理論 …… 30
2・7　微増加比例法の実際 …… 32
2・8　装荷の計算法と最近の機器の基準装荷と装荷分配定数 …… 39

第3章　三相同期発電機の設計

3・1　三相同期機の巻線法 …… 43
3・2　三相同期発電機の設計例 …… 47

第4章　三相誘導電動機の設計

4・1　三相誘導機の巻線法 …… 77
4・2　巻線形三相誘導電動機の設計例 …… 80
4・3　かご形三相誘導電動機の設計例 …… 99

第5章　永久磁石同期電動機（PMモータ）の設計

5・1　PMモータの概要 …… 117
5・2　PMモータの設計例 …… 121

第6章　直流機の設計

6・1　直流機の電機子巻線法 …… 139
6・2　直流機の仕様について …… 144
6・3　直流電動機の設計例 …… 145

第7章　変圧器の設計

7・1　変圧器の鉄心 …… 181
7・2　変圧器の巻線 …… 183
7・3　変圧器の設計例（1） …… 187
7・4　変圧器の設計例（2） …… 200
7・5　設計フロー …… 210

第8章　電機設計総論

8・1　電機設計の要旨 …… 217
8・2　D^2l 法か，装荷分配法か …… 219

第9章　パワーエレクトロニクスと電機設計

9・1　半導体装置と電気機器の組合せ …… 225
9・2　電気機器に及ぼす半導体装置の影響 …… 226

付　録　コンピュータの利用 …… 233

索　引 …… 237

第1章　電気機器の本質とその内容

まず，電気機器がどんな点で他の動力機械と異なっているかを考えてみよう．

一般の動力機械たとえば水車，エンジンおよび蒸気タービンなどはいずれもその構造が中空であって，そこにエネルギーをもつ物質すなわち水，油，ガスあるいは蒸気などが流入して，機械エネルギーを発生させるようになっている．

ところが電気機器の構造は中空ではなく，発生されるエネルギーは機器の一部を構成する導線内の電子の運動によるものである．このことから，たとえばガソリンエンジンでは，それに供給するガソリンの良否によってエンジンの特性が左右されるが，電気機器では導線がもつ自由電子の量と状態，磁路の材質などによって特性が決められるので，主要材料の良否が直接機器の特性を支配し，それが宿命的であることは見逃せない．

そればかりでなく，電気機器は他の動力機械に比べて使用材料の種類が非常に多いことに注目すべきである．一般の動力機械では主要材料がおもに金属であるが，電気機器では構造材料としての金属とならんで磁性材料が多量に使用され，さらに絶縁物として多品種の有機，無機質の固体，液体材料が用いられている．

近年，磁性材料については特性が向上するとともに損失が減少し，絶縁材料においては絶縁耐力が上がる一方，許容温度も著しく高くなった．このような材料の革新は，設計技術の進歩と相まって，電気機器を著しく小形化し，また高効率化することに役立っている．ただし，絶縁材料が変質する温度以下で使用しなければならないという制限を依然として受けている点が，他の動力機械と異なることを常に留意すべきである．

また，電気機器は本来，特性の制御性能が優れている．近年パワーエレクトロニクスの進歩と呼応して，その特性の改善が著しく，これは他の動力機械と比べて著しく優位な特徴である．この特徴を発揮するためには，電気機器の設計に当たっては，用途に応じて，制御方式も含めて吟味することが大切である．

1・1　電気機器の寸法と容量の関係

まず，電気機器の寸法と容量の間には一般的にはどんな関係があるのか，きわめて大まかに考えてみることにする．

ある電気機器の各部分の寸法を，立体写真で引き伸ばしたようにすべて2倍にしたら，容量は何倍になるであろうか．

各部分の寸法が2倍になったのであるから電気回路の導線の寸法も2倍になるので，断面積は$2^2=4$倍になる．一般に電気機器では導線の電流密度は3 A/mm^{2}くらいにとり，寸法が2倍の機器では4倍の電流を流しうることになる．

同様に磁気回路の寸法も2倍になるので，磁束の方向に直角な磁路の断面積は$2^2=4$倍になる．一般に鉄心の磁束密度は1Tくらいにとり，これもだいたい一定であるとみることができるから，寸法が2倍の機器では磁束を4倍通すことができると考えてよい．したがって，この磁束によって生じる起電力は4倍になる．

このように，電流，電圧ともに4倍になるのであるから，寸法が2倍の機器は元の機器の容量の$4\times4=16$倍になることになる．たとえば100 kWの電動機の各部分を2倍にして作った電動機は1 600 kWの容量になるわけである．

ところで寸法が2倍になった機器の容積は$2^3=8$倍であり，各部分の材質を元と同じものとすれば重量も8倍である．言いかえれば8倍の材料を使って16倍の容量が得られるわけで，機器の容量が大きいほど単位容量当たりの所要材料は減り，原価も安くなることになる．

次に，このように寸法が2倍になった機器の効率や温度上昇はどうなるであろうか．

寸法が2倍になると前記のように重量は8倍になる．電流密度と磁束密度は一定と考えたから単位重量当たりの銅損と鉄損は一定であり，全体の銅損および鉄損は8倍になる．そして容量は16倍になるので単位容量当たりの損失は$8/16=1/2$倍になるから，容量の大きい機器ほど効率が高くなる．

ところが，損失による熱を大気中に放散する冷却面積すなわち機器の表面積は$2^2=4$倍である．機器の温度上昇は単位冷却面積当たりの損失に比例するから，2倍の寸法の機器は損失が8倍になるにもかかわらず冷却面積は4倍にしかならないので，温度上昇が2倍になることが予想される．

以上のことから，電気機器の寸法を相似形に拡大すると容量は4乗に比例して増大し，効率はよくなり材料費も割安になる利点はあるものの，温度上昇はかえって高まる欠点があることがわかった．

実際の機器についてみると，大容量のものほど冷却面積を大きくするために種々の冷却機構が工夫されており，また機器の形も必ずしも相似形ではない．

たとえば，数 kVA の柱上変圧器では本体を簡単なタンクに収めるだけであるが，数千 kVA の変圧器ではタンクの外側に放熱器を付け，さらに大形のものは，ファンで空冷する放熱器に絶縁油をポンプで強制循環して冷却効果を高めている．また回転機の大形のものになると，風胴を作ってそこに冷却風を送るファンを設けたものや，風胴内を水素ガスで冷却するとか水冷のパイプを設けるなど，さらには導線の内部に油か水を通して冷却するなどいろいろな工夫をしている．

また電流密度，磁束密度も機器の大きさや冷却装置に応じて変えるようにしていることに注意すべきである．

1・2　電気機器の損失

損失という言葉から考えるとむだ，無益であるからないほうがよいとも思われるが，電気機器について考えると損失は必ずしも無益なものではないといえる．

たとえば絶縁物が吸湿すると絶縁性能が低下して困るが，損失による熱は幸いに機器を乾燥させるのに役立っている．また回転機の回転子では風損を生じているが，これによって機械は冷却され，絶縁物が許容温度以上にならないよう効果をあげている．ファンを付けると風損が増えるものの冷却風量を増やすことができるので，これによって機器の容量を増加することもできるのである．

電気機器の損失を鉄損，銅損および機械損に分けて，それぞれがどんな形で発生するかを考えてみる．

1・2・1　鉄　　損

変圧器の鉄心，直流機および交流機の電機子鉄心内では磁束が変化し鉄損を生じるから，それをできるだけ少なくするために1～3％のけい素を含有した薄い各種のけい素鋼帯が使われている．変圧器用として高磁束密度で鉄損の低い方向性けい素鋼帯および磁区を細分化した磁区制御材，また6.5％のけい素を含有させることにより低騒音で高周波用途に適した鋼帯など，けい素鋼帯の特性が進歩し種類も整備されたので，機器の設計に当たっては特性に見合う鋼帯を容易に選択できるようになっている．

鉄心内を交番磁束が通るとうず電流損とヒステリシス損を生じることは周知であり，前者は鋼帯の厚さ d の2乗，周波数 f の2乗および磁束密度 B の2乗に比例する．後者は鋼帯の厚さに無関係で，f に比例し B の1.6～2乗に比例するといわれるが，鉄心内のBが1T以上の高い値ではヒステリシス損もBの2乗に比例するとみるほうが実際的である．よって鉄心1kg当たりの損失w_fは

$$w_f = B^2\left\{\sigma_h\left(\frac{f}{100}\right) + \sigma_e d^2\left(\frac{f}{100}\right)^2\right\} \quad [\mathrm{W/kg}] \tag{1・1}$$

ここに，σ_h：ヒステリシス損係数，σ_e：うず電流損係数

として表される．各種の鋼帯について規格で定められた磁束密度B_0におけるw_0〔W/kg〕の実際値と，これに対するσ_hおよびσ_eの値をまとめて示したのが**表1･1**である．

表1・1　鉄心用鋼帯の種類と損失および係数

名　称 適用規格	用途	厚さ〔mm〕	種類記号	σ_h	σ_e	w_0〔W/kg〕	密度〔kg/dm^3〕
無方向性電磁鋼帯 (JIS C 2552：2014)	回転機など	0.5	50A290	1.45	8.7	2.9	7.60
			50A310	1.55	9.3	3.1	7.65
			50A350	1.75	10.5	3.5	7.65
			50A400	2.00	12.0	4.0	7.65
			50A470	2.35	14.1	4.7	7.70
			50A600	3.00	18.0	6.0	7.75
方向性電磁鋼帯 (JIS C 2553：2012)	変圧器など	0.23	23R080	0.34	4.81	0.80	7.65
		0.27	27P095	0.35	6.79	0.95	7.65
		0.30	30P105	0.40	7.18	1.05	7.65
		0.35	35G155	0.62	10.06	1.55	7.65

〔注〕1. w_0は周波数50Hz，最大磁束密度1.5T（JIS C 2552：2014），1.7T（JIS C 2553：2012）における値である．
2. 本表の厚み以外にJIS C 2552：2012では0.35mmおよび0.65mmのものが規格化されている．
3. 密度はJIS C 2552：2014およびJIS C 2553：2012に示されたものである．
4. JIS C 2553：2012における機種記号はG：普通材，P：高磁束密度材，R：磁区制御材を表している．

w_0がわかっていれば，dおよびfが同じでB_0がBに変わる場合のw_fの値は

$$w_f = \left(\frac{B}{B_0}\right)^2 w_0 \quad [\mathrm{W/kg}] \tag{1・2}$$

として容易に計算することができる．

ところが式（1･1）で計算される鉄損は，鋼帯に一様な磁束密度を与えて交番させた場合（エプスタイン装置による鉄損測定のように）のことで，実際の電気機器では鉄心内の磁束密度は一様でなく，しかも交番磁束ばかりでなく回転磁束も含まれているので，実際の鉄損は式（1･1）で求められる値より大きくなる．

なお回転機の電機子鉄心では，歯の部分の磁束分布およびその時間的変化がいっそう複雑であるから，実際の回転機における鉄損は式（1･1）による値の2～3倍，変圧器のように比較的鉄心構成の簡単なものでも1.05～1.3倍に増加する．なお，この損失増加はヒステリシス損，うず電流損の両者が一様に増加するのではないので，実際の損失計算に便利であるように式（1･1）を次のように修正しておく．

〔1〕 **変圧器鉄心の場合**　ヒステリシス損係数σ_h，およびうず電流損係数σ_eがそれぞれ$f_h\sigma_h=\sigma_H$，$f_e\sigma_e=\sigma_E$（$f_h>1$，$f_e>1$）に増すものとすると，式（1･1）は

$$w_f=B^2\left\{\sigma_H\left(\frac{f}{100}\right)+\sigma_E d^2\left(\frac{f}{100}\right)^2\right\}\quad〔\mathrm{W/kg}〕\qquad(1\cdot3)$$

に修正される．これらの係数σ_H，σ_Eは実際の変圧器の場合，**表1･2**のような値である．

表1・2　実際の機器のヒステリシス損およびうず電流損係数

鋼帯の種類＼係数	回転機				変圧器	
	継鉄部分		歯の部分			
	σ_{Hc}	σ_{Ec}	σ_{Ht}	σ_{Et}	σ_H	σ_E
50A290	2.18	17.4	3.63	30.5	—	—
50A310	2.33	18.6	3.88	32.6	—	—
50A350	2.63	21.0	4.38	36.8	—	—
50A400	3.00	24.0	5.00	42.0	—	—
50A470	3.53	28.2	5.88	49.4	—	—
50A600	4.50	36.0	7.50	63.0	—	—
23R080	—	—	—	—	0.39	4.95
27P095	—	—	—	—	0.40	7.0
30P105	—	—	—	—	0.46	7.4
35G155	—	—	—	—	0.71	10.4

〔2〕 **回転機鉄心の場合**　回転機鉄心においては継鉄部分と歯の部分では磁束の通り方が大きく異なるので，鉄損の増加する程度を別々に考慮して，継鉄部分の鉄損w_{fc}は

$$w_f=w_{fc}=B_c{}^2\left\{f_{hc}\sigma_h\left(\frac{f}{100}\right)+f_{ec}\sigma_e d^2\left(\frac{f}{100}\right)^2\right\}$$

$$=B_c{}^2\left\{\sigma_{Hc}\left(\frac{f}{100}\right)+\sigma_{Ec} d^2\left(\frac{f}{100}\right)^2\right\}\quad〔\mathrm{W/kg}〕\qquad(1\cdot4)$$

ここに，B_c：継鉄部分の磁束密度〔T〕，$f_{hc}\sigma_h=\sigma_{Hc}$，$f_{ec}\sigma_e=\sigma_{Ec}$（$f_{hc}>1$，$f_{ec}>1$）で表すことにする．そして σ_{Hc}，σ_{Ec} の値は実際の回転機の場合，表1･2のような値である．

歯の部分の鉄損 w_{ft} は

$$w_f=w_{ft}=B_t^{\,2}\left\{f_{ht}\sigma_h\left(\frac{f}{100}\right)+f_{et}\sigma_e d^2\left(\frac{f}{100}\right)^2\right\}$$

$$=B_t^{\,2}\left\{\sigma_{Ht}\left(\frac{f}{100}\right)+\sigma_{Et}d^2\left(\frac{f}{100}\right)^2\right\}\quad〔\mathrm{W/kg}〕\tag{1・5}$$

ここに，B_t：歯の部分の磁束密度〔T〕，$f_{ht}\sigma_h=\sigma_{Ht}$，$f_{et}\sigma_e=\sigma_{Et}$（$f_{ht}>1$，$f_{et}>1$）で表される．そして σ_{Ht}，σ_{Et} の値は実際の機械の場合，表1･2のような値である．

式（1･3）から（1･5）で単位重量当たりの鉄損 w_f を知れば，鉄心重量 G_F〔kg〕を求めて鉄損 W_F を

$$W_F=G_F w_f\quad〔\mathrm{W}〕\tag{1・6}$$

として計算できる．

1･2･2　銅　　損

電気機器の電気回路には主として銅が，まれにアルミニウムまたは黄銅が用いられている．電気機器の巻線抵抗は耐熱クラスごとに定められた温度に対応した値に換算し，機器の特性計算は巻線がこの温度にあるとして行う．これを基準巻線温度といい，耐熱クラス105（A）と120（E）の場合は75℃，耐熱クラス130（B）の場合は95℃，耐熱クラス155（F）の場合は115℃，耐熱クラス180（H）の場合は135℃である．電気用銅材の電気抵抗の規格としてJIS C 3001:1981があり，体積抵抗率 ρ は導電率の逆数として定められている．20℃における銅の体積抵抗率は $\rho_{20}=1/58=0.01724\ \Omega\cdot\mathrm{mm^2/m}$ で，温度上昇による増加は1℃にて $0.000068\ \Omega\cdot\mathrm{mm^2/m}$ である．したがって，巻線温度75℃の体積抵抗率は

$$\rho_{75}=0.01724+(75-20)\times0.000068=0.0210\ \Omega\cdot\mathrm{mm^2/m}$$

となり，同様に，巻線温度95℃，115℃，135℃の体積抵抗率は，$\rho_{95}=0.0223\ \Omega\cdot\mathrm{mm^2/m}$，$\rho_{115}=0.0237\ \Omega\cdot\mathrm{mm^2/m}$，$\rho_{135}=0.0251\ \Omega\cdot\mathrm{mm^2/m}$ となる．

断面積 q〔mm²〕，長さ l〔m〕，体積抵抗率 ρ の銅線の電気抵抗 R_d〔Ω〕は

$$R_d=\rho\times\frac{l}{q}\quad〔\Omega〕\tag{1・7}$$

として表され，ρ は各巻線温度における体積抵抗率を使用する．

この銅線に I〔A〕が流れるときの電流密度は $\Delta = I/q$〔A/mm^2〕であり，巻線温度 75℃における銅損 W_{Cd} は

$$W_{Cd} = I^2 R_d = (q\Delta)^2 \times 0.021 \frac{l}{q} = 0.021 \Delta^2 q l \quad \text{〔W〕} \qquad (1 \cdot 8)$$

ここに，$ql \times 10^3$：銅線の容積〔mm^3〕

となる．銅の比重はほぼ 8.9 であるから，この銅線の質量は $G_C = 8.9 \times ql \times 10^{-3}$〔kg〕であり，1 kg 当たりの銅損 w_{cd} は

$$w_{cd} = \frac{W_{Cd}}{G_C} = 2.4 \Delta^2 \quad \text{〔W/kg〕} \qquad (1 \cdot 9)$$

となる．なお式（1・7）の抵抗は直流についての抵抗で，銅線に交流が流れるときは表皮効果のため，断面に一様な電流分布にならないので，見かけの抵抗は増加して，1 kg 当たりの銅損は k_c 倍（$k_c > 1$）になり

$$w_c = k_c w_{cd} = 2.4 k_c \Delta^2 \quad \text{〔W/kg〕} \qquad (1 \cdot 10)$$

となるものとみなければならない．k_c の値は銅線断面の形，電流の周波数などによって変わるが，実際の機器では $k_c = 1.0 \sim 1.3$ である．したがって，あらかじめ k_c の値を推定し，これに見合った銅線の形状と寸法を選び，結果として銅損を所望の範囲におさめることが必要である．

1・2・3　機　械　損

回転機の機械損としては回転子の風損，軸受の摩擦損およびブラシの摩擦損があるが，このうち軸受損失は一般に小さいのでここでは省略する．

風損 W_m は次の近似式で計算できる．

$$W_m = 8D \times (l_1 + 150) \times v_a{}^2 \times 10^{-6} \quad \text{〔W〕} \qquad (1 \cdot 11)$$

ここに，D：回転子の外形〔mm〕，l_1：成層鉄心の見かけの長さ〔mm〕，v_a：回転子表面の周辺速度〔m/s〕

なお，他力通風式のように自己通風ファンを持たないときの風損は少なく，式（1・11）の約 1/2 である．

直流機では，ブラシがばね圧力で整流子に接触しているから整流子の回転に伴って摩擦を生じ，これによる損失 W_b' は

$$W_b' = 9.81 \, \mu P S v_k \quad \text{〔W〕} \qquad (1 \cdot 12)$$

ここに，μ：ブラシと整流子との間の摩擦係数で約 0.2，P：ブラシの接触圧力

で約 1.5×10^{-3} kg/mm²，S：ブラシの接触面積〔mm²〕，v_k：整流子周辺速度〔m/s〕

ここで，全負荷電流を I〔A〕，ブラシの電流密度を Δ_b〔A/mm²〕とすれば，$S=2I/\Delta_b$〔mm²〕である．いま $\Delta_b=0.06$ A/mm² とすれば式（1·12）は

$$W_b' \fallingdotseq 9.81\times0.2\times1.5\times10^{-3}\times2I/0.06\times v_k \fallingdotseq 0.05\times2I\times v_k \quad \text{〔W〕}$$

とみることができる．

ブラシには接触抵抗による電気損があるが，接触抵抗による電圧降下は直流機では約1Vであるから，ブラシの電気損 W_b'' は正負ブラシの合計で

$$W_b''=2\times1\times I=2I \quad \text{〔W〕} \qquad (1\cdot13)$$

となるから，ブラシの全損失は

$$W_b=W_b'+W_b''=2I(1+0.05v_k) \qquad (1\cdot14)$$

とみることができる．

1・3　絶縁の種類と温度上昇限度

1・3・1　絶縁の種類

電気機器に施される絶縁は，その耐熱特性によって規格上**表1·3**のように9種類に分類されている．これらの種類はおおむね次の説明のようである．この種別は絶縁構成の区別であって，絶縁物の区別でないことに注意を要する．

表1・3　許容最高温度と耐熱クラス

許容最高温度〔℃〕	耐熱クラス
90	90（Y）
105	105（A）
120	120（E）
130	130（B）
155	155（F）
180	180（H）
200	200（N）
220	220（R）
250　以上	—

〔注〕1. 詳細は，JIS C 4003：2010 電気機械絶縁の種類を参照されたい．
2. 250を超える耐熱クラスは25ずつの区切りで指定する．

〔1〕　**耐熱クラス90（Y）**　木綿，紙，絹などの材料で構成され，絶縁ワニスで含浸せず，また絶縁油に浸さない絶縁．

〔2〕　**耐熱クラス105（A）**　木綿，紙，絹などの材料を用い，絶縁ワニスで含浸するかまたは絶縁油に浸して構成する絶縁．

〔3〕　**耐熱クラス120（E）**　ポリエステル系，および一部のホルマール系のエナメルやフィルムを主体として構成した絶縁．

〔4〕　**耐熱クラス130（B）**　マイカ，ガラス繊維などの材料を接着材料とともに用いて構成した絶縁．

〔5〕 **耐熱クラス155（F）**　マイカ，ガラス繊維などの材料をシリコーンアルキッド樹脂などの接着材料とともに用いて構成した絶縁.

〔6〕 **耐熱クラス180（H）**　マイカ，ガラス繊維などの材料をシリコーン樹脂，または同等の性質をもつ接着材料とともに構成した絶縁．ゴム状または固体状のシリコーン樹脂，ポリイミドエナメルおよび同フィルム，ポリアミドペーパを単独で用いた絶縁.

〔7〕 **耐熱クラス200（N）以上**　生マイカ，石綿，磁器などを単独に，または接着材料とともに用いて構成した絶縁.

これら各クラスの絶縁は，表1･3に示した温度の範囲では絶縁劣化を起こさず，支障なく使用できなければならない．また機器の設計に当たっては，仕様によって絶縁種別を定めた上，その許容温度内におさまるように余裕をみて設計しなければならない.

1・3・2　温度上昇限度

電気機器を使用すると損失のために温度が上昇する．機器各部の温度と周囲温度との差を，その部分の温度上昇という．温度上昇の限度は前記の耐熱クラスごとに異なり，また同じ機器内でも材料や部位により異なっている．JEC規格に決められた温度上昇限度を要約して，**表1･4** に示す.

表1・4　電気機器の温度上昇限度〔℃〕

機器の種類または部分 ＼ 耐熱クラス			105（A）	120（E）	130（B）	155（F）	180（H）
空冷形回転機	交流機の電機子巻線 直流機の回転電機子巻線		60	75	80	105	125
	界磁巻線	多層巻線	60	75	80	105	125
		単層裸巻線	65	80	90	110	135
変圧器	油入変圧器の巻線	油自然循環の場合	55	—	—	—	—
		油強制循環の場合	60	—	—	—	—
	乾式変圧器の巻線		55	70	75	95	120

〔注〕 1．この表の数値は回転機，変圧器ともに温度測定は抵抗法によった場合を示す.
2．詳細は，JEC-2100-2008，JEC-2200-2014を参照されたい.

第2章　電気機器設計の基礎原理

設計は術であって学ではない．設計に用いられる算式は製図に用いる定規やコンパスのように仕事を精確に進めるのに役立つ道具である．したがって，この道具をうまく使いこなすのには製図と同様に多くの経験と技術を要する．

設計の方式そのものは決して難解な理論ではなく，機器理論の基本的知識をいかに巧みに利用するかにある．このことを理解するために変圧器を例にとって簡単な計算問題を解いてみよう．

2・1　二つの基本的な計算問題

変圧器の起電力は次式で与えられることは周知である．

$$E = 4.44 T\phi f \quad \text{〔V〕} \tag{2・1}$$

ここに，E：起電力の実効値，T：コイルの直列巻数，ϕ：交番磁束の最大値〔Wb〕，f：周波数〔Hz〕

この式（2･1）を使って次の二つの問題を解くことを考えてみよう．

【問題 1】 **図 2･1** のような寸法の変圧器鉄心に，どんな巻線を施して何 kVA の容量の変圧器を造れるか．ただし，一次電圧は 3 150V，二次電圧は 210 V，周波数は 50 Hz とする．

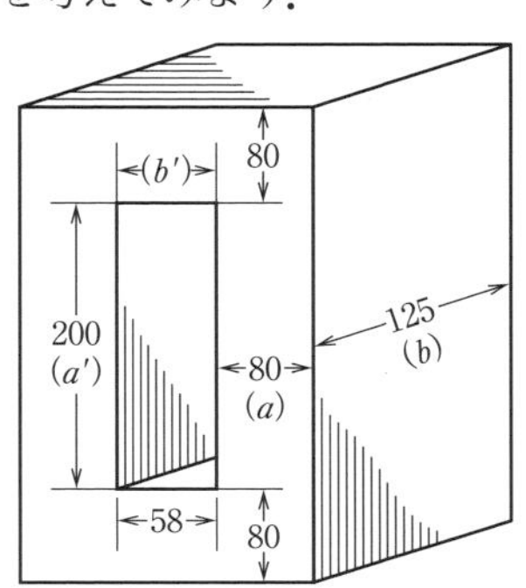

図 2・1　例題の変圧器鉄心（単位〔mm〕）

解　この問題は鉄心の寸法が与えられ，その変圧器の巻線と容量を求める方法について質問している．この程度の小形標準変圧器ではけい素鋼帯による巻鉄心を用いるのが通常であるが，理論は同じであるからけい素鋼帯による鉄心を例にとった．この解が式（2･1）を用いて求められるかどうかためしてみよう．

この鉄心の磁路の見かけの断面積 Q_F は

$$Q_F = a \times b = 80 \times 125 = 10 \times 10^3\ \mathrm{mm}^2$$

であるが，鉄心は薄鋼帯を成層してあり，一板ごとに表面に鋼帯間のうず電流を防ぐためのコーティングが施されているので，正味の積み厚は見かけの積み厚の0.9～0.95倍であり，これを鉄心積み厚の占積率という．

ここでは占積率 f_i を0.9とみると，正味の磁路断面積 Q_F' は

$$Q_F' = 0.9 \times 80 \times 125 = 9 \times 10^3\ \mathrm{mm}^2$$

である．

鉄心の磁束密度の最大値 B_c は，鉄損が過大にならずまた著しく飽和するのを避けるため，この程度の大きさの鉄心では経験によって $B_c = 1.2$ T 程度に選ぶのがよく，磁路を通る交番磁束の最大値 ϕ は

$$\phi = B_c Q_F' \times 10^{-6} = 1.2 \times 9 \times 10^3 \times 10^{-6} = 10.8 \times 10^{-3}\ \mathrm{Wb}$$

と算定される．よって一次コイルの巻数 T_1 は式（2･1）から

$$T_1 = \frac{E_1}{4.44\phi f} = \frac{3\,150}{4.44 \times 10.8 \times 10^{-3} \times 50} = 1\,314\ 回$$

となり，二次コイルの巻数は電圧に比例して計算して

$$T_2 = T_1 \times \frac{E_2}{E_1} = 1\,314 \times \frac{210}{3\,150} = 88\ 回$$

と決められる．

一方，図2･1で（$a' \times b'$）を鉄心の窓の面積という．この窓の大きさは，一次および二次コイルの総断面積と，必要な絶縁物が占める面積，および冷却のため油が対流できる十分な面積などの和が必要である．窓内のコイル導線の断面積 Q_C と窓の面積（$a' \times b'$）の比を導線の占積率といい，この値 f_c はおもに変圧器の定格電圧と容量に関係するもので，詳しくは第7章で述べる．この問題の程度の変圧器では f_c は0.3くらいである．よって窓内で導線の占める面積は

$$Q_C = f_c \times a' \times b' = 0.3 \times 200 \times 58 = 3\,480\ \mathrm{mm}^2$$

である．

一次および二次コイルの導線はそれぞれ Q_C の1/2を占めるとみることができる．一次導線1本の断面積を q_1〔mm^2〕，電流密度を Δ_1〔$\mathrm{A/mm}^2$〕，一次電流を I_1〔A〕とすれば

$$I_1 = q_1 \Delta_1$$

$$\therefore\quad T_1 I_1 = T_1 q_1 \Delta_1$$

となる．ここで，$T_1 q_1 = Q_C/2$ とみることができるので

$$T_1 I_1 = \frac{3\,480}{2} \times \varDelta_1 = 1\,740 \varDelta_1 \quad \text{〔AT〕}$$

であり，$\varDelta_1$ は 2〜4 A/mm^2 にとられるので，ここでは 2.4 A/mm^2 とすると

$$T_1 I_1 = 1\,740 \times 2.4 = 4.18 \times 10^3 \text{ AT}$$

となる．一方，この変圧器の容量は $E_1 I_1 \times 10^{-3}$〔kVA〕で表されるから

$$\text{容量 kVA} = E_1 I_1 \times 10^{-3} = 4.44 T_1 I_1 \phi f \times 10^{-3}$$

$$= 4.44 \times 4.18 \times 10^3 \times 10.8 \times 10^{-3} \times 50 \times 10^{-3} = 10.02 \qquad (2 \cdot 2)$$

よって図 2･1 の鉄心を使うと約 10 kVA の容量の変圧器になることがわかる．10 kVA とした場合，一次および二次電流 I_1，I_2 は，それぞれ

$$I_1 = \frac{10 \times 10^3}{3\,150} = 3.17 \text{ A}$$

$$I_2 = \frac{10 \times 10^3}{210} = 47.6 \text{ A}$$

である．一次および二次導線の電流密度を $\varDelta_1 = 2.4$ A/mm^2，$\varDelta_2 = 2.3$ A/mm^2 とすれば，一次および二次導線の断面積 q_1 および q_2 は

$$q_1 = \frac{3.17}{2.4} = 1.321 \text{ mm}^2$$

$$q_2 = \frac{47.6}{2.3} = 20.7 \text{ mm}^2$$

よって一次導線には丸線，二次導線には平角線（ひらかくせん）を用いるとして，一次導線の直径 d_1 は

$$d_1 = \sqrt{\frac{4}{\pi} \times q_1} = \sqrt{\frac{4}{\pi} \times 1.321} \fallingdotseq 1.3 \text{ mm}$$

となる．よって $d_1 = 1.30$ mm とすると $q_1 = 1.33$ mm^2，$\varDelta_1 = 2.38$ A/mm^2，また二次導線には幅 7.0 mm，厚さ 3.0 mm の平角線を用いるとすると $q_2 = 7.0 \times 3.0 = 21$ mm^2，$\varDelta_2 = 2.27$ A/mm^2 となる．

すると窓内の導線総断面積は

$$T_1 q_1 + T_2 q_2 = 1\,314 \times 1.33 + 88 \times 21 = 1\,748 + 1\,848 \fallingdotseq 3\,600 \text{ mm}^2$$

また銅線の占積率 f_c は

$$f_c = \frac{T_1 q_1 + T_2 q_2}{a' \times b'} = \frac{3\,600}{200 \times 58} = 0.31$$

となり，適当な値であることが確かめられた．

よって問題として示された図2･1の鉄心を用いれば変圧器容量は10 kVAとなり，一次および二次コイルはそれぞれ断面積1.33 mm^{2}の丸線を1 314回および21 mm^{2}の平角線を88回巻けばよいことになる．そのできあがりの姿は図2･2(a)（p. 19）を参照されたい．

以上の計算でみると，鉄心寸法が与えられた場合，起電力の式（式(2･1)）だけを使って簡単な計算でこの問題を解決することができた．ただし，ここで注目すべきことは，計算の中で鋼帯の占積率，銅線の占積率，磁束密度および電流密度などの技術的経験によって判断すべき数値が取り入れられたことで，これらの値は設計資料といわれ，その選択が適正でないと優秀な機器は設計できない．

【問題2】 容量15 kVA，一次電圧6 300 V，二次電圧210 V，周波数60 Hzの変圧器を設計せよ．

解 この問題は前問とは逆に鉄心は示されず，容量，電圧，周波数が指定されて変圧器の鉄心や銅線の寸法，巻数などを決めよというのであるが，前問のように起電力の式（式(2･1)）だけで解くことができるかどうか検討してみよう．

容量と電圧が与えられているから，一次電流I_1および二次電流I_2は

$$I_1=\frac{15\times10^3}{6\,300}=2.38\text{ A}$$

$$I_2=\frac{15\times10^3}{210}=71.4\text{ A}$$

として求められる．また式(2･2)において容量と周波数が与えられているからそれらを代入すると

$$15=4.44(T_1I_1)\phi\times60\times10^{-3}\quad\therefore\quad(T_1I_1)\phi=\frac{15\times10^3}{4.44\times60}=56.3$$

となる．ところが，このほかに何も与えられていないので，これ以上計算を進めることはできない．

上式において，T_1I_1を電気装荷，ϕを磁気装荷といい，この計算でこれら両装荷の積を求めるところまでは進み得たのであるが，個々の装荷を求める手だてはまだわかっていない．後の章で述べるように電気機器の設計においては，電気装荷と磁気装荷をどんな値に決めるかということが重要な課題である．すなわち電気機器設計の基礎は，電気および磁気装荷をいかに分配するかにあるということができる．

いま，この問題において両装荷のうちどちらか一方，たとえば磁気装荷 ϕ の適値が 1.1×10^{-2} Wb であることが何らかの方法（この方法については後の章で述べる）で求めることができたとすれば，電気装荷は

$$T_1I_1=\frac{56.3}{\phi}=\frac{56.3}{1.1\times10^{-2}}=5.12\times10^3\ \mathrm{AT}$$

が得られ $I_1=2.38$ A であるから，一次および二次コイルの巻数 T_1 および T_2 はそれぞれ

$$T_1=\frac{5.12\times10^3}{2.38}=2\,151\ 回$$

$$T_2=T_1\times\frac{E_2}{E_1}=2\,151\times\frac{210}{6\,300}=71.7\ 回$$

となるが，T_2 を 72 回に修正すれば $T_1=72\times6\,300/210=2\,160$ 回に修正される．

鉄心の磁束密度および占積率をそれぞれ $B_c=1.2$ T および $f_i=0.9$ に選ぶと，鉄心の見かけの断面積 Q_F は次の値となる．

$$Q_F=a\times b=\frac{\phi}{f_i\times B_c}=\frac{1.1\times10^{-2}}{0.9\times1.2}=1.02\times10^{-2}\ \mathrm{m}^2=10.2\times10^3\ \mathrm{mm}^2$$

ここに，a：鉄心の脚の部分の幅，b：積み厚

である．そして b/a の値は 1.5〜2.0 に選ぶべきことを設計資料として知り得たとすると，$a=78$ mm，$b=128$ mm にとれば $a\times b=9\,984\ \mathrm{mm}^2$，$b/a=1.64$ となり，$a\times b$ も b/a も適当な値になる．

一次および二次導線の電流密度も設計資料から $\varDelta_1=2.4\ \mathrm{A/mm}^2$，$\varDelta_2=2.1\ \mathrm{A/mm}^2$ に選び得たとすると，それぞれの導線断面積 q_1 および q_2 は

$$q_1=\frac{I_1}{\varDelta_1}=\frac{2.38}{2.4}=0.992\ \mathrm{mm}^2$$

$$q_2=\frac{I_2}{\varDelta_2}=\frac{71.4}{2.1}=34\ \mathrm{mm}^2$$

となる．一次導線に丸線を用いるとして，その直径を d_1 とすれば

$$d_1=\sqrt{\frac{4}{\pi}\times q_1}=\sqrt{\frac{4}{\pi}\times0.992}=1.12\ \mathrm{mm}$$

よって $d_1=1.10$ mm にすると，$q_1=(\pi/4)\times1.1^2=0.95\ \mathrm{mm}^2$ また $\varDelta_1=2.38/0.95=2.51\ \mathrm{A/mm}^2$ に修正される．

また，二次導線には平角線を用いるとし，幅×厚さ $=8\times4.5=36\ \mathrm{mm}^2$ のもの

を用いるとすると，$\Delta_2=71.4/36=1.98\ \mathrm{A/mm^2}$ となる．

このとき窓内の導線総断面積 Q_C は

$$Q_C=T_1q_1+T_2q_2=2\,160\times0.95+72\times36=4\,644\ \mathrm{mm^2}$$

そして窓内の銅線の占積率 f_c は，問題1の場合に比べると一次電圧が高いのでこれを低くとるべきであるから，$f_c=0.28$ と見積もると窓の面積（＝窓の高さ a'×窓の幅 b'）は

$$a'\times b'=\frac{Q_C}{f_c}=\frac{4\,644}{0.28}=16.6\times10^3\ \mathrm{mm^2}$$

さらに a'/b' の適値は2.5～4であることを設計資料から知り得たとすると，$a'=220$ mm，$b'=75$ mm に決められ，$a'\times b'=16.5\times10^3$ mm，$a'/b'=2.93$ となるので妥当な窓の形が決められる．

以上で問題2についても，式（2·1）を使って主要部分の概略設計ができたのであるが，計算の途中で磁気装荷の適値を知り得たから設計が進められたことと，鉄心の形を決めるために $b/a=1.5$～2，$a'/b'=2.5$～4という値を設計資料から求め，これらによって設計を進めている点が，問題1の解法と異なっている．

すなわち電気装荷と磁気装荷の分配手順については，未解決の課題として残っているわけである．

2·2 電気機器の容量を表す一般式

2·2·1 電気機器の起電力

電気機器の巻線の起電力は機器の種類によって次のように表されることは，すでに習得ずみのことである．

〔1〕 変 圧 器

$$E=\sqrt{2}\pi T\phi f=4.44\,T\phi f\quad〔\mathrm{V}〕\tag{2·3}$$

ここに，E：一相の起電力の実効値，T：一相の巻数，ϕ：交番磁束の最大値〔Wb〕，f：周波数〔Hz〕

〔2〕 三相交流機（誘導電動機を含む）

$$E=\frac{\pi}{2\sqrt{2}}\cdot\frac{k_dk_p}{k_\phi}PN_{ph}\phi\frac{n}{60}\quad〔\mathrm{V}〕\tag{2·4}$$

ここに，E：一相の起電力の実効値，P：極数，N_{ph}：一相の直列導線数，ϕ：毎極の磁束数〔Wb〕，n：毎分回転数，k_d：巻線の分布係数，k_p：巻

線の短節係数，k_ϕ：磁束分布係数

k_d は毎極・毎相のスロット数 q によって決まり，三相の場合は基本波に対して**表 2・1** のような値である．

表 2・1　分布係数

毎極・毎相のスロット数 q	2	3	4	5	6	7	∞
分布係数 k_d	0.966	0.960	0.958	0.957	0.956	0.956	0.955

k_p はコイルピッチによって決まり，基本波に対して**表 2・2** のような値である．

表 2・2　短節係数

コイルピッチ	17/18	14/15	11/12	8/9	13/15	5/6	12/15	7/9	6/9
短節係数 k_p	0.996	0.995	0.991	0.985	0.978	0.966	0.951	0.94	0.866

k_ϕ は極弧の長さと極ピッチ（極間隔．極節ともいう）との比（極弧，極ピッチについては p. 49，図 3・6 参照），ギャップ長，極片の形などによって決まり，だいたい 0.96～1.02 である．そして三相機では $(\pi/2\sqrt{2})(k_d k_p/k_\phi) \fallingdotseq 1.05$ とみることができるから式（2・4）は

$$E = 1.05 P N_{ph} \phi \frac{n}{60} \quad \text{〔V〕} \qquad (2 \cdot 5)$$

と書くことができる．

また毎分回転数，周波数，極数との間の関係は，$n = 120 f/P$ であるから式（2・5）は次式のように変形できる．

$$E = 2.1 N_{ph} \phi f \quad \text{〔V〕} \qquad (2 \cdot 6)$$

〔3〕 直　流　機

$$E = P \frac{N}{a} \phi \frac{n}{60} \quad \text{〔V〕} \qquad (2 \cdot 7)$$

ここに，E：ブラシ間に生じる直流起電力，P：極数，N：電機子全導線数，
a：ブラシ間並列回路数，ϕ：毎極の磁束数〔Wb〕，n：毎分回転数

そして直流機においても電機子コイルに生じる起電力は交流であり，その周波数は $f = Pn/120$ の関係があるから式（2・7）は

$$E=2\frac{N}{a}\phi f \quad [\mathrm{V}] \tag{2・8}$$

と書くことができる.

2・2・2　電気機器の容量

以上の諸式から各電気機器の容量は次のように表すことができる.

〔1〕 **変圧器**　相数を m とし，一相の電流を I_{ph}〔A〕とすれば，式 (2・2) から容量 kVA は

$$\mathrm{kVA}=mEI_{ph}\times10^{-3}=4.44(mTI_{ph})\phi f\times10^{-3} \tag{2・9}$$

〔2〕 **三相交流機**　一相の電流を I_{ph}〔A〕，相数を3とすれば，式 (2・6) から三相同期発電機の場合の容量 kVA は

$$\mathrm{kVA}=3EI_{ph}\times10^{-3}=2.1\times(3N_{ph}I_{ph})\phi f\times10^{-3} \tag{2・10}$$

また三相誘導電動機の場合は出力は kW で表され，入力の kVA 容量は効率を η，力率を $\cos\varphi$ とすると

$$\mathrm{kVA}=\frac{出力\,\mathrm{kW}}{\eta\cos\varphi}=2.1\times(3N_{ph}I_{ph})\phi f\times10^{-3} \tag{2・11}$$

〔3〕 **直流機**　電機子コイルに流れる電流 I_a はブラシ電流 I の $1/a$ であり，発電機の場合の容量 kW は（自励式の場合でも励磁電流は小さいから無視して)，式 (2・8) から

$$\mathrm{kW}=EI\times10^{-3}=2(NI_a)\phi f\times10^{-3} \tag{2・12}$$

電動機の場合は出力を kW で表すから，効率を η とすると入力 kW は

$$入力\,\mathrm{kW}=\frac{出力\,\mathrm{kW}}{\eta}=2(NI_a)\phi f\times10^{-3} \tag{2・13}$$

となる.

以上の容量の各式において，右辺には (mTI_{ph})，$(3N_{ph}I_{ph})$，(NI_a) の形の項と，磁束 ϕ の項とが含まれている. ここで注意しておくべきことは，単位として前者において変圧器の場合は鉄心に巻かれた全アンペア回数，回転機の場合は電機子周辺に分布される全アンペア導線数を用いることであり，後者においては変圧器の場合は交番磁束の最大値，回転機の場合は1極の磁束を用いていることである.

2・2・3　電気機器の構成

ここで電気機器の一般的な構成について考えてみる.

〔1〕 **変圧器の場合**　変圧器の鉄心および巻線の構成は特殊な例を除くと**図**

2・2 に示すように3種類の形式に分けられる．同図の（a）は単相内鉄形，（b）は単相外鉄形，（c）は三相内鉄形である．そして図の断面でみられるようにコイルが巻かれる鉄心は（a）では2個，（b）では1個，（c）では3個である．これらコイルの巻かれる鉄心を変圧器の脚数といい，回転機でいえば極数に相当している．この脚数を P で表すと，単相内鉄形では $P=2$，単相外鉄形では $P=1$，三相内鉄形では $P=3$ である．いま1個の脚のアンペア回数を AT で表せば $mTI_{ph}=PAT$ となるから式（2・9）は

$$\mathrm{kVA}=K_0 PAT\phi f\times 10^{-3} \qquad (2\cdot 14)$$

ここに，$K_0=4.44$

で表すことができる．

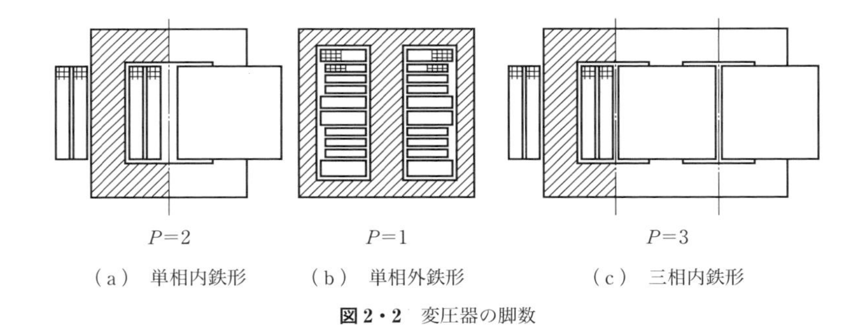

（a）単相内鉄形　（b）単相外鉄形　（c）三相内鉄形

図 2・2　変圧器の脚数

〔2〕 **回転機の場合**　**図 2・3** は4極の回転機で，（a）は直流機，（b）は同期機，（c）は誘導機で，いずれも1極分を断面で示してあるが，他の3極分もこれと全く対称な構成である．よって1極分のアンペア導線数を AC，極数を P

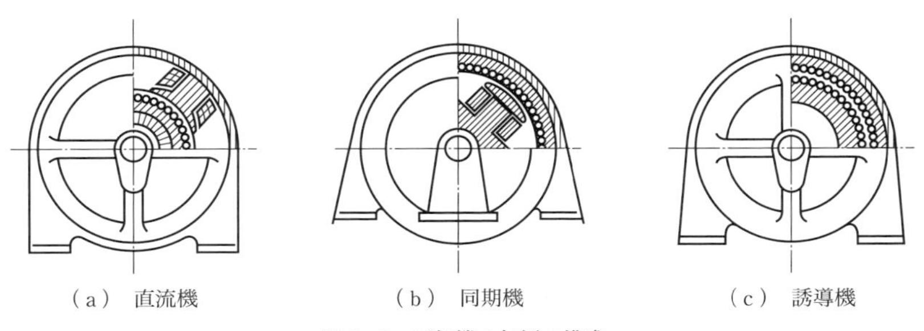

（a）直流機　（b）同期機　（c）誘導機

図 2・3　回転機の毎極の構成

で表せば，同期機，誘導機の場合は$3N_{ph}I_{ph}=PAC$，直流機の場合は$NI_a=PAC$であり，容量を表す式（2･10）から式（2･13）は

$$\mathrm{kVA}=K_0 PAC\phi f\times 10^{-3} \qquad (2\cdot 15)$$

ここに，K_0は同期機，誘導機では2.1，直流機では2
として表すことができる．

ここで式（2･14）と（2･15）を比べてみるとほとんど同形の式であるので，ATおよびACを一般にAで表せば，両式は一括して

$$\mathrm{kVA}=K_0 PA\phi f\times 10^{-3} \qquad (2\cdot 16)$$

ここに，変圧器では$K_0=4.44$，$A=AT$，同期機，誘導機では$K_0=2.1$，$A=AC$，また直流機では$K_0=2$，$A=AC$
とまとめることができる．

2・2・4 電気機器の比容量と装荷

電気機器は図2･2および図2･3にみられるように変圧器では毎脚，回転機では毎極について対称構造であるから，機器の構成を研究するには1脚あるいは1極について考察すればよい．そこで1脚あるいは1極の容量をSで表すと，式（2･16）から次の形に書ける．

$$S=\frac{\mathrm{kVA}}{P}=K_0 A\phi f\times 10^{-3}$$

または

$$\frac{S}{f\times 10^{-2}}=K_0(A\times 10^{-3})(\phi\times 10^{2}) \qquad (2\cdot 17)$$

式（2･17）の左辺の$S/(f\times 10^{-2})$を機器の比容量と呼ぶことにし，簡単のために$S/\boldsymbol{f}$で表す．また右辺の$(A\times 10^{-3})$を電気装荷と呼び，簡単のために$\boldsymbol{A}$で表し，$(\phi\times 10^{2})$を磁気装荷と呼び$\boldsymbol{\phi}$で表すことにする．したがって式（2･17）は

$$\frac{S}{\boldsymbol{f}}=K_0\boldsymbol{A}\boldsymbol{\phi} \qquad (2\cdot 18)$$

と書きなおされる．すなわち「電気機器の比容量は電気装荷と磁気装荷の積に比例する」ということになる．

2・3 鉄機械と銅機械

電気機器の設計において，その仕様が示され，機器の容量，極数（脚数（きゃくすう）），周

波数が指定されれば比容量が決まる．そして式（2・18）の通り，比容量が決まると電気装荷と磁気装荷の積は一定であるから，これら両装荷の割合はどのようにしてもよいわけである．すなわち**図 2・4** のように縦軸に磁気装荷 $\boldsymbol{\phi}$ を，横軸に電気装荷 $\boldsymbol{A}$ をとり，$\overline{\mathrm{OA}}=\boldsymbol{A}$，$\overline{\mathrm{OB}}=\boldsymbol{\phi}$ にとれば長方形 OBPA の面積は比容量 $S/\boldsymbol{f}$ に比例する．同じ比容量の機器ではこの面積が同一で，両装荷の関係は図に示すように点 P を通る双曲線で表される．そして両装荷の割合はどのようにも選べるので，たとえば双曲線 I 上の点 P_1 に示すように選べば，点 P に選んだ場合に比べて電気装荷が多く磁気装荷が少ない機器になり，また両装荷の割合を点 P_2 に示すように選べば，磁気装荷が多く電気装荷が少ない機器となる．

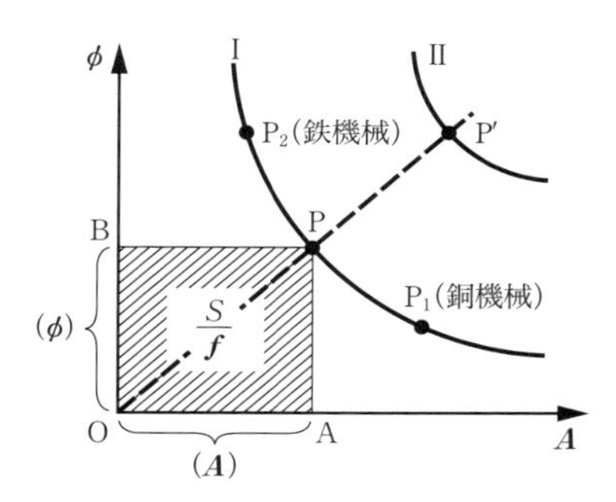

図 2・4　鉄機械と銅機械の特性

両装荷の一方が極端に少なく他方が多い機器は，特性の面からも構造や価格の面からも不都合になることが予想され，適切な装荷の割合というものがあるはずである．この適切な分配点が図 2・4 の点 P であるとすれば，P_1 の場合は電気装荷が過大で，このような機器を銅機械といい，また P_2 の場合は磁気装荷が過大でこのような機器を鉄機械という．

以上のことを具体的に回転機で例示したのが**図 2・5** である．図の（a）は銅機械で，コイルとしての銅の部分が鉄心に比べて非常に大きく，小柄であるが骨組

（a）　銅機械

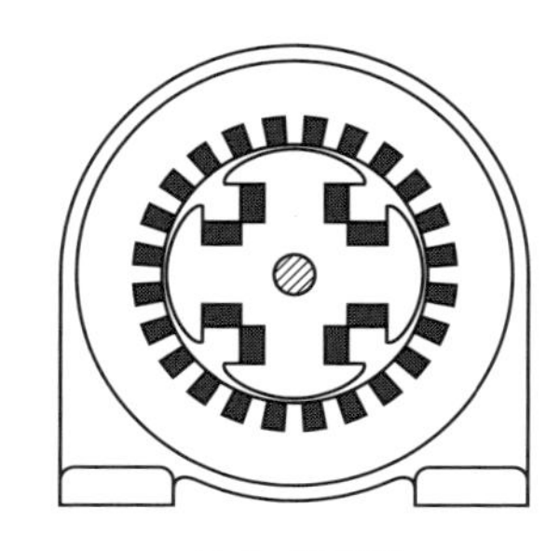
（b）　鉄機械

図 2・5　銅機械と鉄機械

が細いため，わずかな原因によっても特性が大きく変動する（電圧変動が大きいなど）機械となり，かつ銅損が鉄損に比べて大きいことが予想される．銅損はコイル内で生じ，コイルは絶縁物で包まれているので熱が逃げにくく，同じ量の鉄損に比べて温度上昇がいっそう大きい．したがって銅機械は温度が高くなりがちである．

図の（b）は鉄機械を示し，鉄心部分が銅部分に比べて大きいので骨が太く，体格が大柄であるため，特性は鈍重でわずかなことで変動しない（電圧変動が少ないなど）．しかも銅損が鉄損に比べて少ないので，温度上昇が小さいことが予想される．しかし鉄機械は大柄であるため，使用材料は銅機械に比べて多くなり，原価が高くなることに注目すべきである．

鉄機械にも銅機械にもかたよらないように，両装荷の配分が適切に行われた場合に優秀な機器が設計できるはずで，このような点を図2·4の点Pとする．一方，比容量がさらに大きい機器に対しては同図の双曲線IIのようになるから，この曲線上の適正な装荷配分の点をP′とすると，このような点P，P′などを結んだ破線で示す線が適切な装荷配分を示すことになる．

2・4　完全相似性にある機器

甲，乙二つの機器があって，ともに電流密度および磁束密度が等しく，かつ各部分の寸法が比例していて幾何学的に相似形であるとき，二つの機器は完全相似性にあるということにする．さきに1・1節で検討した例はこれに類するものである．

ここで完全相似性にある甲機と乙機（乙機の寸法は甲機のそれよりも大きいとする）の電気装荷，磁気装荷，特性，温度上昇などを比較してみよう．

甲機の電気および磁気装荷をそれぞれ $\boldsymbol{A}$ および $\boldsymbol{\phi}$ とし，乙機のそれらを $\boldsymbol{A}'$ および $\boldsymbol{\phi}'$ とし，かつ乙機の各部分の寸法が甲機の n 倍（$n>1$）であるとする．

2・4・1　装荷の比と特性

完全相似性の場合は乙機の導線断面積は甲機のそれの n^2 倍であり，かつ電流密度を等しいと仮定しているから，乙機の電気装荷 $\boldsymbol{A}'$ は甲機の電気装荷 $\boldsymbol{A}$ の n^2 倍である．

また乙機の磁気回路の断面積も甲機のそれの n^2 倍であり，かつ磁束密度を等しいとしているから，乙機の磁気装荷 $\boldsymbol{\phi}'$ は甲機の磁気装荷 $\boldsymbol{\phi}$ の n^2 倍である．

よって

$$\frac{\boldsymbol{\phi}'}{\boldsymbol{A}'}=\frac{n^2\boldsymbol{\phi}}{n^2\boldsymbol{A}}=\frac{\boldsymbol{\phi}}{\boldsymbol{A}}=C=\text{一定} \qquad (2\cdot19)$$

となるので，「完全相似性にある二つの機器の磁気装荷と電気装荷の比は一定である」ということができる．

次に甲機の比容量を $S/\boldsymbol{f}$ とし，乙機のそれを $S'/\boldsymbol{f}$ とすれば式（2・18）から

$$\frac{S'}{\boldsymbol{f}}=K_0\boldsymbol{A}'\boldsymbol{\phi}'=n^4K_0\boldsymbol{A}\boldsymbol{\phi}=n^4\frac{S}{\boldsymbol{f}} \qquad (2\cdot20)$$

となる．すなわち「乙機の比容量は甲機のそれの n^4 倍」となる．

ところが両機の各部分の寸法はすべて比例していて，乙機の寸法は甲機の寸法の n 倍であるから，乙機の容積は甲機のそれの n^3 倍である．両機の材質がそれぞれ同じであるとすると，乙機の重量 G' は甲機の重量 G の n^3 倍になる．この重量を1極（あるいは1脚）当たりのものとみて，また両機の周波数も等しいとすると，単位容量当たりの重量は

$$\frac{G'}{S'}=\frac{n^3G}{n^4S}=\frac{1}{n}\frac{G}{S} \qquad (2\cdot21)$$

となって，「完全相似性にある機器では，寸法倍数に逆比例して単位容量当たりの使用材料が減ずる」ということになり，大形機器のほうが材料の点で経済的であることを意味している．

両機の電流密度および磁束密度を同じとしたから，銅損および鉄損は重量に比例する．すなわち1極あるいは1脚当たりの甲機の銅損を W_C，鉄損を W_F とし，乙機のそれらを W_C' および W_F' とすると

$$W_C'=n^3W_C, \qquad W_F'=n^3W_F$$

である．よって単位容量当たりの損失は

$$\frac{W_C'+W_F'}{S'}=\frac{n^3(W_C+W_F)}{n^4S}=\frac{1}{n}\frac{W_C+W_F}{S} \qquad (2\cdot22)$$

となって，「完全相似性にある機器では，寸法倍数に逆比例して単位容量当たりの損失が減じ，大容量の機器ほど効率がよくなる」ということになる．

2・4・2　温度上昇

次に機器の温度上昇について考えてみよう．機器の冷却に役立つ表面積 O 内に生じる損失を W とすると，単位表面積当たりの損失 W/O に比例する温度差が機器と外気との間に生じる．すなわち，この機器の温度上昇 θ は

$$\theta=\frac{W}{\kappa O}=\frac{W}{\lambda}$$

ここに，κ：単位表面積当たりの外気に対する熱伝達率

となる．

κ は機器の冷却方式，絶縁の程度などによって異なり，損失の単位が〔W〕，表面積の単位が〔$\mathrm{m^2}$〕の場合，$\kappa=10\sim35\ \mathrm{W/(m^2{\cdot}K)}$ 程度である．また κO は温度差1Kごとに行われる放熱の速さ〔W〕であるから，これを有効冷却面積と呼び λ で表すことにした．

ある機器の温度上昇を測定するのに，まず銅損だけを生じさせた場合の温度上昇 θ_C を求め，次に鉄損だけ生じさせた場合の温度上昇 θ_F を求めたとすれば，同時に両損失を生じさせた場合の温度上昇 θ は

$$\theta=\theta_C+\theta_F$$

である．ただし，この測定においては温度計は常に同じ位置におくものとする．ここで銅損を W_C，銅損に対する有効冷却面積を λ_C，鉄損を W_F，鉄損に対する有効冷却面積を λ_F とすれば

$$\theta_C=\frac{W_C}{\lambda_C},\qquad \theta_F=\frac{W_F}{\lambda_F}$$

ここで，さきの甲，乙二つの機器について考えてみる．甲機の銅損および鉄損をそれぞれ W_C および W_F，それらに対する有効冷却面積をそれぞれ λ_C，λ_F とし，乙機に対するそれらを W_C'，W_F'，λ_C'，λ_F' とすれば，両機の温度上昇 θ および θ' は

銅損だけの場合

甲　機　$$\theta_C=\frac{W_C}{\lambda_C}$$

乙　機　$$\theta_C'=\frac{W_C'}{\lambda_C'}=\frac{\lambda_C}{\lambda_C'}\times\frac{n^3W_C}{\lambda_C}=\frac{\lambda_C}{\lambda_C'}n^3\theta_C \tag{2・23}$$

鉄損だけの場合

甲　機　$$\theta_F=\frac{W_F}{\lambda_F}$$

乙　機　$$\theta_F'=\frac{W_F'}{\lambda_F'}=\frac{\lambda_F}{\lambda_F'}\times\frac{n^3W_F}{\lambda_F}=\frac{\lambda_F}{\lambda_F'}n^3\theta_F \tag{2・24}$$

である．そして両損失を同時に与えたときの温度上昇は

甲　機　$\theta=\theta_C+\theta_F$

乙　機　$\theta'=\theta_C'+\theta_F'$

である．

ここで乙機の温度上昇は甲機のそれより少しくらい高くてもよいが，JEC 規格の温度上昇を超えてはならないから

JEC の限度$\gtrsim(\theta_C'+\theta_F')\gtrsim(\theta_C+\theta_F)$

であることが必要で，かつ $\theta_C'\gtrsim\theta_C$，$\theta_F'\gtrsim\theta_F$ であることが望ましい．ここで $\gtrsim$ の記号は，わずかに大きいことを意味するものとする．

したがって，式（2・23）および式（2・24）から

$$\lambda_C'\lesssim n^3\lambda_C, \qquad \lambda_F'\lesssim n^3\lambda_F$$

であることが必要である．そして甲機について銅損の冷却に役立つ表面積を O_C，鉄損の冷却に役立つ表面積を O_F とし，乙機のそれらを O_C' および O_F' とすれば，表面積は寸法倍数の 2 乗に比例するから

$$O_C'=n^2O_C, \qquad O_F'=n^2O_F$$

である．よって

$$\frac{\lambda_C'}{O_C'}\lesssim n\frac{\lambda_C}{O_C}, \qquad \frac{\lambda_F'}{O_F'}\lesssim n\frac{\lambda_F}{O_F} \tag{2・25}$$

であることが必要である．

式（2・25）によると「完全相似性にある機器では，熱伝達率 $\kappa=\lambda/O$ を寸法倍数に比例して増す必要がある」ということになる．

熱伝達率を増すために回転機では，鉄心は直接外気に触れているので通風ダクトを設けるとか，冷却ファンを取り付けるなどして十分に有効冷却面積を増す対策をしている．しかしながらコイルは熱伝導の悪い絶縁物で包まれ，鉄心のスロット内に深く収められているから，有効冷却面積を鉄心のように十分に増すことができない．よって完全相似性に従って回転機を設計すると，温度上昇の点からみて容量に限界があることが予想され，それ以上大きい機械では温度上昇が JEC の規定値を超えることになる．

一方，変圧器では鉄心およびコイルはともに絶縁油中に浸されるので，発生する損失による熱は一度油に伝わり，対流によって外箱に移って外気に放散される．そこで外箱に変圧器容量に応じて適当な冷却装置，たとえば波形鉄板製の外箱を用いるとか，箱の外周に放熱器を取り付け，送油風冷するなどして，コイル

および鉄心の両方に対して有効冷却面積を十分に増すことができる．したがって変圧器については電気装荷と磁気装荷の比を一定に保って，大形容量のものまで完全相似性に近い設計をすることができる．

2・4・3 電気比装荷と温度上昇の関係

以上のように，回転機では完全相似性に従って設計すると，大容量機ではコイルの温度上昇が著しくなる．この点を別の方面から考察してみる．

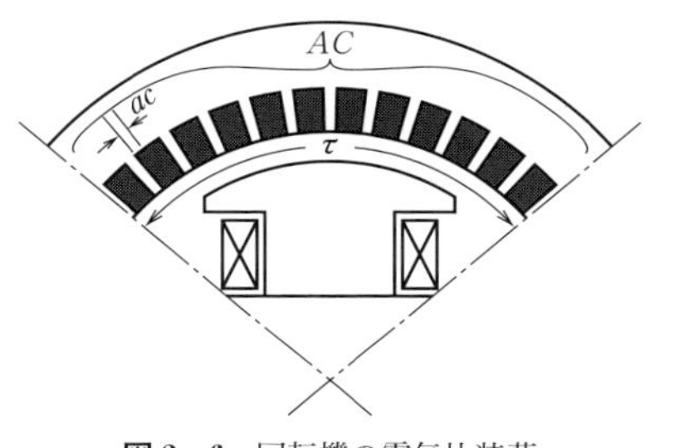

図2・6 回転機の電気比装荷

図 2・6 は回転機の1極分の構造を示したもので，極ピッチ τ にわたって電気装荷 AC が分布し，電機子周辺の1mm当たりの電気装荷を電気比装荷と名づければ

$$\text{電気比装荷}\quad ac=\frac{AC}{\tau} \tag{2・26}$$

で表される．

さきに比較した甲，乙両機において乙機の極ピッチ τ' は甲機の極ピッチ τ の n 倍で

$$\tau'=n\tau$$

であるから，甲，乙両機の電気比装荷をそれぞれ ac および ac' とすれば

$$\text{甲 機}\quad ac=\frac{AC}{\tau}$$

$$\text{乙 機}\quad ac'=\frac{AC'}{\tau'}=\frac{n^2AC}{n\tau}=nac \tag{2・27}$$

となる．すなわち完全相似性にある機器では，電気比装荷は寸法倍数に比例して増すということになる．このことは，乙機は甲機に比べて電機子周辺に沿って分布される銅損が多くなり，鉄損に比べて銅損が多い銅機械となることを意味している．そして銅損がスロット内に集中し，冷却が不充分になるために温度上昇が大になるのである．

2・5 不完全相似性にある機器

前節で述べたように，完全相似性になるように機器を設計すると，容量が大きな場合電気比装荷が寸法倍数に比例して増加し，銅機械になって温度上昇が大となる欠点がある．そこで，ここでは甲，乙両機が相似形であっても電気比装荷は一定とする場合を考えてみよう．

甲，乙両機があって両機は電流密度，磁束密度が等しいばかりでなく電気比装荷も等しく，かつ各部分の寸法がだいたい幾何学的に相似（ただしコイルの寸法は相似でない）であるとき，この両機は不完全相似性にあるということにする．

不完全相似性にある回転機について考えてみる．甲，乙両機において，乙機の極ピッチ τ' が甲機の極ピッチ τ の n 倍で，電気比装荷は両機とも同じ ac であるから

$$AC' = \tau' ac = n\tau ac = nAC \qquad (2\cdot28)$$

であり，乙機の電気装荷は甲機のそれの n 倍になる．

次に変圧器について考えると，**図2･7** においてコイルの高さ h にわたって分布された電気装荷 AT があり，高さ1 mm当たりの電気装荷すなわち変圧器の電気比装荷 at は

$$at = \frac{AT}{h}$$

である．

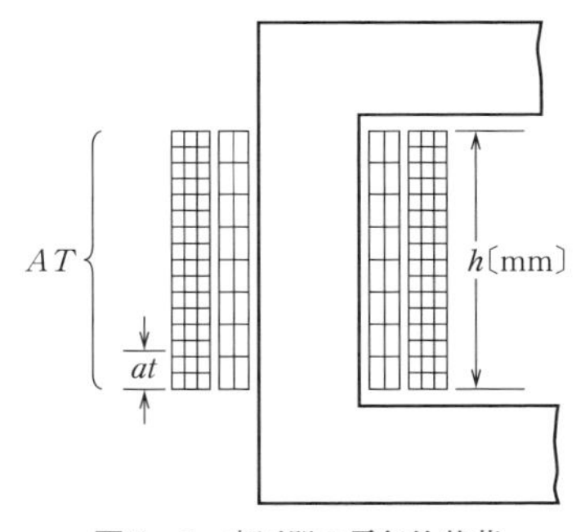

図2・7　変圧器の電気比装荷

ここで，不完全相似性にある甲，乙両変圧器を考えると，乙器のコイル高さ h' は甲器のコイル高さ h の n 倍であって，電気比装荷は両器とも同じ at であるから

$$AT' = h' at = nhat = nAT \qquad (2\cdot29)$$

となって，乙器の電気装荷 AT' は甲器のそれの n 倍となることは回転機の場合と同じである．

よって式（2･28）と式（2･29）とを一括して

$$\boldsymbol{A}' = n\boldsymbol{A}$$

と書くことができ，一般に不完全相似性にある甲，乙両機器においては，乙機器の電気装荷 $\boldsymbol{A}'$ は甲機器の電気装荷 $\boldsymbol{A}$ の n 倍であるということになる．

2・5・1　装荷の比と特性

不完全相似性の場合，鉄心構成は両機器ともおおむね相似形と仮定しているから，乙機器の磁気回路の断面積は甲機器のそれの n^2 倍である．また磁束密度を

一定としているので，磁気装荷は寸法倍数の2乗に比例することになり，この点は完全相似性の場合と同じで

$$\boldsymbol{\phi}'=n^2\boldsymbol{\phi}$$

である．よって

$$\frac{\boldsymbol{\phi}'}{\boldsymbol{A}'^2}=\frac{n^2\boldsymbol{\phi}}{(n\boldsymbol{A})^2}=\frac{\boldsymbol{\phi}}{\boldsymbol{A}^2}=C \quad \text{(一定)} \tag{2・30}$$

となるので，「不完全相似性にある場合は，磁気装荷と電気装荷の2乗との比は一定である」ということができる．

次に両機器の比容量の比較をすると，甲，乙機器の比容量をそれぞれ S および S' とすれば

$$\frac{S'}{\boldsymbol{f}}=K_0\boldsymbol{A}'\boldsymbol{\phi}'=K_0 n\boldsymbol{A}n^2\boldsymbol{\phi}=n^3\frac{S}{\boldsymbol{f}} \tag{2・31}$$

となるので，「乙機器の比容量は甲機器のそれの n^3 倍」となる．

一方，不完全相似性の両機器において，乙機器のコイル長さ，銅線断面積ともに甲機器の n 倍であるから，乙機器の銅線重量 G_C' は甲機器のそれ（G_C）の n^2 倍である．すなわち

$$G_C'=n^2G_C$$

である．また乙機器の鉄心は甲機器のそれとほぼ相似形であるから，完全相似形の場合と同様に，乙機器の鉄心重量は甲機器のそれの n^3 倍である．すなわち

$$G_F'=n^3G_F$$

である．よって毎極あるいは毎脚の単位容量当たりの機器重量は

$$\frac{G_C'+G_F'}{S'}=\frac{n^2G_C+n^3G_F}{n^3S}=\frac{1}{n}\frac{G_C}{S}+\frac{G_F}{S} \tag{2・32}$$

となって，不完全相似性にある機器では，単位容量当たりの銅重量は寸法倍数 n に逆比例するが，単位容量当たりの鉄重量は一定であるということになる．すなわち，不完全相似性にすると，大形機器では単位容量当たりの銅使用量は減って経済的になるが，鉄使用量は変わらない．

両機器の電流密度および磁束密度は同じであるから，銅損および鉄損はそれぞれ銅および鉄の使用量に比例し

$$W_C'=n^2W_C, \qquad W_F'=n^3W_F$$

である．よって毎極あるいは毎脚の単位容量当たりの損失は

$$\frac{W_C'+W_F'}{S'}=\frac{n^2W_C+n^3W_F}{n^3S}=\frac{1}{n}\frac{W_C}{S}+\frac{W_F}{S} \qquad (2\cdot33)$$

となって，不完全相似性にある機器では，単位容量当たりの銅損は寸法倍数 n に逆比例するが，鉄損は変わらないので，機器の容量が大きくなっても完全相似性の場合ほど効率は良くならないということになる．

2・5・2　温度上昇

次に温度上昇について考えてみると，銅損だけによる温度上昇は

甲機器　$\theta_C=\dfrac{W_C}{\lambda_C}$

乙機器　$\theta_C'=\dfrac{W_C'}{\lambda_C'}=\dfrac{\lambda_C}{\lambda_C'}\dfrac{n^2W_C}{\lambda_C}=\dfrac{\lambda_C}{\lambda_C'}n^2\theta_C$　(2・34)

また鉄損だけによる温度上昇は

甲機器　$\theta_F=\dfrac{W_F}{\lambda_F}$

乙機器　$\theta_F'=\dfrac{W_F'}{\lambda_F'}=\dfrac{\lambda_F}{\lambda_F'}\dfrac{n^3W_F}{\lambda_F}=\dfrac{\lambda_F}{\lambda_F'}n^3\theta_F$　(2・35)

である．そして両損失が同時に生じたときの温度上昇は

甲機器　$\theta=\theta_C+\theta_F$

乙機器　$\theta'=\theta_C'+\theta_F'$

であり，この場合に

JEC 規格の限度$\gtrsim(\theta_C'+\theta_F')\gtrsim(\theta_C+\theta_F)$

であることが必要である．さらに $\theta_C'\gtrsim\theta_C$，$\theta_F'\gtrsim\theta_F$ であることが望ましい．したがって式（2・34）および（2・35）から

$\lambda_C'\lesssim n^2\lambda_C$，　$\lambda_F'\lesssim n^3\lambda_F$

であることが必要である．そして冷却に役立つ表面積は寸法の 2 乗に比例するから

$O_C'\fallingdotseq n^2O_C$，　$O_F'=n^2O_F$

である．よって

$$\frac{\lambda_C'}{O_C'}\lesssim\frac{\lambda_C}{O_C},\qquad \frac{\lambda_F'}{O_F'}\lesssim n\frac{\lambda_F}{O_F} \qquad (2\cdot36)$$

であることが必要である．

式（2・36）によると，不完全相似性にある機器では，コイル部分の熱伝達率

$\kappa_C=\lambda_C/O_C$ は寸法倍数に関係なくほぼ同じであればよいが，鉄心部分の熱伝達率 $\kappa_F=\lambda_F/O_F$ は寸法倍数に比例して増す必要があるということになる．

このことは，不完全相似性とした場合は，寸法が大きくなると鉄機械の傾向になり，コイルの温度上昇は変わらないので楽である反面，鉄心の温度上昇は寸法倍数に比例して高くなる傾向をもつことを示している．しかし回転機では鉄心は外気に直接触れているので，適当な冷却方式を工夫することによって温度上昇が大となることを防ぐことができる．一方，変圧器の場合は，コイルの温度上昇が楽になり過ぎて材料が不経済となることを示している．

2・6　微増加比例法の理論

以上に述べた完全相似性と不完全相似性の比較をしてみると，完全相似性では変圧器の場合はよいが，回転機の場合は寸法が大きくなると銅機械の傾向になり，温度上昇が大となって困る．一方，不完全相似性の場合は，回転機ではコイルの温度上昇は過大にならないが，変圧器ではコイルの温度上昇が楽になり過ぎて不経済ということになった．ここで二つの相似性の性格を比較すると**表 2･3** のようになる．

表 2・3　両相似性の比較

相似性の種類＼項　目	完全相似性 (B，$\varDelta$ 一定)	不完全相似性 (B，$\varDelta$ および ac または at 一定)
装荷の比	$\dfrac{\boldsymbol{\phi}'}{\boldsymbol{A}'}=\dfrac{\boldsymbol{\phi}}{\boldsymbol{A}}=C$ (一定) $\therefore \dfrac{\boldsymbol{\phi}'-\boldsymbol{\phi}}{\boldsymbol{A}'-\boldsymbol{A}}=\dfrac{\boldsymbol{\phi}}{\boldsymbol{A}}$	$\dfrac{\boldsymbol{\phi}'}{\boldsymbol{A}'^2}=\dfrac{\boldsymbol{\phi}}{\boldsymbol{A}^2}=C$ (一定) $\therefore \dfrac{\boldsymbol{\phi}'-\boldsymbol{\phi}}{\boldsymbol{A}'^2-\boldsymbol{A}^2}=\dfrac{\boldsymbol{\phi}}{\boldsymbol{A}^2}$
$\boldsymbol{A}$ が $\delta\boldsymbol{A}=\boldsymbol{A}'-\boldsymbol{A}$ $\boldsymbol{\phi}$ が $\delta\boldsymbol{\phi}=\boldsymbol{\phi}'-\boldsymbol{\phi}$ だけ増した場合	$\dfrac{\delta\boldsymbol{\phi}}{\delta\boldsymbol{A}}=\dfrac{\boldsymbol{\phi}}{\boldsymbol{A}}$	$\dfrac{\boldsymbol{\phi}'-\boldsymbol{\phi}}{\boldsymbol{A}'^2-\boldsymbol{A}^2}=\dfrac{\boldsymbol{\phi}'-\boldsymbol{\phi}}{(\boldsymbol{A}'+\boldsymbol{A})(\boldsymbol{A}'-\boldsymbol{A})}$ $\therefore \dfrac{\delta\boldsymbol{\phi}}{2\boldsymbol{A}\delta\boldsymbol{A}}=\dfrac{\boldsymbol{\phi}}{\boldsymbol{A}^2}$
比容量の微増加の比	$\dfrac{K_0\boldsymbol{A}\delta\boldsymbol{\phi}}{K_0\boldsymbol{\phi}\delta\boldsymbol{A}}=1$　　(2・37)	$\dfrac{K_0\boldsymbol{A}\delta\boldsymbol{\phi}}{K_0\boldsymbol{\phi}\delta\boldsymbol{A}}=2$　　(2・38)
機器の性格	銅機械	鉄機械

表 2･3 に示すように，完全相似性では比容量の微増加の比は 1 となって銅機械の傾向に，不完全相似性では比容量の微増加の比は 2 となって鉄機械の傾向になる．よって表 2･3 内の式 (2･37) および (2･38) からみると，比容量の微増加の

比が1と2の間になるときに銅機械にも鉄機械にもかたよらない適当な機械ができるはずで，このような微増加の比を γ とおくと

$$\frac{K_0\boldsymbol{A}\delta\boldsymbol{\phi}}{K_0\boldsymbol{\phi}\delta\boldsymbol{A}}=\gamma \qquad (1<\gamma<2) \tag{2・39}$$

となる．この γ を装荷分配定数と名づける．

比容量は，さきに式（2･18）で述べたように $S/\boldsymbol{f}=K_0\boldsymbol{A}\boldsymbol{\phi}$ で表されるもので，**図2･8** のように横軸に電気装荷 $\boldsymbol{A}$ を，縦軸に磁気装荷 $\boldsymbol{\phi}$ をとって $\overline{\mathrm{OA}}=\boldsymbol{A}$，$\overline{\mathrm{OB}}=\boldsymbol{\phi}$ に選べば，面積OBPAは比容量 $K_0\boldsymbol{A}\boldsymbol{\phi}$ に比例する．

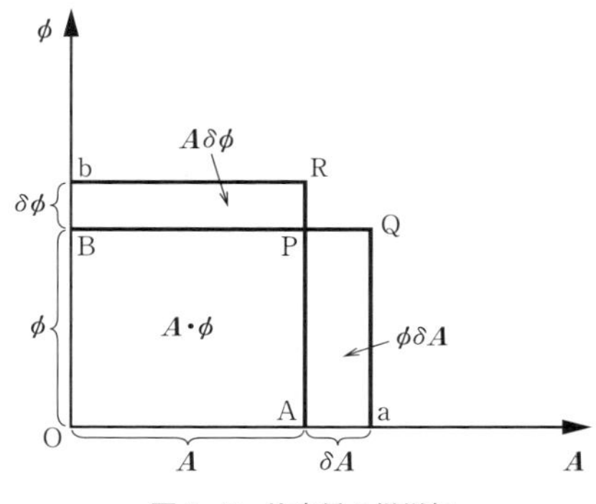

図2・8　比容量の微増加

この比容量を増すためには $\boldsymbol{A}$ も $\boldsymbol{\phi}$ も増すべきで，いま $\boldsymbol{A}$ を $\delta\boldsymbol{A}=\overline{\mathrm{Aa}}$ だけ増すと，このための比容量の微増加は $K_0\boldsymbol{\phi}\delta\boldsymbol{A}=$ 面積APQaで，また $\boldsymbol{\phi}$ を $\delta\boldsymbol{\phi}=\overline{\mathrm{Bb}}$ だけ増すと，このための比容量の微増加は $K_0\boldsymbol{A}\delta\boldsymbol{\phi}=$ 面積BbRPである．そして，この二つの微増加が比例するように，すなわち

$$\frac{K_0\boldsymbol{A}\delta\boldsymbol{\phi}}{K_0\boldsymbol{\phi}\delta\boldsymbol{A}}=\gamma \quad （定数）$$

とすべきで，かつ，この γ は1と2の間に選ぶべきであるということになる．

このように装荷の分配を行う方法を微増加比例法* と呼ぶことにする．

そして式（2･39）から

$$\frac{\boldsymbol{A}\delta\boldsymbol{\phi}}{\boldsymbol{\phi}\delta\boldsymbol{A}}=\gamma \quad または \quad \frac{\delta\boldsymbol{\phi}}{\boldsymbol{\phi}}=\gamma\frac{\delta\boldsymbol{A}}{\boldsymbol{A}}$$

が得られるので，上式を積分して

$$\log\boldsymbol{\phi}=\gamma\log\boldsymbol{A}+\log C \quad または \quad \boldsymbol{\phi}=C\boldsymbol{A}^{\gamma} \tag{2・40}$$

となる．ここに，C は積分定数である．式（2･40）で $\gamma=1$ の場合は完全相似性，$\gamma=2$ の場合は不完全相似性である．

＊　この微増加比例法は，竹内寿太郎博士が創案した電気機器設計法の基礎学説で，装荷分配による設計法として広く世に用いられている．

2・7　微増加比例法の実際

前節までに述べたことは機器の相似性から出発して，電流密度，磁束密度および電気比装荷が一定であり，機器の各部分が相似形であるという仮説に立っている．しかし，実際の機器では必ずしもこれらの仮定とは一致せず，密度および比装荷などは機器が最も経済的でかつ特性も良いように選ばれ，機器の形も必ずしも相似形でなく，類似形程度に造られている．

ここで，実際の機器が微増加比例法に従って造られ，電気装荷と磁気装荷の間の関係が式（2･40）の示す $\boldsymbol{\phi}=C\boldsymbol{A}^{\gamma}$ で与えられるものとすると，比容量は

$$\frac{S}{\boldsymbol{f}}=K_0\boldsymbol{A}\boldsymbol{\phi}=K_0\boldsymbol{A}C\boldsymbol{A}^{\gamma}=K_0C\boldsymbol{A}^{1+\gamma}$$

となる．よって電気装荷と比容量の関係は

$$\boldsymbol{A}=\frac{1}{(K_0C)^{1/(1+\gamma)}}\times\left(\frac{S}{\boldsymbol{f}}\right)^{1/(1+\gamma)} \qquad (2\cdot41)$$

で与えられる．この $\boldsymbol{A}$ を式（2･40）に代入すると磁気装荷と比容量の関係が求められ

$$\boldsymbol{\phi}=C\frac{1}{(K_0C)^{\gamma/(1+\gamma)}}\left(\frac{S}{\boldsymbol{f}}\right)^{(\gamma/1+\gamma)}=\frac{C^{1/(1+\gamma)}}{K_0{}^{\gamma/(1+\gamma)}}\times\left(\frac{S}{\boldsymbol{f}}\right)^{\gamma/(1+\gamma)} \qquad (2\cdot42)$$

となる．ここで

$$\boldsymbol{A_0}=\frac{1}{(K_0C)^{1/(1+\gamma)}},\qquad \boldsymbol{\phi_0}=\frac{C^{1/(1+\gamma)}}{K_0{}^{\gamma/(1+\gamma)}}$$

とおくと，式（2･41）および（2･42）は

$$\boldsymbol{A}=\boldsymbol{A_0}\left(\frac{S}{\boldsymbol{f}}\right)^{1/(1+\gamma)} \qquad (2\cdot41')$$

$$\boldsymbol{\phi}=\boldsymbol{\phi_0}\left(\frac{S}{\boldsymbol{f}}\right)^{\gamma/(1+\gamma)} \qquad (2\cdot42')$$

となる．ここで，$\boldsymbol{A_0}$ および $\boldsymbol{\phi_0}$ をそれぞれ基準電気装荷および基準磁気装荷といい，$S/\boldsymbol{f}$ が1のときの各装荷である．この基準装荷は機器の種類によって異なるが，装荷分配の基礎となる重要な値である．

式（2･41）および（2･42）によると，比容量が与えられれば電気装荷および磁気装荷が求められるのであるが，これらの関係が実際にはどうなっているかを既存の機器について統計的に調べると，後述の図2･9から図2･12までのようになる．これら各図の資料は，電気機器に関する内外の名著から集めたものである．

なお各図において，電気装荷については変圧器を含めて比較を行うために，回転機についてもアンペア導線数でなくアンペア回数で表してあることに注意されたい．

2・7・1　同期機の装荷統計

図 2・9（a）および（b）は，それぞれ同期機の比容量と電気装荷および比容量と磁気装荷の関係を既存の機器についてプロットしたもので，いずれもほぼ直線で表され，図（a）の直線から電気装荷は

$$\boldsymbol{A}=0.64\left(\frac{S}{\boldsymbol{f}}\right)^{0.37} \qquad (2\cdot 43)$$

となり，また図（b）から磁気装荷は

$$\boldsymbol{\phi}=0.39\left(\frac{S}{\boldsymbol{f}}\right)^{0.63} \qquad (2\cdot 44)$$

で表される．

式（2・43）および（2・44）から統計的な値として

$$\boldsymbol{A}_0=0.64, \qquad \boldsymbol{\phi}_0=0.39$$

が得られる．ここでは $\boldsymbol{A}_0$ の単位にアンペア回数を用いているので $K_0 \fallingdotseq 4.2$ であり（式（2・10）を参照されたい），$K_0\boldsymbol{A}_0\phi_0=S/\boldsymbol{f}=1$ の関係にある．

装荷の分配定数は式（2・44）と式（2・43）の指数の比であり，またCについては式（2・40）から $C=\boldsymbol{\phi}_0/\boldsymbol{A}_0{}^{\gamma}$ であるから

$$\gamma=\frac{0.63}{0.37}=1.7, \qquad C=\frac{0.39}{0.64^{1.7}}=0.83$$

となって

$$\boldsymbol{\phi}=0.83\boldsymbol{A}^{1.7} \qquad (2\cdot 45)$$

という関係が成り立つ．

2・7・2　誘導機の装荷統計

図 2・10（a）および（b）は誘導機の比容量と電気装荷および磁気装荷の関係を既存の機械から統計をとったもので，図（a）の直線は

$$\boldsymbol{A}=0.75\left(\frac{S}{\boldsymbol{f}}\right)^{0.415} \qquad (2\cdot 46)$$

で表され，また図（b）の直線は

$$\boldsymbol{\phi}=0.335\left(\frac{S}{\boldsymbol{f}}\right)^{0.585} \qquad (2\cdot 47)$$

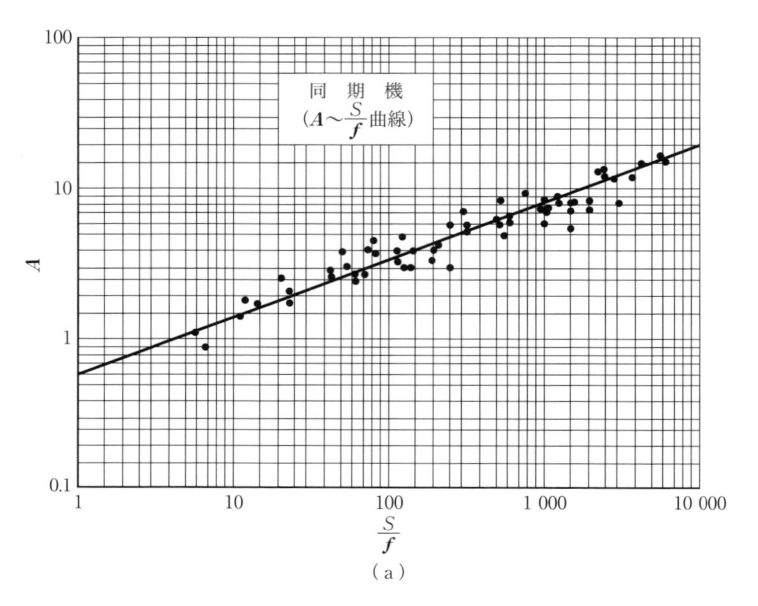

（a）

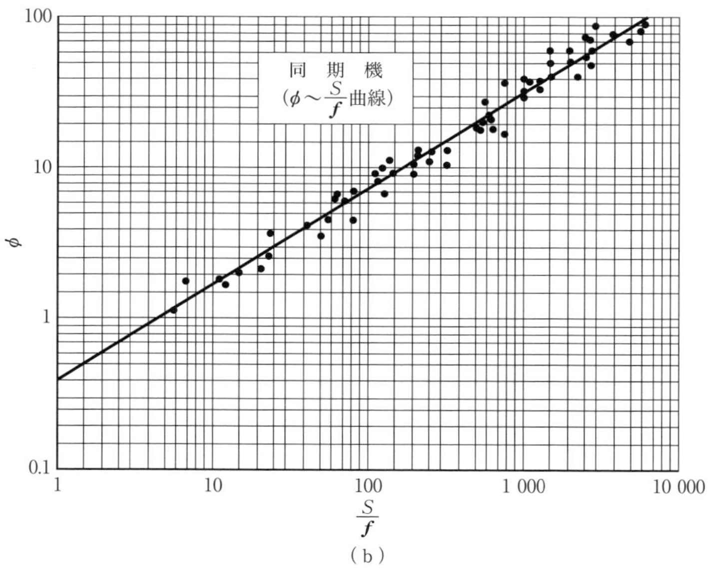

（b）

図2・9 同期機の装荷統計

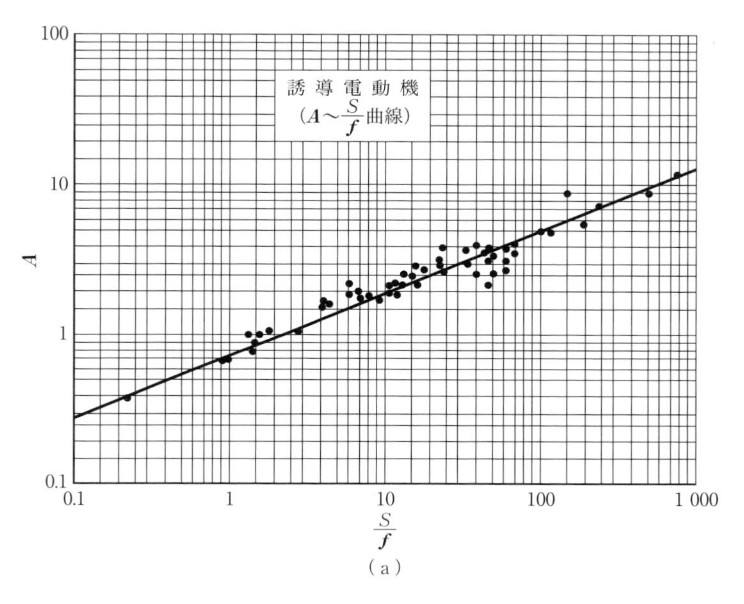

（a）

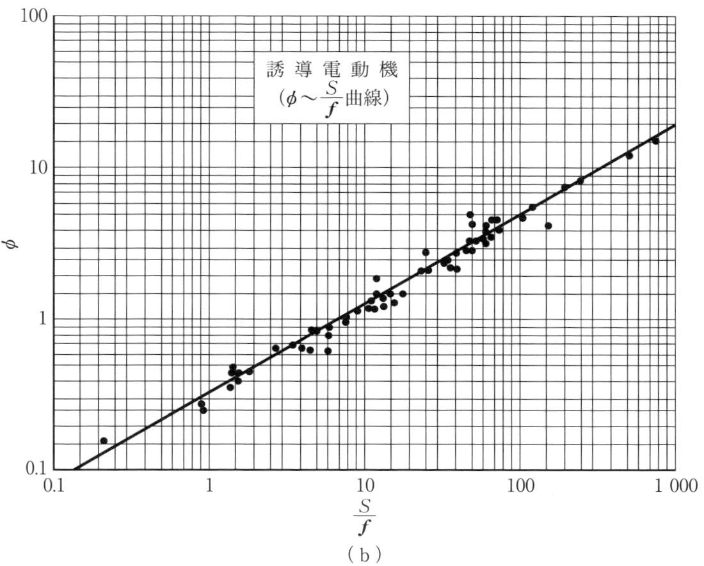

（b）

図 2・10　誘導機の装荷統計

となる．よって式（2･46）および（2･47）の$S/\boldsymbol{f}$を1として基準装荷は

$$\boldsymbol{A}_0=0.75, \qquad \boldsymbol{\phi}_0=0.335$$

であり，装荷分配定数γおよび積分定数Cは

$$\gamma=\frac{0.585}{0.415}=1.4, \qquad C=\frac{0.335}{0.75^{1.4}}=0.501$$

となるから

$$\boldsymbol{\phi}=0.501\boldsymbol{A}^{1.4} \tag{2・48}$$

という関係になる．

2・7・3 直流機の装荷統計

図2･11（a）および（b）は，直流機の比容量と電気装荷および磁気装荷の関係を統計から求めたもので，図（a）の直線から

$$\boldsymbol{A}=0.662\left(\frac{S}{\boldsymbol{f}}\right)^{0.4} \tag{2・49}$$

となり，同図（b）の直線から

$$\boldsymbol{\phi}=0.375\left(\frac{S}{\boldsymbol{f}}\right)^{0.6} \tag{2・50}$$

となる．よって基準装荷は上の2式の$S/\boldsymbol{f}$を1として

$$\boldsymbol{A}_0=0.662, \qquad \boldsymbol{\phi}_0=0.375$$

であり，装荷分配定数γおよび積分定数Cは

$$\gamma=\frac{0.6}{0.4}=1.5, \qquad C=\frac{0.375}{0.662^{1.5}}=0.696$$

となるから

$$\boldsymbol{\phi}=0.696\boldsymbol{A}^{1.5} \tag{2・51}$$

の関係が得られる．

2・7・4 変圧器の装荷統計

図2･12（a）および（b）は，変圧器の比容量と電気装荷および磁気装荷の関係を統計から求めたもので，図（a）から電気装荷は

$$\boldsymbol{A}=0.88\left(\frac{S}{\boldsymbol{f}}\right)^{0.475} \tag{2・52}$$

で表され，図（b）から磁気装荷は

$$\boldsymbol{\phi}=0.28\left(\frac{S}{\boldsymbol{f}}\right)^{0.525} \tag{2・53}$$

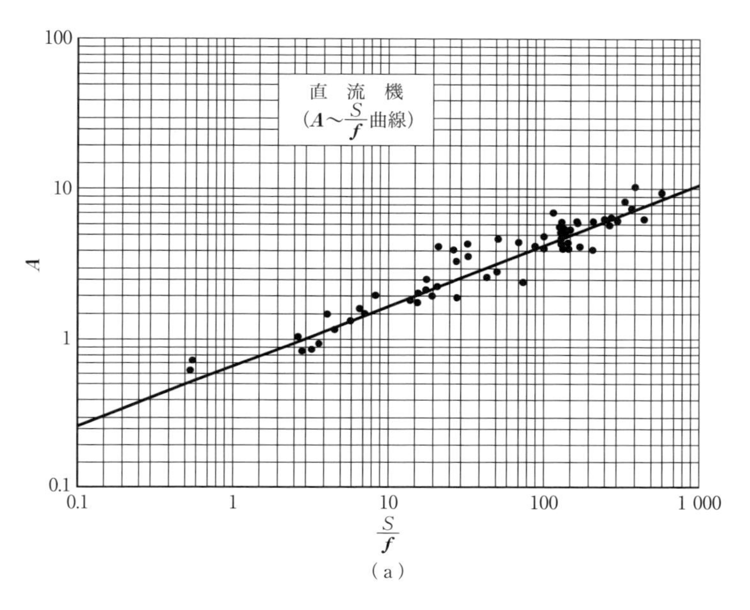

(a)

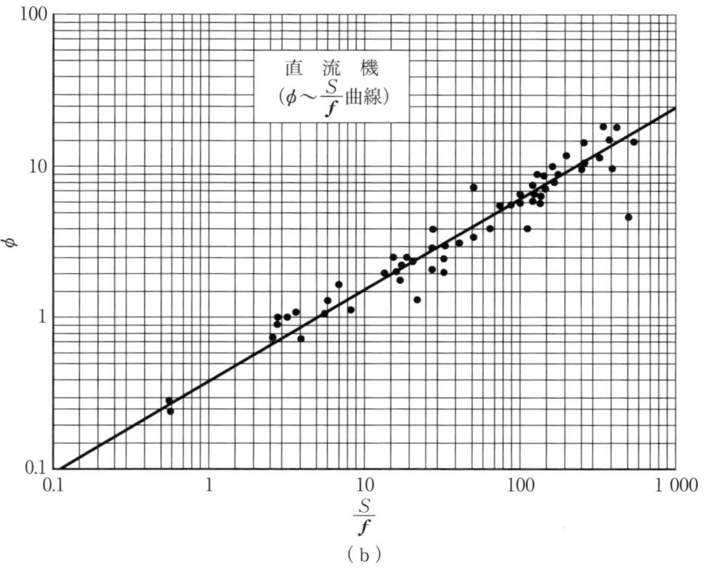

(b)

図 2・11　直流機の装荷統計

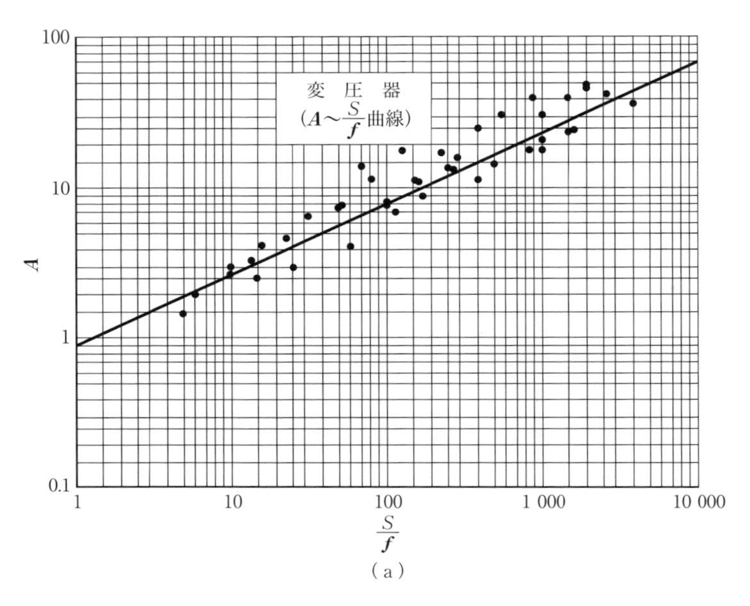

(a)

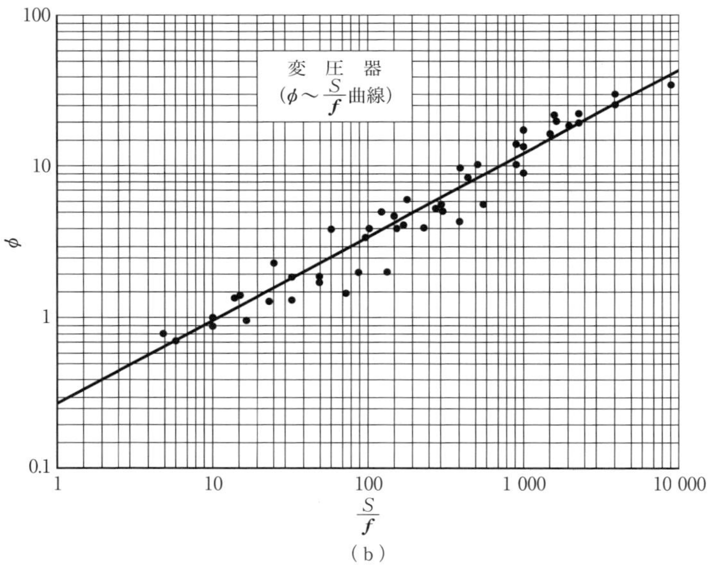

(b)

図2・12　変圧器の装荷統計

で表される．よって基準装荷は

$$\boldsymbol{A}_0=0.88, \qquad \boldsymbol{\phi}_0=0.28$$

であるから，装荷分配定数 γ および積分定数 C は

$$\gamma=\frac{0.525}{0.475}=1.1, \qquad C=\frac{0.28}{0.88^{1.1}}=0.322$$

となり

$$\boldsymbol{\phi}=0.322\boldsymbol{A}^{1.1} \tag{2・54}$$

が成り立つ．

以上，各機器について統計から求めた結果をまとめて**表 2・4** に示す．

表 2・4　各種機器の装荷分配定数と基準装荷

機種＼定数	C	γ	$\frac{1}{1+\gamma}$	$\frac{\gamma}{1+\gamma}$	$\boldsymbol{A}_0$	$\boldsymbol{\phi}_0$
同期機	0.83	1.7	0.37	0.63	0.64	0.39
誘導機	0.501	1.4	0.415	0.585	0.75	0.335
直流機	0.696	1.5	0.40	0.60	0.662	0.375
変圧器	0.322	1.1	0.475	0.525	0.88	0.28

2・8　装荷の計算法と最近の機器の基準装荷と装荷分配定数

機器の設計にあたっては，まず装荷の分配を行う必要があるが，電気装荷または磁気装荷のいずれか一方を求めれば他方は式（2・18）によって求められるので，ここではまず磁気装荷を計算して設計を進めることにする．

式（2・42′）は

$$\boldsymbol{\phi}=\boldsymbol{\phi}_0\left(\frac{S}{\boldsymbol{f}}\right)^{\gamma/(1+\gamma)}=\boldsymbol{\phi}_0\times\left(\frac{S}{f\times10^{-2}}\right)^{\gamma/(1+\gamma)} \tag{2・55}$$

と書くことができ，式（2・55）はさらに

$$\chi=\frac{\boldsymbol{\phi}}{\boldsymbol{\phi}_0}=\frac{\phi\times10^2}{\phi_0\times10^2}=\frac{\phi}{\phi_0}=\left(\frac{S}{f\times10^{-2}}\right)^{\gamma/(1+\gamma)} \tag{2・56}$$

と変形できる．

よって機器の仕様として S および f が示された場合，式（2・56）から χ の値を算定できるので，設計資料から得た ϕ_0 の値を使って

$$\phi=\chi\phi_0 \tag{2・57}$$

として簡単に磁気装荷を求めることができる．磁気装荷の値が得られれば，2・1

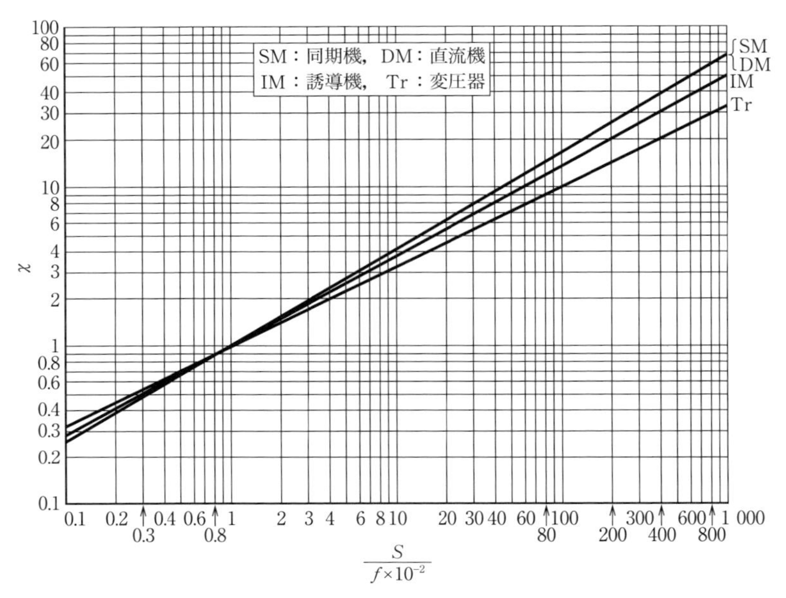

図 2・13　χ を求める図

表 2・5　最近の設計基礎定数

機種＼定数		装荷分配定数 γ	基準磁気装荷 ϕ_0
回転機	同期機	1.5	$2.5 \sim 4.0 \times 10^{-3}$
	誘導機	1.3	
	直流機	1.5	
変圧器		1	

節の問題2の解法で例示したように電気装荷も定められ，鉄心および巻線その他の設計を順次進めることができる．なお**図 2・13** は，式（2・56）の $S/(f \times 10^{-2})$ と χ の関係をグラフとして示したものである．

機器の基準装荷および装荷分配定数は，使用材料の進歩とともに変わるべき性質のものである．表2・4は過去の統計から得られた数値であるが，最近の資料からの統計によれば**表 2・5** のような値になっているので，実際の設計に当たっては，この表の値を用いるべきである．

ここで注目すべきことは，表2･4のγの値に比べ表2･5の値は1に近づいていることで，この変化は設計技術の発達と使用材料の進歩による改善のあとを示している．

これまでに，電気機器の設計は各機器ともに共通の理論で扱うことができることを明らかにした．したがって，すべての電気機器は同じ理念のもとに設計されるべきで，特定の機器，たとえば変圧器とか誘導機とかの設計は，統一された機器設計理論の一応用問題にすぎないとみるべきである．

本書では，この章に述べた微増加比例法に従って，各種機器の実際の設計法については以下の各章で説明する．

第3章　三相同期発電機の設計

前章に述べたように，電気機器設計の基礎は電気装荷と磁気装荷とをいかに分配すべきかにあり，その分配法はすべての機器に対して同じ考え方を採用することができる．そして各種の機器の設計は，分配された電気装荷および磁気装荷からそれぞれの機器の主要特性に応じて主要寸法が決定されるべきで，その手続はすべての機器を通じて同じように進めることができる．この章で述べる三相同期発電機の設計手順も，多くの部分が後の章で述べる他の機器の設計手順と類似していることに注目すべきである．

3・1　三相同期機の巻線法

電気機器を設計するには，その機器の巻線についての大要を知っていることが必要であり，ここでまず，三相同期発電機に用いられている巻線方式について簡単に述べる．三相同期発電機の電機子巻線は，大別すると単層巻と二層巻とがある．**図3･1**（a）のように1スロットに1コイル辺を収める方式を単層巻といい，同図（b）のように1スロット内に二つのコイル辺が収められる巻線方式を二層巻という．単層巻はコイルの形状寸法が何種類か必要で，製造工程が複雑なため，最近はほとんど使用されていない．そこでここでは二層巻について説明する．

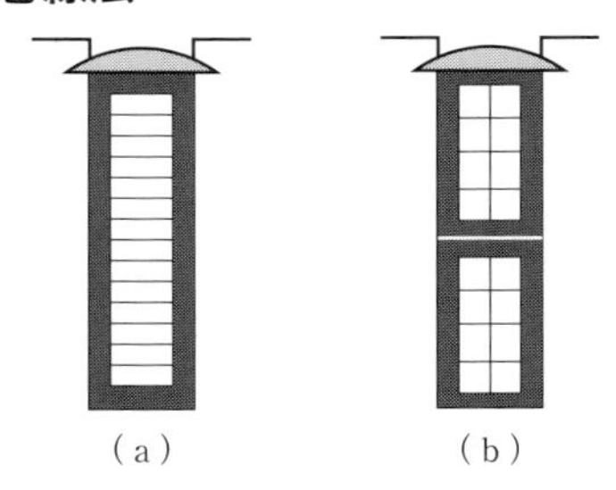

図3・1　単層巻と二層巻のスロット断面

3・1・1　二　層　巻

この巻線はすべてのコイルが同じ巻数，同じ寸法でよいので，工作が容易であり，また短節巻ができることなど，単層巻に比べて優れた特長をもっている．このため，同期発電機をはじめ誘導電動機にも広く用いられている．**図3･2**は4極36スロットの場合の例で，図中●はU相，○はV相，◉はW相のコイルのスロットに収められた部分を示し，これらをその内側および外側でつないでいる線は，それぞれ鉄心の両側におけるコイル端部（内側が反接続側，外側が接続側）を示している．これを1コイルのみ立体的に示すと**図3･3**のようになる．そしてその片側のコイル端部（図3･2外側の接続側）では，図のように各コイルが接続され，U，V，Wを端子とし，X，Y，Zを短絡して中性点として星形結線（Y結線）の三相巻線が構成されている．この例ではコイルピッチは極ピッチより1スロット分だけ短い短節巻で，一つのコイルをみると片方のコイル辺が第1スロットの上部にあるとすると，他の方のコイル辺は第9スロットの下部に収められることになる．なお，コイルピッチが極ピッチに等しい場合は全節巻という．

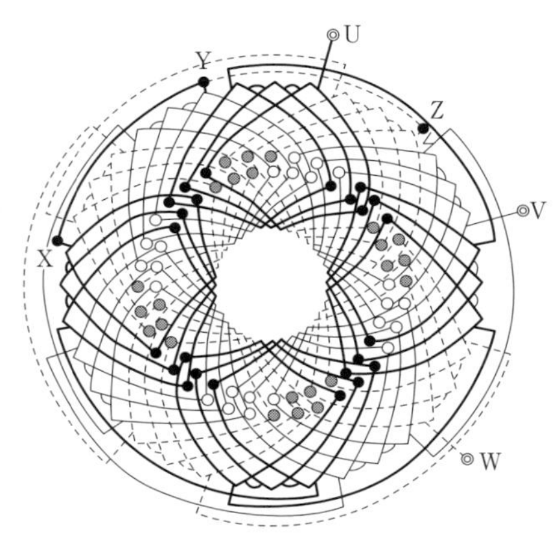

図3・2　三相電機子巻線の例（二層巻，整数スロット）4極，36スロット，$q=3$

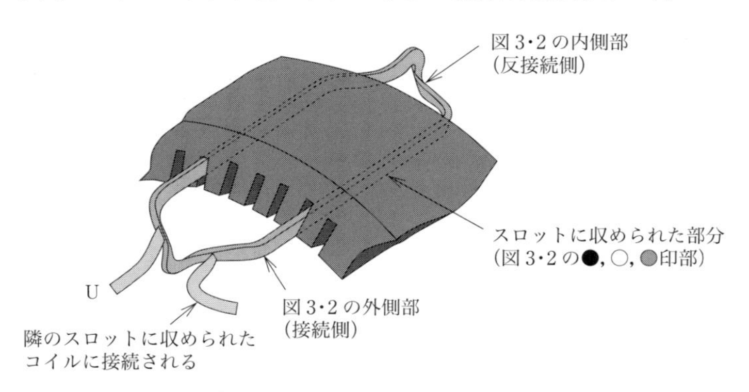

図3・3　1コイルのみ取り出した例

図3･2は毎極毎相のスロット数$q=3$で整数であるが，同期発電機では起電力中に含まれる高調波分をできるだけ少なくして，波形をより正弦波に近づけるためにqが整数でない巻線が用いられることが多い．

図3･4は4極30スロットの場合の例で，毎極毎相のスロット数は$q=30/(4\times3)=2.5$である．図から明らかなように，各相のコイル数は3と2が交互に

繰り返されているが，全体としては各相の電圧は平衡して対称三相起電力を得ることができる．このように q が整数でない場合を分数スロット巻という．これに対し，図3･2のように q が整数のものを整数スロット巻という．

また，普通 q の値は2以上にとる場合がほとんどであるが，このような巻線方式を分布巻といい，$q=1$ の場合を集中巻という．分布巻および短節巻はいずれも起電力波形を良くするために採用されるのであるが，集中巻および全節巻に比べて1相の起電力の値は若干減少する．その程度は分布係数 k_d および短節係数 k_p で表され，この両者の積を巻線係数という．すなわち巻線係数を k_w とすれば

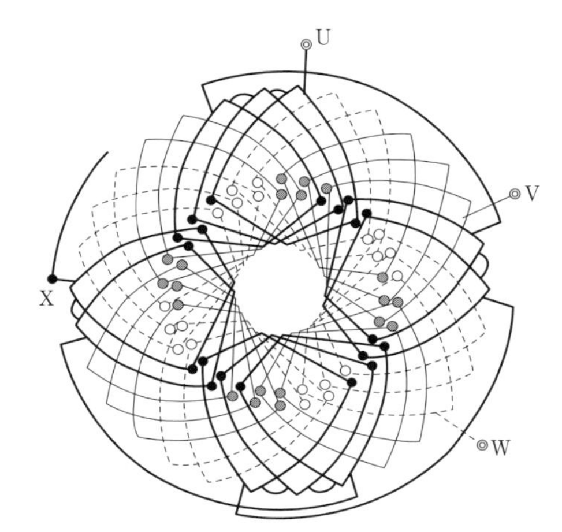

図3・4　三相電機子巻線の例（二層巻，分数スロット）4極，30スロット，$q=2.5$

$$k_w = k_d k_p \tag{3・1}$$

である．分布係数 k_d は q の値によって決まり，表2･1にその数値が示されている．分数スロット巻の場合は $q=a+c/b$（ただし，c/b は既約分数）と表すと，その分布係数 k_d は

$$q = ab + c \tag{3・2}$$

の整数スロット巻の場合と同じ値になる．短節係数 k_p は短節の程度によって変化し，その代表的な数値は表2･2に示されているが，一般には β＝コイルピッチ/極ピッチとすれば

$$k_p = \sin\frac{\beta\pi}{2} \tag{3・3}$$

として表される．

3・1・2　並列接続法

大形の同期機で電流が大きくなると，導線の断面積が大きくなるので，何本かの導線を束ねてコイルを製作するばかりでなく，極間を並列に接続することもある．この場合，二層巻では極数を並列回路数で除したものが整数であることが必

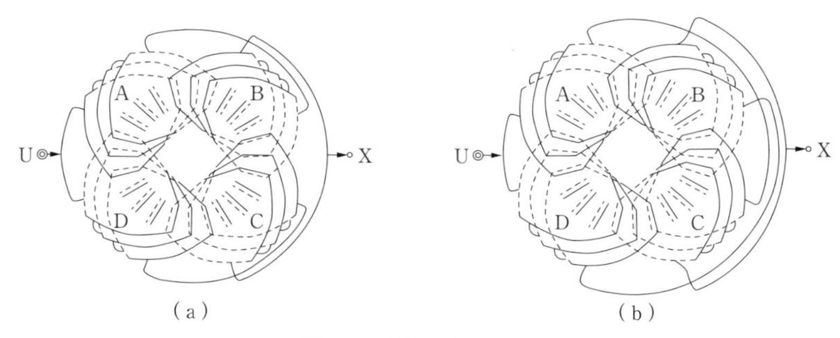

(a)　(b)

図3・5　極間並列の接続法

要で，とりうる最大並列回路数は極数と同じである．

極間並列の接続法には2種類ある．**図3•5**には4極機で二つの並列回路をとる場合の例をU相について示してある．同図（a）はAとB，DとCのように隣り合う極のコイル群が直列に接続され，これら2組がUX間に並列に結ばれている．これを隣極接続という．また同図（b）はAとC，DとBのように一つおきの極のコイル群が直列に接続され，これら2組がUX間に並列に結ばれている．これを隔極接続という．

隔極接続にすると，一つの直列回路に入る導線が電機子の全周辺にわたって分布されるために，磁路に不平衡があっても各組の起電力が平衡するという利点がある．

3・1・3　絶　　縁

一つのコイルが2ターン以上で構成されている場合には，相互のターンの導体間にターン電圧が加わるから，各導体はこれに耐えるように絶縁されなければならない．これを層間絶縁という．

また，コイルとそれの収められている鉄心面との間には，端子電圧に等しい電圧がかかるものと考えなければならない．それは，一相に地絡が生じた場合には，他の一相は当然大地電位にある鉄心に対して，端子電圧に等しい電位差を有することになるからである．したがってコイルと鉄心間の絶縁は，端子電圧に相当する電圧に耐えるものでなければならない．これを対地絶縁という．

これらの絶縁をどのような絶縁材料と工作法によって構成するかは，各製造者によって異なっている．近年，絶縁材料の進歩はめざましく，種類も非常に豊富なので，絶縁耐力，機械的強度，加工性，耐熱性，耐劣化性，コストなどあらゆる方向から検討して選定され，加工法の進歩と相まって優れた絶縁性能のコイルが製作されている.

絶縁の厚さによってスロット寸法が変化するので，設計に際しては，端子電圧に応じて絶縁厚さを決定しなくてはならない．絶縁厚さは同一電圧でも，絶縁材料の構成と工作法によって変化し，おおむね**表 3･1** のような数値をとる.

表 3・1 対地絶縁の厚さ

端子電圧	3 kV 級	6 kV 級	11 kV 級
対地絶縁厚さ〔mm〕	1.0～1.5	1.5～2.0	2.0～3.0

3・2 三相同期発電機の設計例

ここでは，中容量の三相同期発電機の設計手順，およびその設計によった場合に予想される特性の計算法について述べる.

仕 様

容量 1 500 kVA 極数 10 電圧 3 300 V 周波数 60 Hz

力率 0.8（遅れ） 同期速度 720 min^{-1} 連続定格

耐熱クラス 155（F）

保護防滴形 自力自由通風形 ディーゼルエンジン直結駆動

規格 JEC-2130-2000

3・2・1 装荷の分配

容　　量　1 500 kVA

電機子巻線はY結線にするとして

定格電流 $$I=\frac{1\,500\times10^3}{\sqrt{3}\times3\,300}=262\ \text{A}$$

毎極の容量 $$S=\frac{1\,500}{10}=150\ \text{kVA}$$

比 容 量 $$\frac{S}{f\times10^{-2}}=\frac{150}{0.6}=250$$

表 2･5 より装荷分配定数 $\gamma=1.5$ とすると $\gamma/(1+\gamma)=1.5/2.5=0.6$．よって式（2･56）より χ は次の値となる.

$$\chi=\frac{\phi}{\phi_0}=\left(\frac{S}{f\times10^{-2}}\right)^{0.6}=250^{0.6}=27.5$$

表2･5から基準磁気装荷 $\phi_0=2.7\times10^{-3}$ Wb に選ぶと磁気装荷 ϕ は

$$\phi=\chi\phi_0=27.5\times2.7\times10^{-3}=74.3\times10^{-3}\quad〔\mathrm{Wb}〕$$

Y結線を使用するものとしたので，一相の電圧は $3\,300/\sqrt{3}=1\,905$〔V〕である．よって一相の直列導線数 N_{ph} は式（2･6）より

$$N_{ph}=\frac{1\,905}{2.1\times74.3\times10^{-3}\times60}=203.5$$

となる．巻線は二層巻とし，電圧波形の改善のため分数スロット巻を使用するものとする．毎極毎相のスロット数 $q=3.5$ に選べば，一相のスロット数は $Pq=10\times3.5=35$，全スロット数は $3Pq=105$ である．よって1スロット内に収めるべき導線数は

$$\frac{N_{ph}}{Pq}=\frac{203.5}{35}=5.81$$

となるが，二層巻を採用しているので，1スロット内の直列導線数は偶数でなければならない．そこで $N_{ph}/Pq=6$ 本とすると

$$N_{ph}=6\times35=210$$

となる．

式（2･4）に毎分回転数と周波数，極数との間の関係式 $n=120\,f/P$ を代入すれば

$$E=\frac{\pi}{\sqrt{2}}\cdot\frac{k_d k_p}{k_\phi}N_{ph}\phi f\quad〔\mathrm{V}〕$$

となる．この式の k_d，k_p，k_ϕ はそれぞれ巻線の分布係数，短節係数および磁束分布係数で2･2･1項および3･1･1項で説明されている．k_ϕ は0.96～1.02の間にあるので $k_\phi\fallingdotseq1$ とおき，式（3･1）によって巻線係数 k_w を用いるものとすれば

$$E=2.22k_w N_{ph}\phi f\quad〔\mathrm{V}〕\qquad(3\cdot4)$$

となる．短節係数 k_p は式（3･3）から明らかなように，コイルピッチのとり方によってかなり広い範囲に変化させることができるので，必要な ϕ の値を得るためには N_{ph} の選定とともにコイルピッチによる調整が行われている．

この場合には N_{ph} が式（2･6）から求めた予定数203.5より大きくなったので，コイルピッチを小さくとって短節係数を小さくする必要がある．コイルピッチを第1スロットから第10スロットにとるものとすると，コイルピッチは9スロッ

ト分で，極ピッチは3×3.5＝10.5スロット分であるから，その比は$\beta=9/10.5=0.857$である．よって式（3･3）から$k_p=0.975$となる．

分布係数k_dは表2･1のようにqによって決まるが，この場合は分数スロットで$q=3+1/2$であるから，式（3･2）によって$q=3\times2+1=7$の場合と同じ値をとり，$k_d=0.956$である．

したがって巻線係数k_wは

$$k_w=k_d k_p=0.956\times0.975=0.932$$

となる．

この数値を用いて，式（3･4）から磁気装荷を改めて計算しなおすと

$$\phi=\frac{1\,905}{2.22\times0.932\times210\times60}=73.1\times10^{-3}\ \mathrm{Wb}$$

となり，最初に設定した値とほぼ近い値になっている．

この場合の電気装荷すなわち毎極のアンペア導線数ACを求めると

$$AC=\frac{3N_{ph}I}{P}=\frac{3\times210\times262}{10}=16.5\times10^3$$

である．

3・2・2 比装荷と主要寸法

ここで同期発電機のギャップ部分における磁束分布を考えてみる．**図3･6**は電機子周辺に沿う磁束分布を示し，極ピッチをτ〔mm〕，極弧の幅をb〔mm〕とする．磁束分布はだいたいABCDの曲線のように生じるとみることができる．ギャップの磁束密度は磁極中心付近で最も高く，これをB_g〔T〕とし，曲線ABCDの高さと等しい高さをもち，面積が等しい長方形abcdを描くとき，この長方形の幅$\overline{\mathrm{ad}}=b_i$〔mm〕を極弧の有効幅という．そして$b_i$と$\tau$との比$\alpha_i=b_i/\tau$は普通の同期機では0.55〜0.7である．

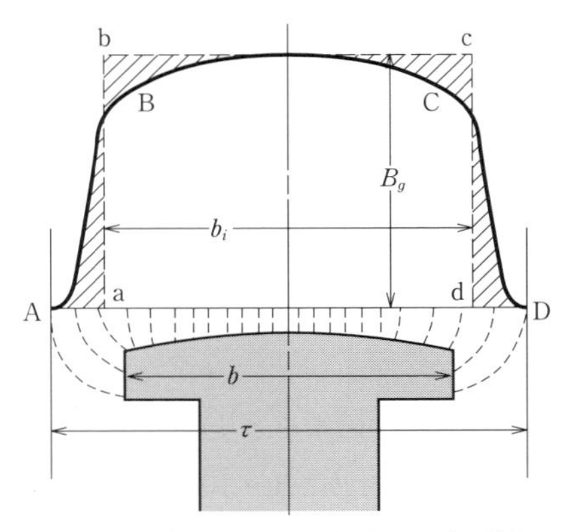

図3・6 電機子周辺に沿うギャップの磁束分布

図3･7は軸方向に沿うギャップの磁束分布を示す．鉄心の見かけの成層長さは

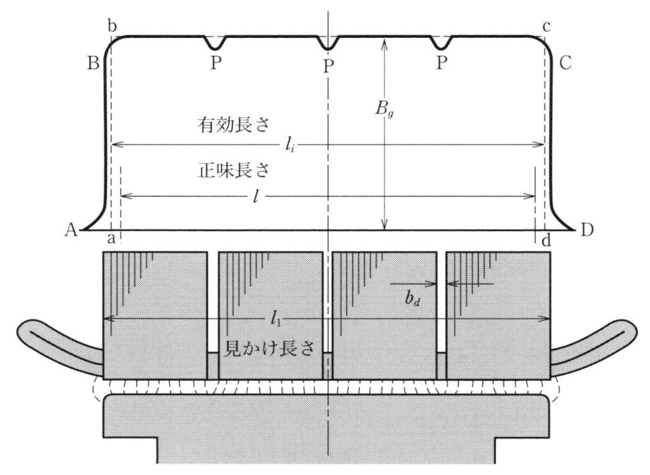

図3・7 軸方向に沿うギャップの磁束分布

l_1〔mm〕であるが，通風ダクトがあるためにギャップに生じる磁束分布は曲線ABPPPCDのように生じるとみることができる．この分布の最大磁束密度B_gと同じ高さで面積が等しい長方形abcdを作り，この長さをl_i〔mm〕とするときl_iを鉄心の有効長さという．またl_iと鉄心の正味長さl〔mm〕との関係はダクトの幅をb_d〔mm〕，ダクトの数をn_dとするとき近似的に

$$l_i = l + \frac{2}{3} n_d b_d \quad \text{〔mm〕} \tag{3・5}$$

の関係があり，また正味長さと見かけの長さとの関係は

$$l_1 = l + n_d b_d \quad \text{〔mm〕} \tag{3・6}$$

である．

いま1極の磁束をϕ〔Wb〕とすれば

$$\left.\begin{aligned} &\phi = b_i l_i B_g \times 10^{-6} = \alpha_i \tau l_i B_g \times 10^{-6} \quad \text{〔Wb〕} \\ &\text{または} \\ &B_g = \frac{\phi}{b_i l_i} \times 10^6 = \frac{\phi}{\tau \alpha_i l_i} \times 10^6 \quad \text{〔T〕} \end{aligned}\right\} \tag{3・7}$$

となる．B_gは磁気比装荷ともいう．

式（3･7）によれば，ϕとB_gが与えられれば1極の有効面積

表 3・2　同期機の比装荷

比装荷 ＼ 機械の大小	小　形	中　形		大　形
電圧	低　圧	低　圧	高　圧	高　圧
電気比装荷 ac〔AC/mm〕	15～30	30～55	25～55	45～80
磁気比装荷 B_g〔T〕	0.6～0.8	0.7～0.9	0.7～0.9	0.7～0.9

$$\tau l_i = \frac{\phi}{\alpha_i B_g} \times 10^6 \text{ または } b_i l_i = \frac{\phi}{B_g} \times 10^6 \quad \text{〔mm}^2\text{〕} \qquad (3\cdot 8)$$

を求めることができる．

また第 2 章で述べた電気比装荷式（2･26）より，ac が与えられれば

$$\tau = \frac{AC}{ac} \quad \text{〔mm〕} \qquad (3\cdot 9)$$

として極ピッチが求められる．

同期機の電気および磁気比装荷は**表 3･2** に示すような値が選ばれるが，実際の設計において，この表の中の適当な値を選定するには多くの経験を要する．

本例では中形，高圧とみて $ac=54$，$B_g=0.89$ を選ぶと式（3･9）より

$$\tau = \frac{AC}{ac} = \frac{16.5\times 10^3}{54} = 305.6 \text{ mm}$$

よって固定子の内径 D は

$$D = \frac{10\times 305.6}{\pi} = 972.6 \text{ mm}$$

となるので，$D=975$ とする．この場合 $\tau=306.3$，$ac=53.9$ となる．

また式（3･8）より，毎極のギャップ部分の面積は（$\alpha_i = b_i/\tau = 0.65$ として）

$$\tau l_i = \frac{73.1\times 10^{-3}}{0.65\times 0.89} \times 10^6 = 126.4\times 10^3 \text{ mm}^2$$

$$l_i = \frac{\tau l_i}{\tau} = \frac{126.4\times 10^3}{306.3} = 412.7 \text{ mm}$$

であり

$$b_i = \alpha_i \tau = 0.65\times 306.3 = 199.1 \text{ mm}$$

となる．通風ダクトは鉄心の積み厚 50～80 mm ごとに 1 個ずつ設ける．この例では 10 mm 幅のものを 6 個設けることにし，**図 3･8** に示すようにすると，鉄心の正味長さ l および見かけの長さ l_1 は次のようになる．

$$l=412.7-\frac{2}{3}(6\times10)$$
$$=372.7\ \mathrm{mm}$$
$$l_1=372.7+6\times10=432.7\ \mathrm{mm}$$

よって $l_1=430$ mm とすると，$l=370$ mm，$l_i=410$ mm，$B_g=0.896$ T となる．

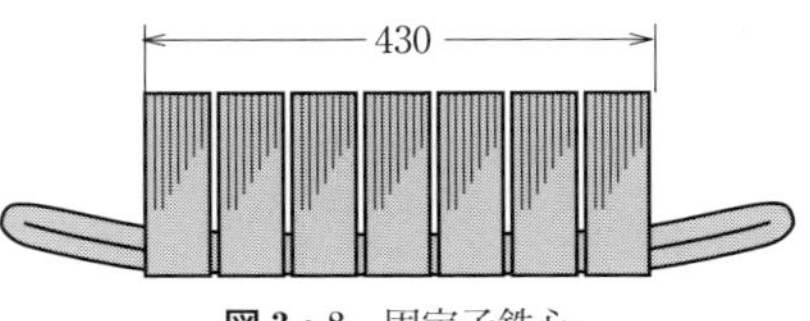

図3・8　固定子鉄心

3・2・3　スロット寸法と鉄心外径

普通の同期機では電機子巻線の電流密度は $\Delta_a=4\sim6$ A/mm² に選ばれるので，本例では $\Delta_a=5.5$ A/mm² とすると，導線断面積 q_a は

$$q_a=\frac{I}{\Delta_a}=\frac{262}{5.5}=47.6\ \mathrm{mm}^2$$

を必要とする．よってコイルは8本持ち（8本の電線を同時に持ってコイル状に巻くこと）にするとすれば，1本の導線断面積は 47.6/8=5.95 mm² でよいから，厚さ 1.6 mm，幅 3.5 mm のエナメル銅線を用いることにすると，その断面積は 1.6×3.5=5.6 mm² である．したがって電流密度は次のようになる．

$$\Delta_a=\frac{262}{8\times5.6}=5.85\ \mathrm{A/mm^2}$$

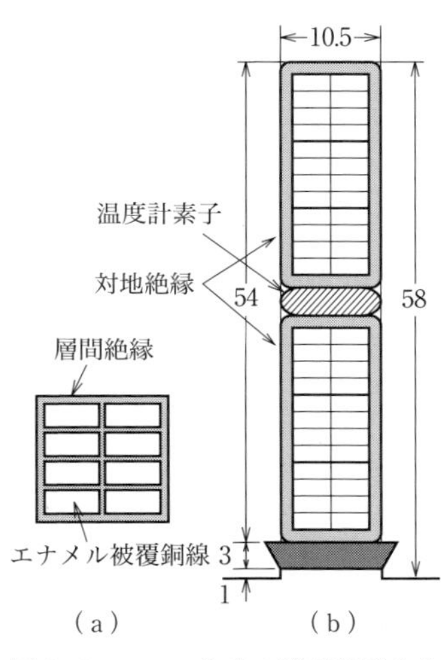

図3・9　スロット内の導線配置とその寸法

図3・9（a）のように8本持ちの導線にマイカテープで層間絶縁を施したものが，同図（b）のように6本1スロット内に収められ，対地絶縁もマイカテープを主とした耐熱クラス155（F）で構成されている．出力の大きい回転機では，スロットに温度計素子を埋入（まいにゅう）して，運転時の巻線温度を監視することがある．このような場合には温度計素子は同図（b）のようにスロット内の上下コイルの間に収められる．普通は1相に対して2個を全周に分布するよう埋入し，温度計素子を収めないスロットには絶縁物のかいものを入れる．この場合，スロットの幅と深さは次のような値が必要である．

スロットの幅		スロットの深さ	
導　　線	$2\times3.7=7.4$	導　　線	$24\times1.8\quad=43.2$
層間絶縁	$2\times0.2=0.4$	層間絶縁	$6\times2\times0.2=\ 2.4$
対地絶縁	$2\times1.2=2.4$	対地絶縁	$4\times1.2\quad=\ 4.8$
		埋入温度計素子	$=\ 3.0$
遊　び	$=0.3$	遊　び	$=\ 0.6$
幅	$=10.5$ mm	深さ	$=54$ mm

よって図 3･9（b）のようなスロット寸法に決める．

固定子継鉄部分の磁束密度 B_c は 1.1〜1.4 T くらいに設定されるので，ここでは $B_c=1.25$ T とする．継鉄の高さを h_c〔mm〕とすると，**図 3･10** に示すように継鉄を通る磁束は $\phi/2$ であり，鉄心の占積率を 0.97 として

$$\frac{\phi}{2}=h_c\times0.97l\times B_c\times10^{-6}\quad\text{〔Wb〕}$$

となるから

$$h_c=\frac{\phi}{2\times0.97l\times B_c}\times10^6=\frac{73.1\times10^{-3}}{2\times0.97\times370\times1.25}\times10^6=81.5\text{ mm}$$

固定子鉄心外径は図 3･10 より

$$D_e=D+2(h_c+h_t)=975+2(81.5+58)=1\,254$$

よって $D_e=1\,250$ mm とし，$h_c=79.5$ mm に修正し，次のようになる．

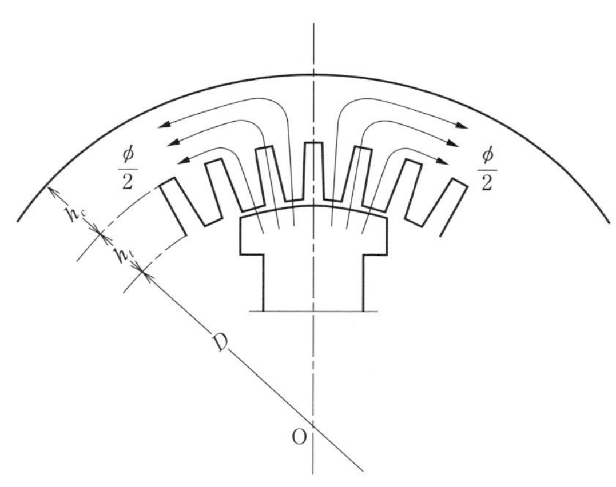

図 3・10　固定子スロットと継鉄

$$B_c = \frac{73.1 \times 10^{-3}}{2 \times 0.97 \times 370 \times 79.5} \times 10^6 = 1.28\ \mathrm{T}$$

3・2・4　電機子反作用

図3・11 は2極で毎極・毎相のスロット数 $q=2$ の場合の，三相同期発電機の電機子巻線配置の略図である．この巻線に三相交流が流れた場合には，回転磁界を生じる．**図3・12** は三相交流の各相の瞬時値を示す．いま，図3・11の巻線 A_1A_2 に A 相電流を，B_1B_2 に B 相電流を，C_1C_2 に C 相電流を流すものとすれば，図3・12に示した①から⑥までの各瞬時の電流分布とそれによって生じる磁界は，**図3・13** に示す通りである．これから明らかなように時間の経過に従って磁極 NS は時計方向に回転し，電流の1周期ごとに1回転することがわかる．同期発電機の場合，この磁界の回転速度は磁極の回転速度と等しく，電機子電流が誘起

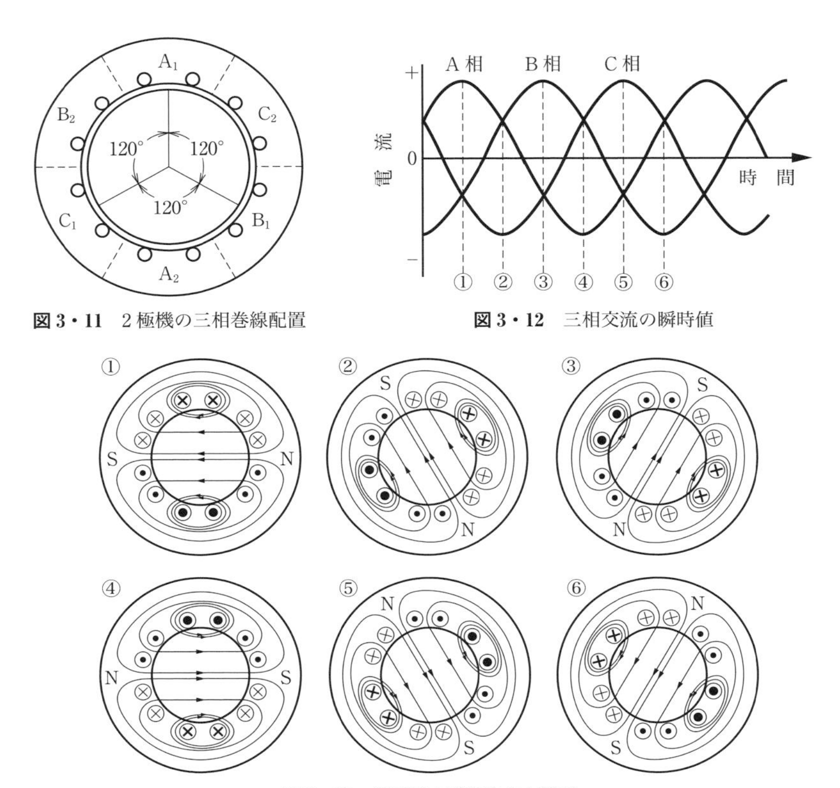

図3・11　2極機の三相巻線配置

図3・12　三相交流の瞬時値

図3・13　各瞬時の電流分布と磁界

電圧より90°位相が遅れている場合には，この磁界は磁極の直流励磁アンペア回数を打ち消す方向になる．

この電機子電流による起磁力は正弦波形に分布するが，その大きさは

$$AT_{bm}=\frac{\sqrt{2}}{\pi}\cdot\frac{3k_w N_{ph} I}{P}=0.45k_w AC \qquad (3\cdot10)$$

で，これを電機子反作用アンペア回数という．

ギャップの長さが電機子全周にわたって一様であるタービン発電機では，式(3･10)のアンペア回数に比例した電機子反作用磁束を生じるが，突極形磁極の場合にはギャップの長さは一様でなく，$b_i=\alpha_i\tau$ の範囲以外はギャップが非常に広くなるので，電機子反作用磁束は円筒形磁極の場合に比べて減少する．

よって，式(3･10)の反作用アンペア回数を補償するために界磁巻線に与えるべきアンペア回数 AT_b は，一般に

$$AT_b=K_d AT_{bm}=0.45K_d k_w AC \qquad (3\cdot11)$$

で表される．そして突極形磁極の場合は $K_d=0.8$ とみればよい．

3・2・5　電圧変動率

図3･14は同期発電機の無負荷および全負荷飽和曲線と三相短絡曲線を示す．ここで毎相の漏れリアクタンスを X_l とすると，X_l による電圧降下は $\sqrt{3}IX_l$ で，これを同図の $\overline{\mathrm{ab}}$ に，$\overline{\mathrm{bO'}}$ を式(3･11)の AT_b にとれば，$\overline{\mathrm{OO'}}$ は同期リアクタンスによる電圧降下を補償するために必要なアンペア回数である．また $\overline{\mathrm{OV}}$ を端子間の定格電圧にとれば，$\overline{\mathrm{Vs}}=AT_{f0}$ は無負荷時に定格電圧を生じるのに必要なアンペア回数である．

この関係を抵抗分は無視して，一相の電圧，電流，および起磁力のベクトル図で表してみると**図3･15**のようになる．このベクトル図において $\overline{\mathrm{OA_1}}=AT_{f0}$，$\overline{\mathrm{A_1A_2}}=AT_a$ で，$\overline{\mathrm{OA_2}}=AT_f$ が全負荷時に必要なアンペア回数である．しかし実負荷状態では，磁気回路の飽和のために，電機子反作用起磁力は飽和を考えない場合に比べて大きくなり，その程度は電圧と電流の位相差 φ が増加するに従って著しくなるので，それを補正する必要がある．

起磁力のベクトル図だけを取り出してみると，**図3･16**のようになる．飽和がなければ，全負荷時の電機子反作用起磁力 $\overline{\mathrm{A_1A_2}}$ は位相角 φ の変化によってBからCへの円弧上を動くが，飽和のある場合には，同図の破線で示したBD上を動くことになる．したがって位相角 φ の場合には $\overline{\mathrm{A_1A'_2}}$ が実際の AT_a であ

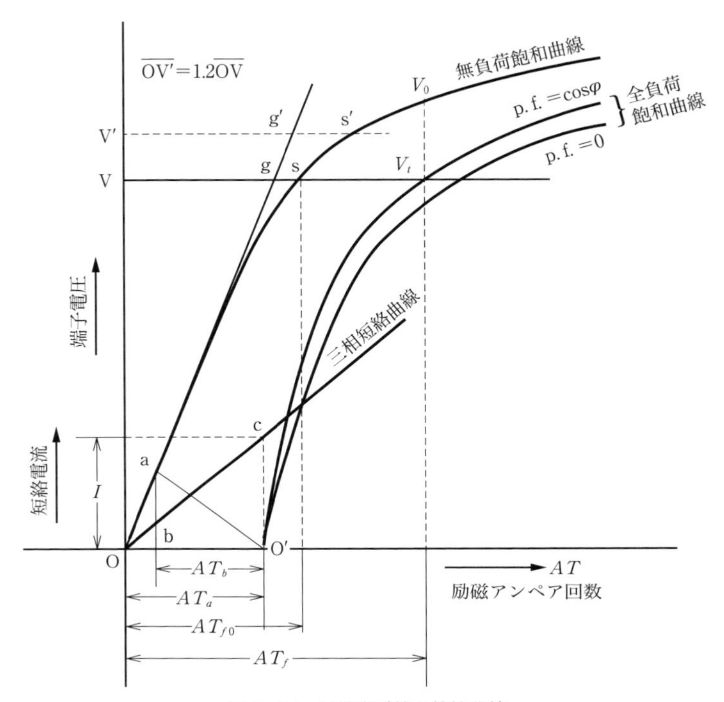

図 3・14　同期発電機の特性曲線

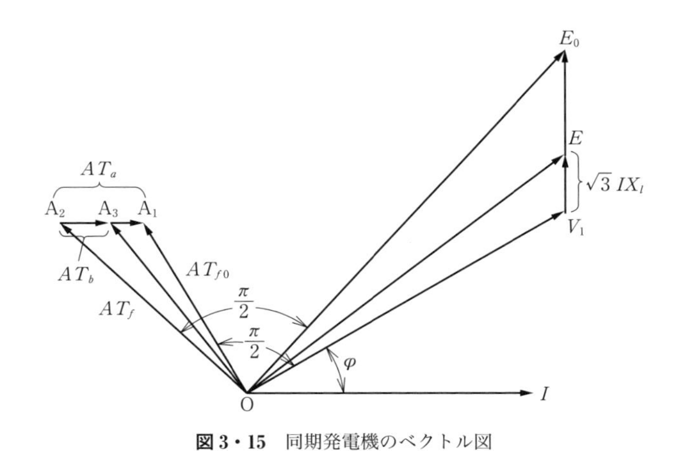

図 3・15　同期発電機のベクトル図

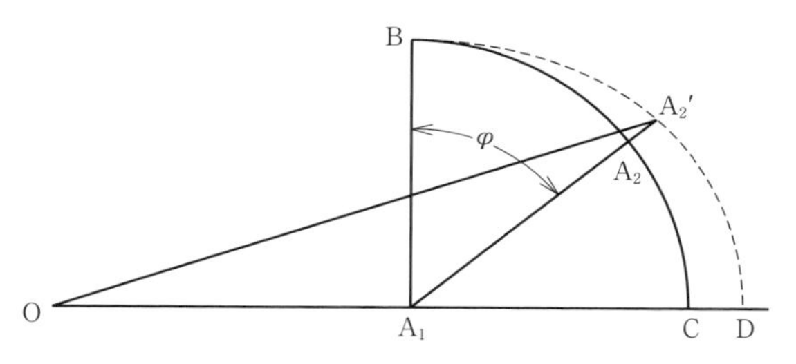

図 3・16　全負荷励磁アンペア回数を求める作図

表 3・3　k の値

力　率	1.0	0.95	0.9	0.85	0.8	0
突極形	1.0	1.10	1.15	1.20	1.25	$1+\sigma$
円筒形	1.0	1.0	1.05	1.10	1.15	$1+\sigma$

り，全負荷時に必要な励磁アンペア回数 $AT_f=\overline{OA_2'}$ となる．この補正を行うために係数 k を用いて，$\overline{A_1A_2'}=kAT_a$ として，$\triangle OA_1A_2'$ から

$$AT_f=\sqrt{AT_{f0}{}^2+k^2AT_a{}^2+2kAT_{f0}AT_a\sin\varphi} \qquad (3・12)$$

として計算する．k の値は**表 3・3** に示す値をとる．この表で σ の値は，1.2×(定格電圧）に対する飽和率（図 3・14 において $\sigma=\overline{g's'}/\overline{V'g'}$）である．

このATf を求め，この界磁アンペア回数の状態で無負荷にしたときの端子電圧は図 3・14 の V_0 で，電圧変動率 ε は定格電圧を V とすると

$$\varepsilon=\frac{V_0-V}{V}\times 100 \quad〔\%〕 \qquad (3・13)$$

として求められる．

図 3・14 において，$AT_{f0}/AT_a=k_s$ は短絡比である．式（3・12）を変形して k_s を用いて表すと

$$\frac{AT_f}{AT_{f0}}=\sqrt{1+\left(\frac{k}{k_s}\right)^2+\frac{2k\sin\varphi}{k_s}} \qquad (3・14)$$

となる．図 3・14 から明らかなように，AT_f/AT_{f0} が 1 に近いほど電圧変動率は小さくなるので，このためには短絡比 k_s が大きいことが必要である．しかし，自動電圧調整器で電圧変動率を低くおさえることができるので，発電機固有の電圧変動率はあまり問題にする必要がなく，短絡比も小さな値がとられるようにな

っている．

3・2・6　ギャップの長さ

ここで磁極面のギャップの長さを決めるために，**図3・17**のような簡単な形から考えてみる．図は面積 S〔mm^2〕，長さ δ〔mm〕のギャップを仮想したもので，このギャップに ϕ〔Wb〕の磁束を生じさせるために必要な起磁力は AT_{g0} とする．このギャップの磁気抵抗 $\mathcal{R}$ は，真空の透磁率を $\mu_0=4\pi\times10^{-7}$〔H/m〕とすると空気の比透磁率を1として

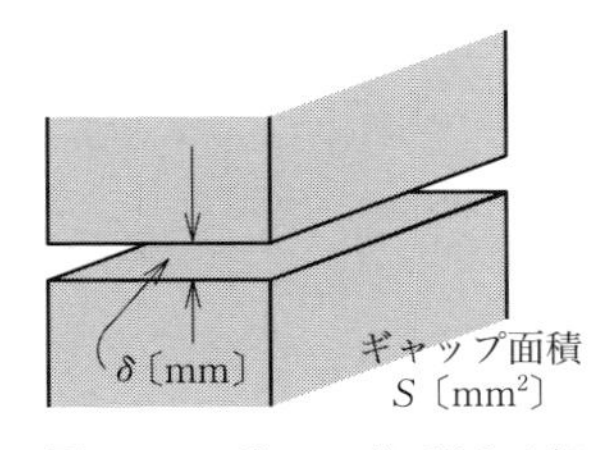

図3・17　ギャップに要する起磁力の計算

$$\mathcal{R}=\frac{1}{\mu_0}\times\frac{\delta\times10^{-3}}{S\times10^{-6}}$$

であり，このときのギャップの磁束密度を B_g〔T〕とすると AT_{g0} は

$$AT_{g0}=\phi\mathcal{R}=\phi\times\frac{1}{\mu_0}\times\frac{\delta\times10^{-3}}{S\times10^{-6}}=\frac{1}{4\pi\times10^{-7}}\times B_g\times\delta\times10^{-3}$$

$$\fallingdotseq 0.8B_g\delta\times10^3\quad〔\mathrm{AT}〕\tag{3・15}$$

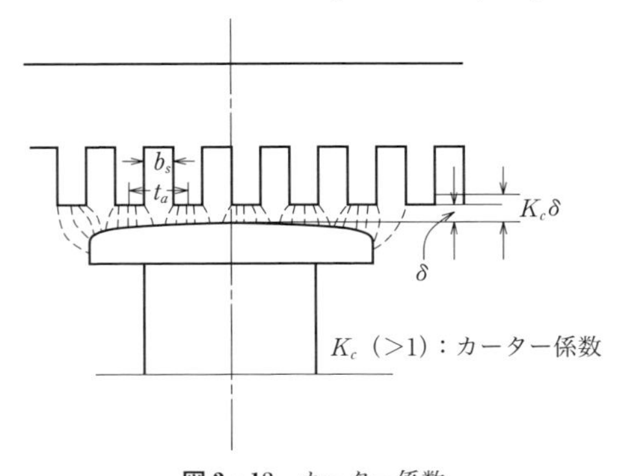

図3・18　カーター係数

実際の発電機においては，電機子内面と磁極面との関係は**図3・18**のように電機子側にはスロットがあるので，ギャップ長 δ は等価的には $K_c\delta$ に増すものとみなければならない．ただし K_c はカーター係数といわれるもので1.02～1.2程度の値である．よってギャップ部分に磁束密度 B_g を生じるのに必要なアンペア回数は

$$AT_g=0.8K_cB_g\delta\times10^3\tag{3・16}$$

で与えられる．この B_g を無負荷定格電圧の相当するギャップ磁束密度とすると，図3・14において $\overline{\mathrm{Vg}}=AT_g$ であって，このとき鉄心部分に必要なアンペア回数を $\overline{\mathrm{gs}}$ とすると，無負荷時定格電圧を生じるのに必要な励磁アンペア回数 AT_{f0} は $\overline{\mathrm{Vs}}$ である．そして

$$AT_{f0}=\overline{\mathrm{Vs}}=\overline{\mathrm{Vg}}+\overline{\mathrm{gs}}=\overline{\mathrm{Vg}}\left(1+\frac{\overline{\mathrm{gs}}}{\overline{\mathrm{Vg}}}\right)$$

$$=\sqrt{g}\times K_s$$

とおけば

$$AT_{f0}=0.8K_cK_sB_g\delta\times 10^3 \qquad (3\cdot 17)$$

で表される．この式で K_s を定格電圧における飽和係数という．

図3･14において，同期反作用* に相当するアンペア回数 AT_a は AT_b のほぼ15％増しとみることができるので，式（3･11）を用いて

$$AT_a=1.15AT_b=1.15\times 0.45K_dk_wAC$$

$$=0.517K_dk_wAC \qquad (3\cdot 18)$$

そして短絡比 k_s は

$$k_s=\frac{AT_{f0}}{AT_a}=\frac{0.8K_cK_sB_g\delta\times 10^3}{0.517K_dk_wAC} \qquad (3\cdot 19)$$

と表される．この式から，短絡比を大きくするにはギャップ長を大きくすることが必要であり，また電気装荷の大きい銅機械の設計をすると，短絡比は小さくなる傾向にあることがわかる．

式（3･19）から

$$\delta=\frac{0.517K_dk_wk_s}{0.8K_cK_s}\times 10^{-3}\times\frac{AC}{B_g}=c\times 10^{-3}\times\frac{AC}{B_g} \qquad (3\cdot 20)$$

ここに，$c=0.517K_dk_wk_s/0.8K_cK_s$ であり，この値は

円筒形発電機では　　$c=0.3\sim 0.45$

突極形発電機では　　$c=0.35\sim 0.6$

程度の値である．

本例では $B_g=0.896$ T，$AC=16.5\times 10^3$ であるから，$c=0.36$ とすると

$$\delta=0.36\times 10^{-3}\times\frac{16.5\times 10^3}{0.896}=6.63\ \text{mm}$$

よって $\delta=6.5$ mm とし，極弧の両端の部分ではギャップを広くし，$\delta'=11$ mm とする．

3・2・7　磁極と界磁巻線

磁極面の磁束分布はおおよそ図3･18のようになり，この総数が ϕ であるが，磁極鉄心内における磁束数 ϕ_p は磁極に漏れ磁束があるために ϕ より多くなり，

---

*　ここで同期反作用は，同期リアクタンスに相当するものであり，電機子反作用と漏れリアクタンスの和に相当する．

σ_f を磁極の漏れ係数とすれば

$$\phi_p=(1+\sigma_f)\phi$$

と書くことができる．σ_f は 0.10～0.30 程度である．

磁極鉄心には厚さ 1 mm またはそれ以上の厚さの鋼板を用い，磁束密度は B_p ＝1.3～1.5 T に選ぶ．

本例では，$\phi=73.1\times10^{-3}$ Wb であり，$\sigma_f=0.15$ とすると磁極鉄心内の磁束 ϕ_p は

$$\phi_p=1.15\phi=1.15\times73.1\times10^{-3}=84.1\times10^{-3}\ \mathrm{Wb}$$

となる．そこで $B_p=1.45$ T とし，鉄心の占積率を 0.97 とすると磁極鉄心の断面積 (b_pl_p) は

$$(b_pl_p)=\frac{\phi_p}{0.97B_p}\times10^6=\frac{84.1\times10^{-3}}{0.97\times1.45}\times10^6=59.8\times10^3\ \mathrm{mm}^2$$

を必要とする．ここで磁極鉄心の成層厚さ l_p を電機子鉄心の見かけの長さ l_1 に等しくとるとして，鉄心の幅 b_p は

$$b_p=\frac{(b_pl_p)}{l_1}=\frac{59.8\times10^3}{430}=139.1\ \mathrm{mm}$$

よって $b_p=140$ mm に決めると $(b_pl_p)=60.2\times10^3\ \mathrm{mm}^2$，$B_p=1.44$ T となる．b_i はすでに予定してあるので磁極鉄心の寸法は**図 3･19** のように決める．

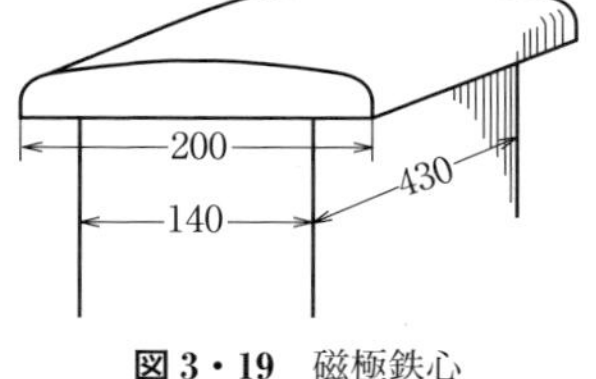

図 3・19　磁極鉄心

図 3･13 において無負荷時に定格電圧を生じるのに必要な励磁アンペア回数 AT_{f0} は式 (3･17) によって求められる．この式でカーター係数 K_c は図 3･18 に示すギャップ長 δ，スロットピッチ t_a，スロット幅 b_s から

$$K_c=\frac{t_a}{t_a-\delta\dfrac{(b_s/\delta)^2}{5+b_s/\delta}} \qquad (3\cdot21)$$

として計算される．本例では $t_a=\pi D/3Pq=\pi\times975/105=29.17$ mm，$b_s=10.5$ mm であるから

$$K_c=\frac{29.17}{29.17-6.5\times\dfrac{(10.5/6.5)^2}{5+10.5/6.5}}=1.096$$

となる．また $B_g=0.896$ T であるから，$K_s=1.1$ とすると

$$AT_{f0}=0.8K_cK_sB_g\delta\times10^3$$

$$=0.8\times1.096\times1.1\times0.896\times6.5\times10^3=5\,617\ \mathrm{AT}$$

となる．図3･14の同期反作用に対する励磁アンペア回数 AT_a は式（3･18）から求められ，本例では $AC=16.5\times10^3$，$k_w=0.932$ であるので，$K_d=0.8$ とすると

$$AT_a=0.517\times0.8\times0.932\times16.5\times10^3=6\,360\ \mathrm{AT}$$

よって式（3･12）から定格負荷時の励磁アンペア回数を求めることができる．本例では定格力率0.8であるので，表3･3の $k=1.25$ を用いて

$$AT_f=\sqrt{AT_{f0}{}^2+k^2AT_a{}^2+2kAT_{f0}AT_a\sin\varphi}$$
$$=\sqrt{5\,617^2+(1.25\times6\,360)^2+2\times1.25\times5\,617\times6\,360\times0.6}=12\,179$$

となる．

AT_f の推定値が得られたので，この AT_f を生じるのに必要な界磁電流および界磁コイルの巻数を求める．界磁電流は励磁装置から供給され，本容量1 500 kVA，極数10程度の発電機の励磁装置はブラシレス励磁装置である．**図3･20**にブラシレス励磁装置の回路図を示す．ブラシレス励磁装置の能力は，主に，整流器の出力電流で決まる．ここでは，出力電流を200 Aとすると，界磁コイルの巻数は

$$T_f=\frac{AT_f}{I_f}\tag{3・22}$$

から計算できるので

$$T_f=\frac{AT_f}{I_f}=\frac{12\,179}{200}=60.9\ 回$$

余裕をみて $T_f=62$ 回 とすると

$$I_f=\frac{12\,179}{62}=196\ \mathrm{A}$$

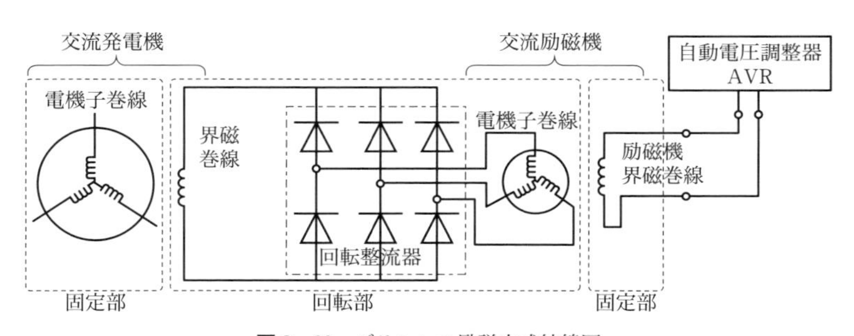

図3・20　ブラシレス励磁方式結線図

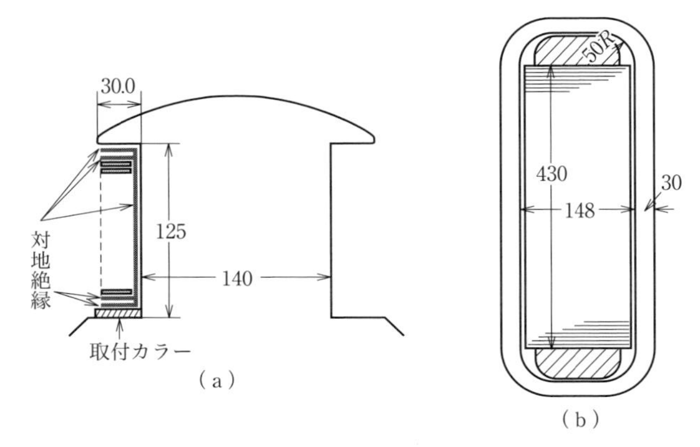

図3・21　磁極鉄心と界磁コイル

Δ_f は，3〜4.5 A/mm² にとられるから，ここでは 4.5 A/mm² とすると導体断面積 q_f は

$$q_f = \frac{I_f}{\Delta_f} = \frac{196}{4.5} = 43.6\ \mathrm{mm}^2$$

となるから 30 mm×1.5 mm の平角線を用いると，$q_f = 30 \times 1.5 = 45\ \mathrm{mm}^2$，$\Delta_f = 4.36\ \mathrm{A/mm}^2$ となる．

この寸法の界磁コイルから磁極の寸法を求める場合に，対地絶縁と層間絶縁とを考える必要がある．対地絶縁にはガラスクロスなどをレジン処理して成形したものが用いられ，**図3・21**（a）のような構造となる．その寸法を計算すると

導　　線	62×1.5＝	93.0
層間絶縁	62×0.3＝	18.6
絶縁カラー	2×4.0＝	8
取付カラー	＝	4
余　　裕	＝	1.4
	高さ ＝	125 mm

となるので，磁極の寸法は図3・21（a）のようになる．また同図（b）から界磁コイルの寸法が正しく求められる．曲げの部分は $50R$ で曲げられているので，直線部分に（50＋30/2）の半径の円周を加えることによって l_f の値が計算できる．すなわち

$$l_f = 430 \times 2 + (148 - 100) \times 2 + 2 \times (50 + 15)\pi = 1\,364\ \mathrm{mm} = 1.36\ \mathrm{m}$$

となる．これを用いて界磁コイルの抵抗を求めると，10 極分直列に接続されるものとし，今回は耐熱クラス 155（F）なので，規格で定められた基準巻線温度 115 ℃のときの ρ（＝0.0237．1・2・2 項参照）を適用して

$$R_f = P\rho \frac{T_f l_f}{q_f} = 10 \times 0.0237 \times \frac{62 \times 1.36}{45} = 0.444\ \Omega$$

となる．

3・2・8　主磁路のアンペア回数

以上の計算で主要部分の寸法が決まったので，無負荷飽和曲線の試算をしてみる．このためには磁路である鉄心の *B–H* 曲線が必要であるが，ここでは**図 3・22** を使用する．

また磁路を分類すれば，ギャップ，固定鉄心の歯の部分，同じく継鉄の部分および磁極鉄心で，これらの磁路に必要なアンペア回数をそれぞれ AT_g，AT_t，AT_c および AT_p とする．

〔1〕 AT_g の計算　式（3・16）において $B_g = 0.896$ T，$\delta = 6.5$ mm，$K_c = 1.096$ であるから

$$AT_g = 0.8 \times 1.096 \times 0.896 \times 6.5 \times 10^3 = 5\,106$$

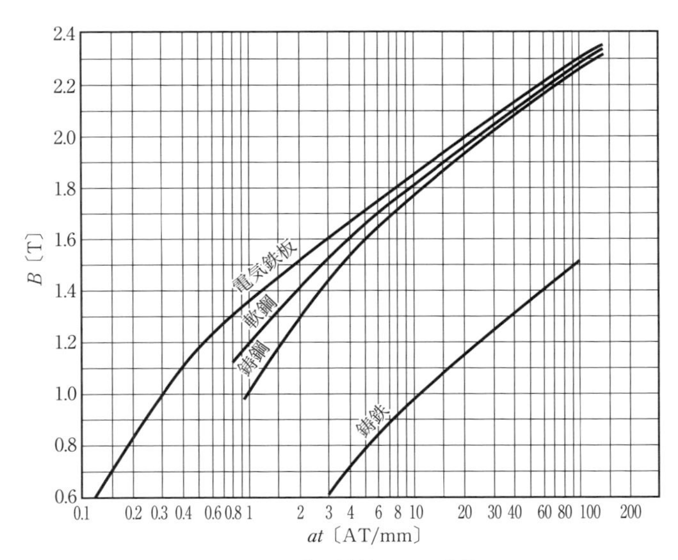

図 3・22　鉄心材料の *B–H* 曲線

〔2〕 **AT_t の計算**　電機子の歯の部分の磁束分布は複雑であるが，だいたい**図3･23**の破線のようになると考えることができる．同図（a）は回転子が電機子の場合，（b）は固定子が電機子の場合を示す．

歯の最小幅を $Z_{\min}$，最大幅を $Z_{\max}$，スロットピッチを歯先の部分で t_a，歯の根元部分で t_b，スロット幅を b_s とすると1スロットピッチに入る磁束は $t_a l_i B_g$ で，この95％が歯を通り，残りの5％はスロット部分を通るとする．（b）の場合，歯の磁束密度は歯先のところで最大，根元のところで最小であることは明らかであり，したがって歯の単位長さ当たりの必要アンペア回数は，歯先部分が最大である．

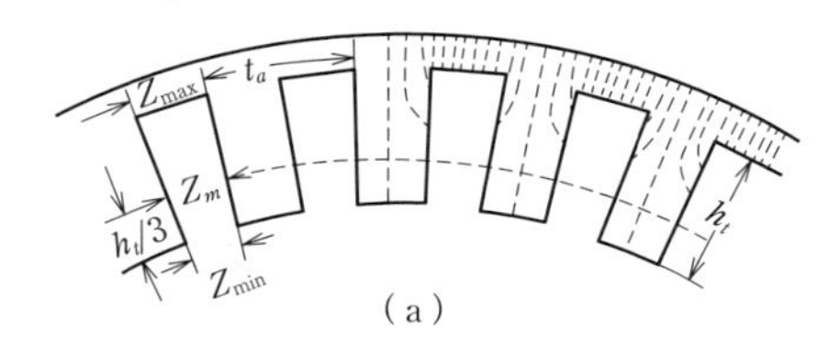

（a）

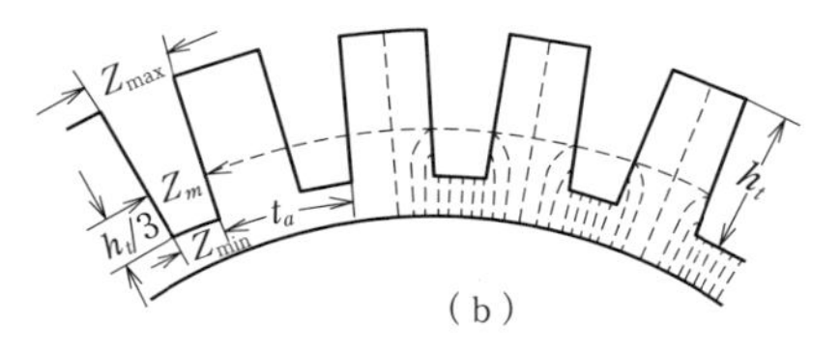

（b）

図3・23　歯の部分の磁束分布

統計によれば，歯の単位長さのアンペア回数の平均値は $Z_{\min}$ の位置から $h_t/3$ のところにおける磁束密度に対応する値を選べばよいことが確かめられるので，AT_t は次のようにして求める．

歯先から $h_t/3$ のところにおける歯幅 Z_m は

$$Z_m=\frac{Z_{\max}+2Z_{\min}}{3} \tag{3・23}$$

であることは歯の形が台形であることから明らかで，この位置の磁束密度を B_{tm} とする．そして鉄心の積み厚（ダクトを含まない）を l，鉄心の占積率を0.97とすると，歯を通る磁束は $B_{tm}\times Z_m\times 0.97l$ であり，これを $0.95\,t_a l_i B_g$ に等しいとおいて

$$0.97Z_m l B_{tm}=0.95t_a l_i B_g$$

$$\therefore\quad B_{tm}=\frac{0.95t_a l_i}{0.97Z_m l}B_g=0.98\frac{t_a l_i}{Z_m l}B_g \tag{3・24}$$

が求められる．B_{tm} に対する単位長さのアンペア回数 at_m を図3･22より求めれば，歯に必要なアンペア回数は

$$AT_t=at_m\times h_t \quad 〔\mathrm{AT}〕 \tag{3・25}$$

として求めることができる．

本例ではすでに求めたように

$$t_a = 29.17\ \text{mm}$$

また $h_t = 58.0$ mm であるから

$$t_b = \frac{\pi(D+2h_t)}{3Pq} = \frac{\pi(975+2\times58)}{105} = 32.64\ \text{mm}$$

である．

ここで $b_s = 10.5$ mm であることより

$$Z_{\min} = t_a - b_s = 29.17 - 10.5 = 18.67\ \text{mm}$$

$$Z_{\max} = t_b - b_s = 32.64 - 10.5 = 22.14\ \text{mm}$$

$$\therefore\quad Z_m = \frac{22.14+2\times18.67}{3} = 19.83\ \text{mm}$$

また，$l = 370$ mm，$l_i = 410$ mm，$B_g = 0.896$ T であるから，式（3・24）より

$$B_{tm} = 0.98\times\frac{29.17\times410}{19.83\times370}\times0.896 = 1.43\ \text{T}$$

そして図 3・22 より，$B_{tm} = 1.43$ T に対する $at_m = 1.6$ AT/mm であるから，式（3・25）より

$$AT_t = 1.6\times58 = 93\ \text{AT}$$

〔3〕 **AT_c の計算**　継鉄の磁束密度は $B_c = 1.28$ T であり，この B_c に対する at を図 3・22 より求めると，$at_c = 0.7$ AT/mm である．毎極の継鉄の磁路の長さ $l_c \fallingdotseq \tau/2 = 306.3/2 = 153.2$ mm であるから

$$AT_c = at_c\times l_c = 0.7\times153 = 107\ \text{AT}$$

となる．

〔4〕 **AT_p の計算**　磁極鉄心の磁束密度は $B_p = 1.44$ T，図 3・22 の軟鋼板の曲線から at を求めると，$at_p = 2.4$ となる．$h_p = 125$ mm であるから

$$AT_p = at_p\times h_p = 2.4\times125 = 300\ \text{AT}$$

となる．

〔5〕 **AT_{f0} の計算**　無負荷で定格電圧を生じるのに必要な励磁アンペア回数は，以上の〔1〕～〔4〕の和である．

$$AT_{f0} = AT_g + AT_t + AT_c + AT_p$$

$$= 5\,106 + 93 + 107 + 300 = 5\,106 + 500 = 5\,606\ \text{AT}$$

この第 1 項はギャップに必要なアンペア回数で図 3・14 の $\overline{\text{Vg}}$ である．また第

表3・4　無負荷飽和曲線の計算

無負荷端子電圧		3 300 V	3 800 V	4 200 V	4 500 V
ギャップ	B_g	0.896	1.032	1.140	1.222
	AT_g	5 106	5 880	6 499	6 962
歯	B_{tm}	1.43	1.65	1.82	1.95
	at_m	1.6	4.0	9.0	16
	AT_t	93	232	522	928
固定子継鉄	B_c	1.28	1.47	1.63	1.75
	at_c	0.7	1.8	3.8	6.3
	AT_c	107	275	581	963
磁　極	B_p	1.44	1.66	1.83	1.96
	at_p	2.4	5.2	12	22
	AT_p	300	650	1 500	2 750
合　計		$AT_{f0}=5\,606$	7 037	9 102	11 603

2項以下は鉄心部分に必要なアンペア回数 AT_s で同図の $\overline{\mathrm{gs}}$ である．よって，このときの飽和係数 K_s は

$$K_s=1+\frac{\overline{\mathrm{gs}}}{\overline{\mathrm{Vg}}}=1+\frac{AT_s}{AT_g}$$

$$=1+\frac{500}{5\,106}=1.098$$

となる．なお，さきに予定したのは $AT_{f0}=5\,630$，$K_s=1.1$ であって，ほぼ近い値である．

〔6〕 **無負荷飽和曲線**　以上の〔1〕～〔5〕の計算を，定格電圧の前後の数点を選んで行えば，無負荷飽和曲線が作れる．このとき，各部分の磁束密度は電圧に比例するものとして，**表3･4** のように計算を整理するとよい．この計算表から **図3･24** の無負荷飽和曲線 ON を描くことができる．

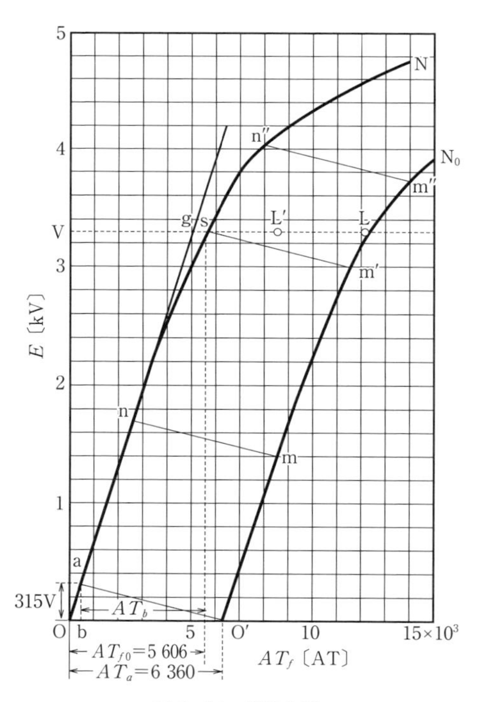

図3・24　飽和曲線

3・2・9 電機子巻線の抵抗と漏れリアクタンス

〔1〕 **抵　　抗**　電機子導線1本の平均長さ l_a は，コイル辺の長さとコイルエンドの部分の長さを加えたもので，次のように表される．

$$l_a = l_1 + 1.75\tau \text{〔mm〕}$$
$$= (l_1 + 1.75\tau) \times 10^{-3} \text{〔m〕} \quad (3\cdot26)$$

したがって一相の抵抗（115℃換算）は

$$R_a = 0.0237 \times \frac{N_{ph} l_a}{q_a} \quad (3\cdot27)$$

で求められる．すなわち

$$l_a = 430 + 1.75 \times 306.3 = 966.0\,\text{mm} = 0.966\,\text{m}$$

また，導線の断面積は $1.6 \times 3.5 = 5.6\,\text{mm}^2$ であるが，8本持ちであることから $q_a = 8 \times 5.6 = 44.8\,\text{mm}^2$ となるので

$$R_a = 0.0237 \times \frac{210 \times 0.966}{44.8} = 0.1073\,\Omega$$

となる．

〔2〕 **漏れリアクタンス**　同期機の巻線の漏れリアクタンスは，**図3・25** (a) に示すような，スロット内を通る漏れ磁束 ϕ_i によるスロット漏れリアクタンス，同図 (b) に示すような，コイル端を通る漏れ磁束 ϕ_e によるコイル端漏れリアクタンスから成っている．

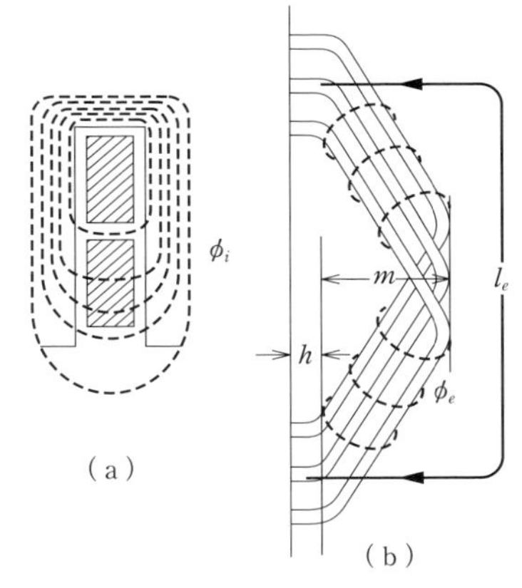

図3・25　漏れ磁束

漏れリアクタンスの計算式は

$$X_l = 7.9 \times f \times \frac{N_{ph}{}^2}{P} \times (\Lambda_s + \Lambda_e) \times 10^{-9} \text{〔}\Omega\text{〕} \quad (3\cdot28)$$

この式で Λ_s および Λ_e は，それぞれスロット漏れおよびコイル端漏れに対応する項であって，これらの計算式を次に示す．

この中でまずスロット漏れに対しては

$$\Lambda_s = \frac{l}{q} \times \lambda_s \quad (3\cdot29)$$

ここに，q：毎極毎相のスロット数，l：鉄心の正味長さ，λ_s：スロット漏れ磁

束に対するパーミアンス

λ_s は**図 3･26**（a）に示すような開口スロットに対しては

$$\lambda_s=\frac{h_1}{3b_1}+\frac{h_2}{b_1} \tag{3・30}$$

であり，また同図（b）に示すような半閉スロットに対しては

$$\lambda_s=\frac{h_1}{3b_1}+\frac{h_2}{b_1}+\frac{2h_3}{b_1+b_4}+\frac{h_4}{b_4} \tag{3・31}$$

となる．

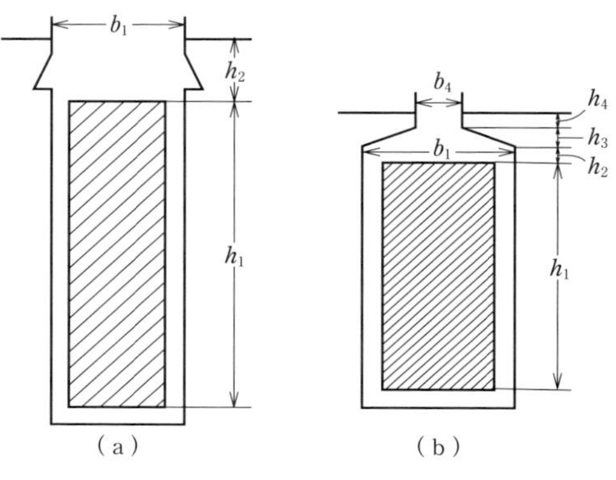

図 3・26　開口スロットと半閉スロット

次にコイル端漏れに対しては，図 3･25（b）から

$$\Lambda_e=1.13\times k_p{}^2\times(h+0.5m) \tag{3・32}$$

ここに，k_p：短節係数

として表される．

本例では開口スロットを用いているので，スロット漏れ磁束のパーミアンスは式（3･30）を用いる．すでに決定されているスロット寸法を用いて

$$\lambda_s=\frac{52}{3\times10.5}+\frac{5.5}{10.5}=1.651+0.523=2.174$$

$$\therefore\quad \Lambda_s=\frac{370}{3.5}\times2.174=229.8$$

となる．次にコイル端漏れに対しては，$h=30$ mm，$m=130$ mm，$k_p=0.975$ であるので式（3･32）から

$$\Lambda_e=1.13\times0.975^2\times(30+0.5\times130)=102.0$$

したがって漏れリアクタンスは式（3･28）から

$$X_l=7.9\times60\times\frac{210^2}{10}\times(229.8+102.0)\times10^{-9}=0.694\ \Omega$$

となる．よって端子間の漏れリアクタンス降下は

$$\sqrt{3}IX_l=\sqrt{3}\times262\times0.694=315\ \text{V}$$

である．

3・2・10　負荷飽和曲線と電圧変動率

本例では漏れリアクタンス降下 $\sqrt{3}IX_l=315$ V であるから，図 3・24 において $\overline{\mathrm{ab}}=315$ V にとる．定格電流時の同期反作用アンペア回数 AT_a は，式（3・18）で $K_d=0.8$ としてすでに求めたように $AT_a=6\,360$ AT であるから，全負荷飽和曲線の起点 O′を求めることができる．

すると $\overline{\mathrm{aO'}}$ を決められるから，$\overline{\mathrm{nm}}$，$\overline{\mathrm{sm'}}$，$\overline{\mathrm{n''m''}}$ などを $\overline{\mathrm{aO'}}$ に平行に，かつ長さを等しくとれば，遅相力率 0 における全負荷飽和曲線 $\mathrm{O'N_0}$ を描くことができる．

また短絡比は

$$k_s=\frac{AT_{f0}}{AT_a}=\frac{5\,606}{6\,360}=0.881$$

である．

負荷力率 $\cos\varphi=0.8$ における全負荷時の励磁アンペア回数は，式（3・12）から求める．この場合，表 3・3 から $k=1.25$ であるので

$$AT_f=\sqrt{5\,606^2+(1.25\times6\,360)^2+2\times1.25\times5\,606\times6\,360\times0.6}$$
$$=12\,170\ \mathrm{AT}$$

となる．この点を図 3・24 の点 L に示す．$AT_f=12\,170$ のときの無負荷電圧は 4 580 V であるから，$\cos\varphi=0.8$ の負荷に対する電圧変動率は

$$\varepsilon_{0.8}=\frac{4\,580-3\,300}{3\,300}\times100=38.8\ \%$$

となる．

なお $\cos\varphi=1.0$ の全負荷時に要するアンペア回数は，式（3・12）の $\sin\varphi=0$，$k=1.0$ であるから

$$AT_f'=\sqrt{5\,606^2+6\,360^2}=8\,478\ \mathrm{AT}$$

となり，この点を図 3・24 の点 L′ に示す．そして $AT_f'=8\,478$ における無負荷電圧は 4 100 V であるから $\cos\varphi=1.0$ のときの電圧変動率は

$$\varepsilon_{1.0}=\frac{4\,100-3\,300}{3\,300}\times100=24.2\ \%$$

となる．

3・2・11　損失と効率

〔1〕 電機子銅損　定格電流 $I=262$ A，電機子巻線一相の抵抗は $R_1=0.1073\,\Omega$ であるから，電機子銅損 W_C は

$$W_C = 3I^2R_1 = 3 \times 262^2 \times 0.1073 = 22.1 \times 10^3 \text{ W}$$

〔2〕 **漂遊負荷損**　電機子巻線に負荷電流が流れると，表皮作用によってスロット内導体の電流分布が一様でなくなり，このために銅損が増加したり，またコイル端の漏れ磁束によって，鉄心締金（しめがね）やコイル端の固定金具などにうず電流を生じて損失を発生する．これらの損失は，負荷電流が流れることによって発生するので，漂遊負荷損という．その正確な計算は困難であるが，普通は電機子銅損の約30％程度である．したがって漂遊負荷損 W_s は

$$W_s = 0.3\ W_C = 0.3 \times 220.96 = 6.6 \times 10^3 \text{ W}$$

とみる．

〔3〕 **励　磁　損**　力率0.8のときの全負荷励磁アンペア回数 $AT_f = 12\,180$ であり，界磁コイルの巻線 $T_f = 62$ 回であるから，全負荷時の励磁電流は

$$I_f = \frac{AT_f}{T_f} = \frac{12\,170}{62} = 196 \text{ A}$$

である．そして10極分直列に接続された界磁コイルの抵抗 R_f は0.444 Ω であるから，励磁損 W_f は

$$W_f = I_f^2 R_f = 196^2 \times 0.444 = 17.1 \times 10^3 \text{ W}$$

となる．

〔4〕 **鉄　　　損**　本例の発電機の固定子鉄心の寸法はすでに決めてあり，**図3・27** のような値になっている．よって継鉄部分および歯の部分の鉄心容積，V_{Fc} および V_{Ft} は次のようにして求められる．

$$V_{Fc} = \frac{\pi}{4}\{D_e^2 - (D + 2h_t)^2\}l$$

$$= \frac{\pi}{4}(1\,250^2 - 1\,091^2) \times 370$$

$$= 108.2 \times 10^6 \text{ mm}^3$$

$$V_{Ft} = \frac{\pi}{4}\{(D + 2h_t)^2 - D^2\}l$$

$$-(3Pq) \times (b_s h_t l)$$

$$= \frac{\pi}{4}(1\,091^2 - 975^2) \times 370$$

$$-105 \times (10.5 \times 58 \times 370)$$

$$= 46.0 \times 10^6 \text{ mm}^3$$

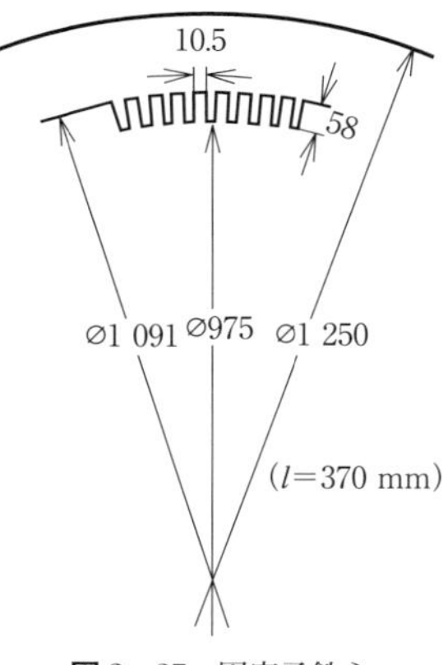

図3・27　固定子鉄心

鉄心には厚さ 0.50 mm の鋼帯 50A600 を用いるとすると，表 1・2 から $\sigma_{Hc}=4.50$，$\sigma_{Ec}=36.0$ を知って，$B_C=1.28$ T，$f=60$ Hz のときの継鉄 1 kg 当たりの鉄損 w_{fc}〔W/kg〕は式（1・4）から

$$w_{fc}=1.28^2\times\left\{4.50\times\frac{60}{100}+36.0\times0.50^2\times\left(\frac{60}{100}\right)^2\right\}=9.73\ \mathrm{W/kg}$$

継鉄部分の密度は表 1・1 から 7.75 kg/dm^3 であるから

$$G_{Fc}=7.75\times0.97\times V_{Fc}\times10^{-6}$$
$$=7.75\times0.97\times108.2\times10^6\times10^{-6}=813\ \mathrm{kg}$$

よって継鉄の鉄損 W_{Fc} は

$$W_{Fc}=w_{fc}\times G_{Fc}=9.73\times808=7.9\times10^3\ \mathrm{W}$$

となる．

歯の部分の損失係数は表 1・2 より $\sigma_{Ht}=7.50$，$\sigma_{Et}=63.0$ を知ると，$B_{tm}=1.43$ T のときの 1 kg 当たりの鉄損 w_{ft} は式（1・5）から

$$w_{ft}=1.43^2\left\{7.50\times\frac{60}{100}+63.0\times0.50^2\times\left(\frac{60}{100}\right)^2\right\}=20.8\ \mathrm{W/kg}$$

歯の重量は

$$G_{Ft}=7.7\times0.97\times V_{Ft}\times10^{-6}$$
$$=7.7\times0.97\times46.0\times10^6\times10^{-6}=344\ \mathrm{kg}$$

よって歯の鉄損は

$$W_{Ft}=w_{ft}\times G_{Ft}=20.8\times344=7.2\times10^3\ \mathrm{W}$$

全鉄損 W_F は

$$W_F=W_{Fc}+W_{Ft}=7.9\times10^3+7.2\times10^3=15.1\times10^3\ \mathrm{W}$$

〔5〕 **機 械 損**　機械損は風損だけを考慮して式（1・11）によって求めると，$D=975$ mm，$l_1=430$ mm であり，同期速度 N_s は

$$N_s=\frac{120f}{P}=\frac{120\times60}{10}=720\ \mathrm{min}^{-1}$$

よって回転子周辺速度 v_a はおよそ

$$v_a\fallingdotseq\pi D\times\frac{N_s}{60}\times10^{-3}=\pi\times975\times\frac{720}{60}\times10^{-3}=36.8\ \mathrm{m/s}$$

よって式（1・11）より機械損は

$$W_m=8D\times(l_1+150)\times{v_a}^2\times10^{-6}$$
$$=8\times975\times(430+150)\times36.8^2\times10^{-6}=6.1\times10^3\ \mathrm{W}$$

となる．

〔6〕 **効　　率**　以上の計算により全損失$\sum W$は

$$\sum W = W_C + W_s + W_f + W_F + W_m$$
$$= 22.1 + 6.6 + 17.1 + 15.1 + 6.1 = 67.0\ \mathrm{kW}$$

よって定格出力，定格力率0.8のときの効率は

$$\eta = \frac{1\,500\times 0.8}{1\,500\times 0.8 + 67.0}\times 100 = 94.7\ \%$$

となる．

3・2・12 温 度 上 昇

電気機器の温度上昇は損失による発熱をW_i〔W〕，放熱に役立つ表面積をO_s〔m²〕，熱伝達率をκ〔W/(m²・K)〕とすると，温度上昇θ〔K〕は

$$\theta = \frac{W_i}{\kappa O_s}\quad〔\mathrm{K}〕 \tag{3・33}$$

で求めることができる．

本例の固定子鉄心は**図3・28**のような寸法であり，この鉄心の側面，内面，外面および通風ダクトの面が有効放熱面であるとすると

$$O_s = \frac{\pi}{4}(D_e{}^2 - D^2)\times(2+n_d) + \pi(D_e + D)\times l_1$$
$$= \frac{\pi}{4}(1.25^2 - 0.975^2)\times(2+6) + \pi(1.25+0.975)\times 0.43 = 6.85\ \mathrm{m}^2$$

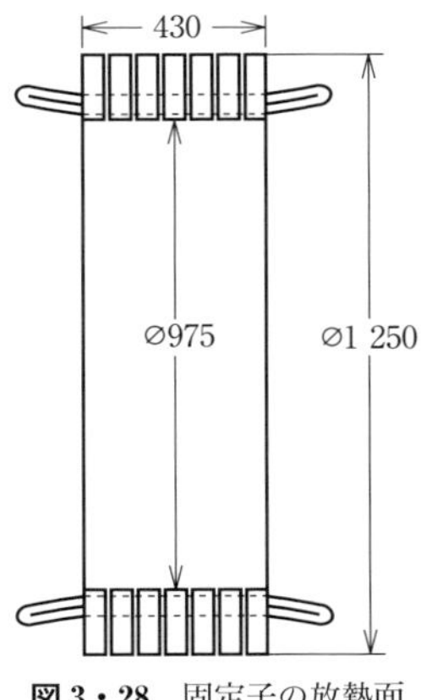

図3・28　固定子の放熱面

である．この面の内側に発生する損失は鉄損の全部と，電機子銅損のうちコイル端部分の損失を除いたものとみると

$$W_i = W_F + W_C \times \frac{l_1}{l_a} = 15\,017 + 22\,096\times\frac{430}{966} = 24\,853\ \mathrm{W}$$

そして$\kappa = 40\ \mathrm{W/(m^2\cdot K)}$とすると温度上昇は

$$\theta = \frac{24\,853}{40\times 6.85} = 90.7\ \mathrm{K}$$

となるが，コイルの温度上昇はこれより約5K高いとみて，約95Kと推定される．

次に界磁コイルの温度上昇を調べる．磁極の寸法は**図 3・29** のようであるから，コイル表面積は

$$O_f \fallingdotseq 2\times(0.166+0.556)\times 0.125 = 0.181\ \mathrm{m}^2$$

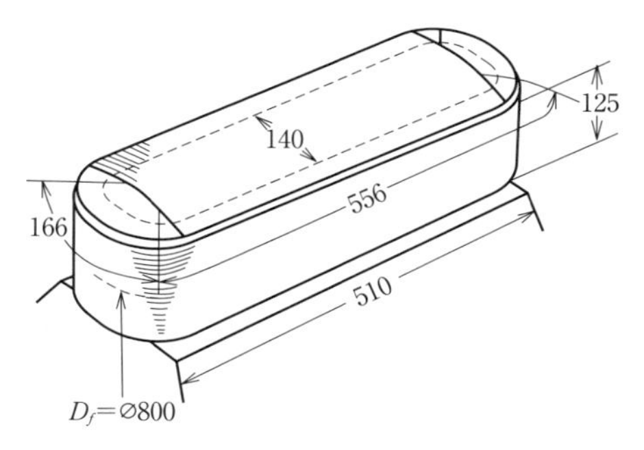

図 3・29　磁極の放熱面

なお，界磁コイルは回転子側であるから，その平均周辺速度を v_f〔m/s〕とすると冷却面積が

$$O_f' = O_f\times(1+0.1v_f)\quad〔\mathrm{m}^2〕\qquad(3\cdot 34)$$

に増すものとみることができる．ただし 0.1 は経験により得られた係数である．界磁コイルの中心のところの直径 D_f は 800 mm であるとみると，この部分の周辺速度は

$$v_f = \pi D_f\times\frac{N_s}{60}\times 10^{-2} = \pi\times 800\times\frac{720}{60}\times 10^{-3} = 30.2\ \mathrm{m/s}$$

そして 1 極分の界磁損失は $W_f/P=17\,057/10=1\,706$ W であるから，界磁コイルの熱伝達率を $\kappa_f=25$ W/(m²·K) として温度上昇 θ_f は

$$\theta_f = \frac{W_f/P}{\kappa_f O_f(1+0.1v_f)} = \frac{1\,706}{25\times 0.181\times(1+0.1\times 30.2)} = 93.8\ \mathrm{K}$$

となる．

3・2・13　主要材料の使用量

ここで，電機子および界磁コイルの銅と鉄心の使用量のおおよその値を求めてみる．電機子コイルの銅の重量は

$$G_{Ca} = 3\times 8.9\times(q_a\times l_a\times N_{ph})\times 10^{-3}$$
$$= 3\times 8.9\times(44.8\times 0.966\times 210)\times 10^{-3} = 243\ \mathrm{kg}$$

となるが，余裕をみて 255 kg を実際の必要量と推定する．

界磁コイルの銅重量は

$$G_{Cf} = P\times 8.9\times(q_f\times l_f\times T_f)\times 10^{-3}$$
$$= 10\times 8.9\times(45\times 1.36\times 62)\times 10^{-3} = 338\ \mathrm{kg}$$

であるが，実際は 355 kg と推定する．

表3・5　三相同期発電機設計表

三相同期発電機　設　計　表

仕様							
用途	ディーゼルエンジン	機器	同期発電機	回転子種類	突極形	規格	JEC-2130-2000
出力	1 500 kVA	極数	10 P	電圧	3 300 V	周波数	60 Hz
回転速度	720 min^{-1}	耐熱クラス	155（F）	保護方式	保護防滴	冷却方式	自力自由通風

基本諸元							
比容量 S/f	250	基準磁気装荷 ϕ_0	2.7×10^{-3} Wb	磁気装荷 ϕ	73.1×10^{-3} Wb	電気装荷 AC	16.5×10^{3}
固定子内径 D	975 mm	極ピッチ τ	306.3 mm	磁気比装荷 B_g	0.896 T	電気比装荷 ac	53.9 AC/mm

固定子		回転子	
相電圧 E	1 905 V		
電機子電流 I_a	262 A	磁極磁束 ϕ_p	84.1×10^{-3} Wb
毎極毎相スロット数 q	3.5	磁極磁束密度 B_p	1.44 T
スロット数 Z	105	AT_{f0}	5 606 AT
毎相直列導体数 N_{ph}	210	AT_a	6 360 AT
コイルピッチ β	9/10.5（=0.857）	AT_f	12 170 AT
短節係数 k_p	0.975	界磁コイル巻数 T_f	62
分布係数 k_d	0.956	全負荷界磁電流 I_f	196 A
電流密度 $\varDelta_a$	5.85 A/mm^2	電流密度 $\varDelta_f$	4.36 A/mm^2
導体幅	3.5 mm	導体幅	30.0 mm
導体高さ	1.6 mm	導体高さ	1.5 mm

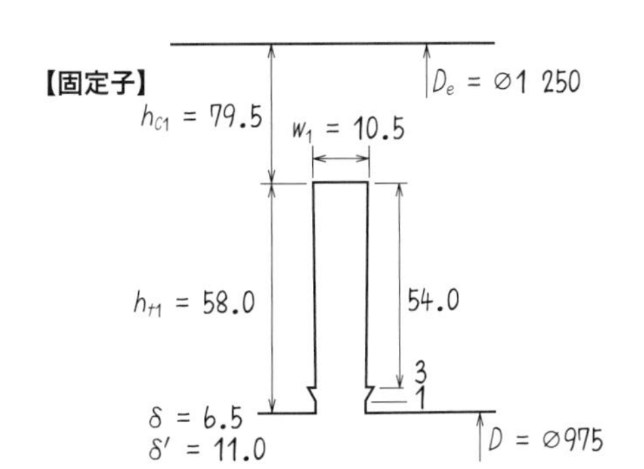

導体持ち数	8		導体持ち数	1	
導体断面積 q_a	44.8	mm^2	導体断面積 q_f	45.0	mm^2
導体並び数	2		並列回路数	1	
並列回路数	1				
結線	Y				
カーター係数	1.096				
継鉄磁束密度 B_c	1.28	T			
歯部磁束密度 B_{tm}	1.43	T			

回路定数					
電機子抵抗 R_a	0.1073	Ω	抵抗値換算温度	115	℃
漏れリアクタンス X_l	0.694	Ω	界磁抵抗 R_f	0.444	Ω

損　失			運転特性		
鉄損 W_F	15.1	kW	効率 η	94.7	%
機械損 W_m	6.1	kW	短絡比	0.881	
電機子銅損 W_C	22.1	kW	無負荷界磁電流	90.4	A
励磁損 W_F	17.1	kW	三相短絡時界磁電流	102.6	A
漂遊負荷損 W_s	6.6	kW			
全損失 W_T	67.0	kW			

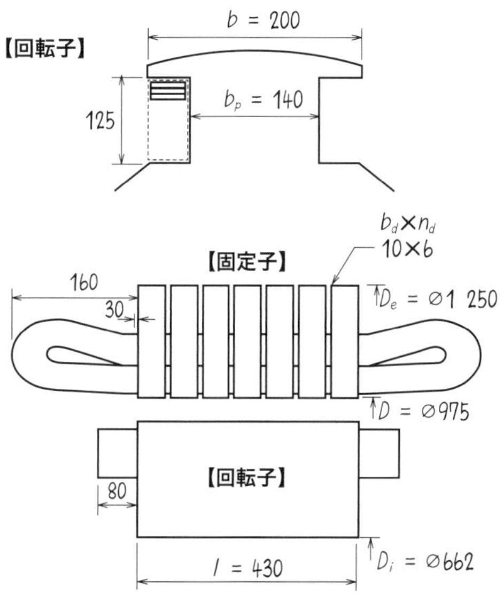

日付：　　年　　月　　日	設計番号：	設計者：

スロットとして打ち抜かれる部分も含めて電機子鉄心の重量は

$$G_F = 7.7 \times 0.97 \times \frac{\pi}{4}(D_e{}^2 - D^2) \times l \times 10^{-3}$$

$$= 7.7 \times 0.97 \times \frac{\pi}{4} \times (1\,250^2 - 975^2) \times 370 \times 10^{-6} = 1\,328\ \mathrm{kg}$$

よって鉄重量は 1 400 kg＝1.4 t と見積もる．

3・2・14　設　計　表

以上の計算はかなりの紙数にわたって，数値や寸法を見るのにわずらわしいので，一見してわかるような設計表にまとめておくと後日見るのに便利である．

表 3･5 は同期機の設計表の例である．

なお，巻末に値部分を空白とした設計表をまとめておいたので，演習や自学の際に活用されたい．

第4章　三相誘導電動機の設計

三相誘導電動機の設計手順も，前章の同期発電機と同じように進めることができる．しかし誘導電動機では容量は機械的出力として与えられ，これから巻線のkVA容量を推定する必要があること，励磁電流が交流で負荷電流とともに三相電源から供給されることなどの点が異なる．また回転子側の構成が同期機と異なり巻線形あるいはかご形であるので，回転子の設計については，新しい事がらとして，前章で述べた以外の計算手順を考えなければならない．

4・1　三相誘導機の巻線法

三相誘導機の電機子（普通は固定子）の巻線は，同期機のそれとほとんど同じで改めて説明する必要はない．ただし，誘導機では波形改善の必要がないので分数スロット巻の使用はまれで，毎極毎相のスロット数 q は整数に選ぶことが多い．また，一般的に誘導機のスロット数は同期機よりも多く設計されることが多い．

4・1・1　巻線形回転子の巻線

回転子巻線は普通二層棒巻が用いられる．回転子巻線には，絶縁を施した銅棒を半閉スロットに鉄心の片側から差し込んで，その両端を**図4･1**に示すように曲げる波巻巻線を採用することが多い．この場合，スロットの上部の銅棒Aと下部の銅棒Bとは逆の方向に曲げられ，ちょうど極ピッチだけ離れた位置の銅棒AとBとが接続金具Cで固定され，ハンダ付けまた

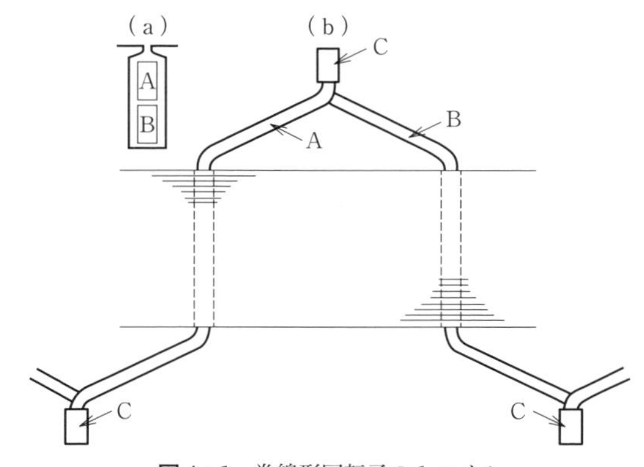

図4・1　巻線形回転子の1コイル

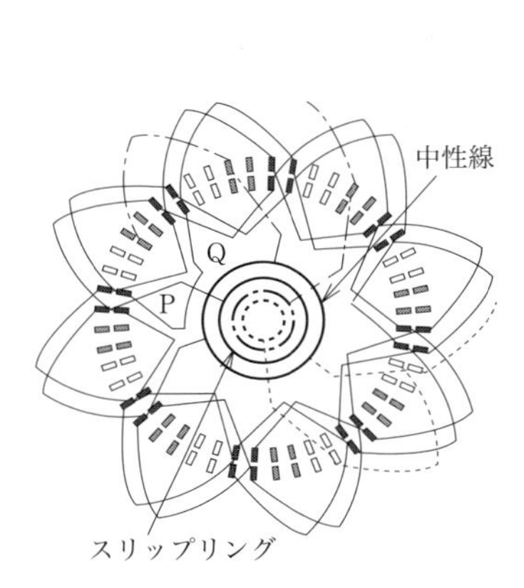

図4・2　三相回転子巻線の例（二層棒巻，波巻）8極，48スロット，$q=2$

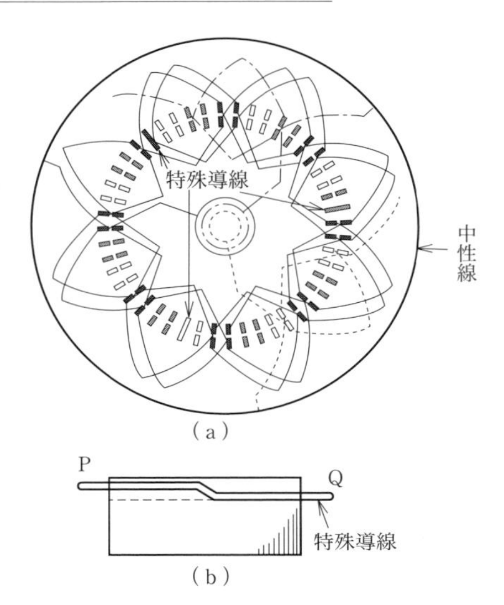

図4・3　三相回転子巻線の例（二層棒巻，重ね波巻）8極，48スロット，$q=2$

はろう付けが行われる．

図4・2は8極48スロット，すなわち毎極毎相のスロット数$q=2$の場合の二層棒巻の波巻の場合の例で，一相の接続のみを示している．この図でわかるように，この巻線は右まわりの群と左まわりの群との二つの波巻巻線を，PQなる渡り線によって鉄心外で接続している．そのためにスリップリング側の接続構造が相当に込み入ってくる．これを避けるために小容量機では重ね波巻巻線が用いられることがある．**図4・3**はその一例で，各相1スロットずつに同図（b）で示す形の特殊銅棒を入れて上下銅棒を1本で代用することによって，右まわりの巻線群と左まわりの巻線群とをこの特殊銅棒で接続することができる．したがって，この巻線では鉄心外の渡り線はいらず，また中性線とスリップリングとは互いに鉄心の反対側にあるので，巻線構造は非常に簡単になる．

4・1・2　かご形回転子

かご形回転子は，小形のものは普通かご形といって，**図4・4**（a），（b）のように丸または平角の銅棒をスロット内に差し込んで，その両端にエンドリングをろう付けしたものである．同図（c）はアルミダイカストによる場合で，この場合に

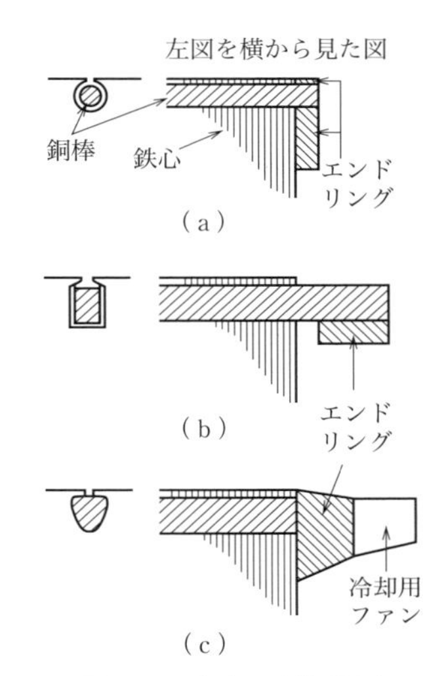

図 4・4　普通かご形回転子

はかご形導体，エンドリングおよび冷却用ファンも同時に鋳造されることが多い．アルミダイカストは小形電動機に広く使われ，最近では500 kW 程度の電動機に適用されることもある．

図 4・5 は二重かご形回転子で，外側かご形Aは断面積の小さい銅棒または抵抗率の高い銅合金で造られた高抵抗回路，内側かご形Bは断面積が大きく低抵抗でかつ漏れインダクタンスの大きい回路を構成している．この回転子は始動時には高抵抗の外側かご形に多く電流が流れるので，始動トルクを増し始動電流を減らす効果がある．また運転時には低抵抗の内側回路に多く電流が流れるので，すべりや効率が悪くなることはない．同じような目的として，**図 4・6** に示す深みぞかご形回転子が用いられる場合もある．同図（a）のように深いスロットに薄い導体を収めた場合には，始動時のように電源周波数に近い交流に対しては，表皮作用のためにスロット上部に電流が集中して流れ，実効抵抗が増し，定常運転状態では周波数が低くなるので，表皮作用はなくなって電流は全体に均等に分布し，低抵抗かご形となって二重かご形と同様の効果をもつことになる．同図（b）も深みぞかご形の一種であるが，始動時に電流の集中するスロット上部の断面積がさらに小さくなっているので，実効抵抗の増大が著しく，始動トルクを大きくすることができる．一般的に 5.5 kW 以上のかご形電動機には，二重かご形または深みぞかご形回転子が用いられている．

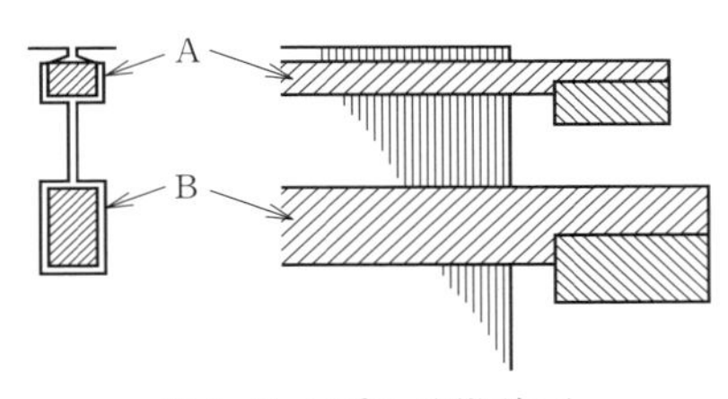

図 4・5　二重かご形回転子

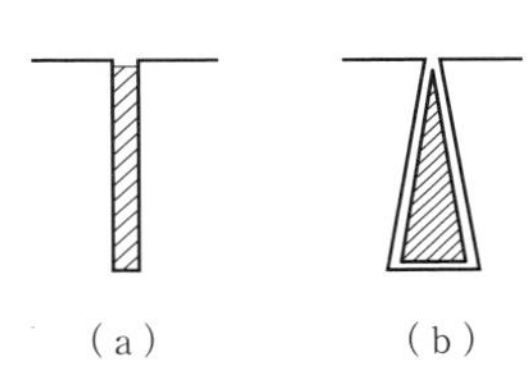

図 4・6　深みぞかご形回転子のスロット断面

4・2　巻線形三相誘導電動機の設計例

仕　様

出力　250 kW　　極数　8　　電圧　3 000 V　　周波数　50 Hz
同期速度　750 min^{-1}　　連続定格　　耐熱クラス 155（F）
巻線形回転子　　防滴保護形　　自力自由通風形　　規格　JEC-2137-2000

4・2・1　装荷の分配

誘導電動機の設計において，仕様書に示される容量は機械的出力の kW 数であるから，巻線の kVA 容量を推定するためには，これから設計する電動機の効率および力率を推定しなくてはならない．これらの値は出力，極数によって変化するが，通常は**図 4･7**[1),2)]に示されるような値をとると考えてよい．図から 250 kW，8 極の場合の値として，力率 $\cos\varphi = 85\,\%$，効率 $\eta = 92\,\%$ と予想して

$$\text{入力 kVA} = \frac{\text{出力 kW}}{\eta \cos\varphi} = \frac{250}{0.92 \times 0.85} = 320\ \text{kVA}$$

固定子巻線を丫結線（星形結線）にするとして

$$\text{全負荷電流}\qquad I_1 = \frac{320 \times 10^3}{\sqrt{3} \times 3\,000} = 61.6\ \text{A}$$

$$\text{毎極の容量}\qquad S = \frac{\text{入力 kVA}}{P} = \frac{320}{8} = 40\ \text{kVA}$$

$$\text{比　容　量}\qquad \frac{S}{f \times 10^{-2}} = \frac{40}{0.5} = 80$$

表 2･5 より装荷分配定数 $\gamma = 1.3$ とすると $\gamma/(1+\gamma) = 1.3/2.3 = 0.565$ となるので，式（2･56）より

$$\chi = \frac{\phi}{\phi_0} = \left(\frac{S}{f \times 10^{-2}}\right)^{0.565} = 80^{0.565} = 11.9$$

が得られる．表 2･5 から基準磁気装荷 ϕ_0 を，$\phi_0 = 3.5 \times 10^{-3}$ に選ぶと

$$\text{磁気装荷}\ \phi = \chi\phi_0 = 11.9 \times 3.5 \times 10^{-3} = 41.7 \times 10^{-3}\ \text{Wb}$$

となる．丫結線としたので 1 相の電圧は $3\,000/\sqrt{3} = 1\,732$ V であるから，式（2･6）より 1 相の直列導線数 N_{ph1}[3)]は

1）　図 4･7（a）出力と力率は 50 Hz 機に対する値であり，60 Hz 機では一般に 50 Hz 機より多少よい値となる．
2）　図 4･7 の数値は一つの目安を示すものである．規格値に対してもある程度上まわった数値であるので，図に示された範囲を多少はずれても特に問題はない．

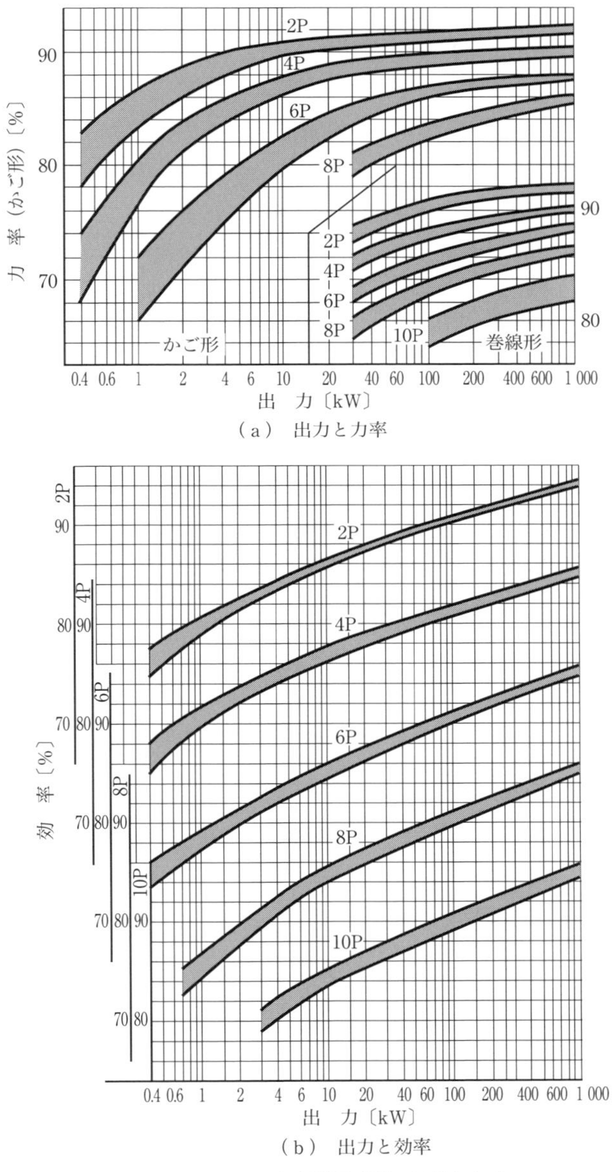

（a）　出力と力率

（b）　出力と効率

図 4・7　三相誘導電動機の効率と力率

$$N_{ph1}=\frac{E_1}{2.1\phi f}=\frac{1\,732}{2.1\times41.7\times10^{-3}\times50}=395.6$$

となるので，$N_{ph1}=396$ と予定する．

ここで固定子の毎極毎相のスロット数 $q_1=3$ に選ぶと，毎相のスロット数は $Pq_1=8\times3=24$，全スロット数 $Z_1=3Pq_1=3\times24=72$ となり，1 スロットに収めるべき導線数をさきの予定値から試算すると

$$\frac{N_{ph1}}{Pq_1}=\frac{396}{24}=16.5\text{ 本}$$

となる．二層巻とするため，1 スロット内の導線数は偶数でなければならないので 16 とすると $N_{ph1}=16\times24=384$ となる．

コイルピッチを第 1 スロットから第 9 スロットにとって，1 スロット分だけ短節にするものとすると，$\beta=8/9=0.889$ で式（3·3）から短節係数 $k_{p1}=0.985$ となる．また分布係数 k_{d1} は，$q=3$ の場合には表 2·1 から $k_{d1}=0.96$ となり，よって巻線係数は $k_{w1}=0.96\times0.985=0.946$ となる．

この巻線係数を用いた式（3·4）から ϕ を計算すると

$$\phi=\frac{1\,732}{2.22\times0.946\times384\times50}=43.0\times10^{-3}$$

となり，電気装荷すなわち毎極のアンペア導線数 AC は次のようになる．

$$AC=\frac{3N_{ph1}I_1}{P}=\frac{3\times384\times61.6}{8}=8.87\times10^3$$

4·2·2　比装荷と主要寸法

誘導電動機においては磁気比装荷（ギャップの磁束密度の最大値）B_g と電気比装荷（ギャップに沿って周辺の単位長さに配置される電気装荷）ac は，おおむね**表 4·1** のような値が選ばれる．

表 4·1　誘導電動機の比装荷

比装荷 ＼ 機械の大小・電圧	小　形	中　形		大　形
	低　圧	低　圧	高　圧	高　圧
電気比装荷 ac〔AC/mm〕	10～30	30～55	25～55	40～75
磁気比装荷 B_g〔T〕	0.6～0.9	0.6～0.9	0.7～0.9	0.7～0.9

3)　巻線形三相誘導電動機の場合には，固定子，回転子のいずれも三相巻線であるので，E，I，N_{ph}，k_p，k_w などには添字 1，2 をつけて区別する．

本例では $ac=48$，$B_g=0.85$ に選ぶと，式（3・9）から極ピッチ τ は

$$\text{極ピッチ}\qquad \tau=\frac{AC}{ac}=\frac{8.87\times10^3}{48}=185\ \mathrm{mm}$$

$$\text{固定子内径}\qquad D=\frac{P\tau}{\pi}=\frac{8\times185}{\pi}=471\ \mathrm{mm}$$

となる．そこで $D=470$ mm に決定すると，$\tau=185$ mm，$ac=48.0$ となる．

次に式（3・7）の α_i（極弧の有効長さと極ピッチとの比）は，ギャップの回転磁界の分布を正弦波とすれば $2/\pi$ であるから

$$\phi=\frac{2}{\pi}\tau l_i B_g\times10^{-6}$$

であるので

$$(\tau l_i)=\frac{\phi\times10^6}{\dfrac{2}{\pi}\times B_g}=\frac{43.0\times10^{-3}\times10^6}{\dfrac{2}{\pi}\times0.85}=79.5\times10^3\ \mathrm{mm}^2$$

よって鉄心の有効長さ l_i は

$$l_i=\frac{(\tau l_i)}{\tau}=\frac{79.5\times10^3}{185}=430\ \mathrm{mm}$$

が必要となる．鉄心とコイルを冷却するために，おおよそ 50 mm ごとに幅 $b_d=10$ mm の通風ダクトを $n_d=7$ 個設けるとすると，鉄心の正味の長さ l は式（3・5）より

$$l=430-\frac{2}{3}\times7\times10=383\ \mathrm{mm}$$

となるので，ここで鉄心の正味長さ l を 380 mm に決定する．

鉄心の見かけの長さ l_1 は式（3・6）より

$$\begin{aligned}l_1&=l+n_d b_d\\&=380+7\times10\\&=450\ \mathrm{mm}\end{aligned}$$

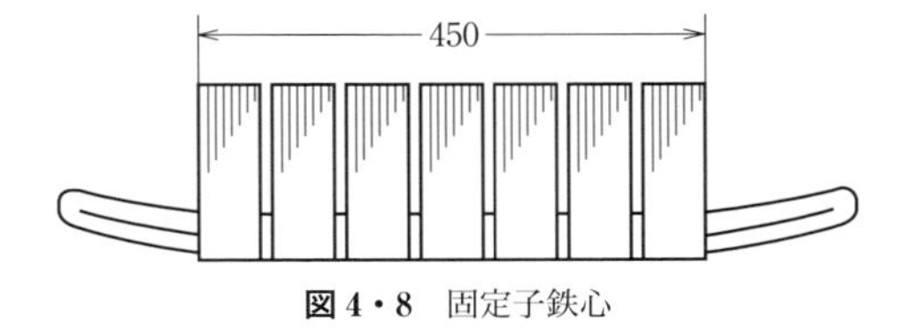

図 4・8　固定子鉄心

となり，鉄心の有効長さ $l_i=427$ mm，$B_g=0.855$ T となり，固定子鉄心は**図 4・8** のようになる．

4・2・3　固定子スロットと鉄心外径

誘導電動機の固定子巻線の電流密度は，絶縁の耐熱クラスや冷却方式により異なるが，一般的に保護防滴形（開放形）の機器では 4～7 A/mm^2 に選ばれる．ここでは $\Delta_1=6.5$ A/mm^2 とすると導線の断面積 q_{a1} は

$$q_{a1}=\frac{I_1}{\Delta_1}=\frac{61.6}{6.5}=9.5\ \mathrm{mm}^2$$

を必要とする．よって厚さ 1.4 mm×幅 3.5 mm のエナメル銅線を 2 本持ちとして使用すれば，$q_{a1}=1.4\times3.5\times2=9.8\ \mathrm{mm}^2$ であるから，$\Delta_1=6.3\ \mathrm{A/mm}^2$ となる．

エナメル絶縁被覆の厚さ 0.1 mm を加えた銅線寸法は 1.6 mm×3.7 mm となるので，スロット内の導線配置を**図 4·9** のようにするものとして，スロットの幅および深さを計算すると次のようになる．ここでは 3 kV 級絶縁として必要な絶縁厚さを 1.2 mm と想定する．

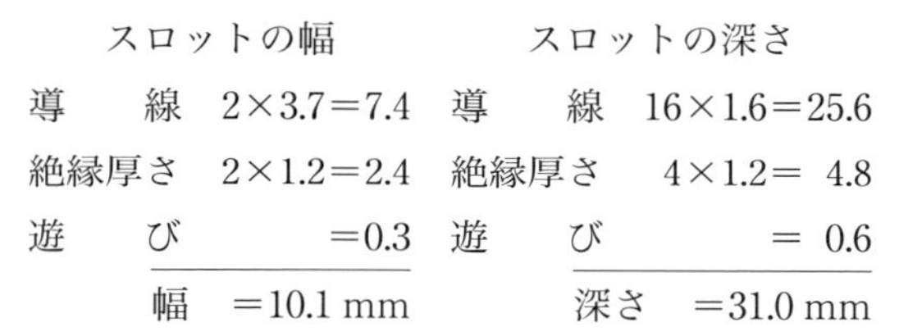

スロットの幅		スロットの深さ	
導　　線	2×3.7＝7.4	導　　線	16×1.6＝25.6
絶縁厚さ	2×1.2＝2.4	絶縁厚さ	4×1.2＝ 4.8
遊　　び	＝0.3	遊　　び	＝ 0.6
幅	＝10.1 mm	深さ	＝31.0 mm

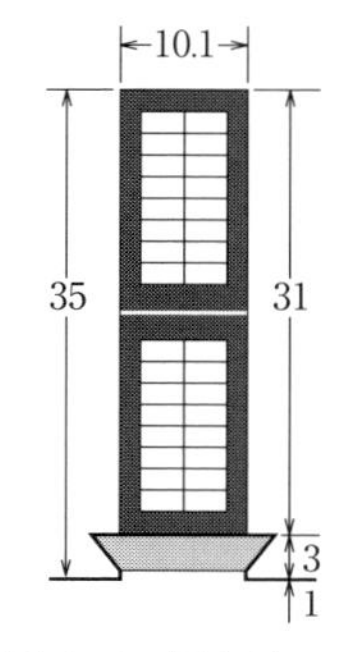

図 4・9　固定子スロットの寸法

なお，深さについては，コイルを固定するくさびのための寸法も加えて，固定子鉄心内面からの深さ h_{t1} を図 4·9 のように 35 mm とする．

固定子鉄心の継鉄部分の磁束密度は $B_c=1.1\sim1.5$ T に選ばれるので，本例では $B_{c1}=1.4$ T とし，同期発電機の固定子鉄心の場合と同様に考え，継鉄の高さを h_{c1} として

$$(h_{c1}l)=\frac{\phi/2}{0.97B_{c1}}\times10^6$$

$$=\frac{43.0\times10^{-3}\times10^6}{2\times0.97\times1.4}$$

$$=15.8\times10^3\ \mathrm{mm}^2$$

$l=380$ mm であるから，$h_{c1}=15.8\times10^3/380=41.6$ mm となり，固定子鉄心外径 D_e は $D_e=470+2(35+41.6)=623$ mm となる．ここで，$D_e=620$ mm に決定すると，$h_{c1}=40$ mm，$B_{c1}=1.46$ T となり，鉄心寸法は**図 4·10** のように決定される．

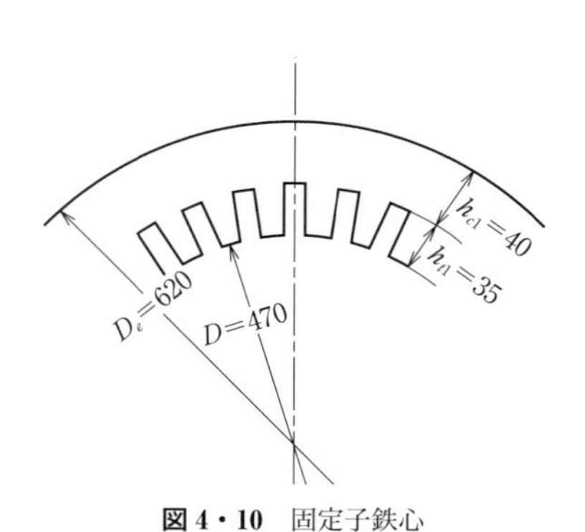

図 4・10　固定子鉄心

4・2・4　ギャップ長

誘導電動機において，ギャップ長 δ は，誘導機の主要特性である力率と密接な関係がある．誘導機では，ギャップ長を大きくすると，励磁電流が増加して力率が悪くなるので，同期機や直流機と比較してギャップ長を小さくする傾向がある．ギャップ長が小さいと，製造時のギャップ長は不均一になりやすく，ギャップ長が不均一になると磁気吸引力は不平衡となり，電磁振動や電磁騒音の原因となることがあるので注意が必要である．

励磁電流 I_{0m} による毎極のアンペア導線数 AC_{0m} は

$$AC_{0m}=\frac{3N_{ph1}I_{0m}}{P} \tag{4・1}$$

であり，このアンペア回数 AT_{0m} は式（3･10）より

$$AT_{0m}=0.45k_w AC_{0m} \tag{4・2}$$

であり，一方，ギャップ長 δ〔mm〕，ギャップの磁束密度 B_g〔T〕のとき磁路の鉄心部分に要する起磁力も含めて必要なアンペア回数は式（3･17）より

$$AT_{0m}=0.8K_cK_sB_g\delta\times10^3 \tag{4・3}$$

で表される．よって

$$AC_{0m}=\frac{AT_{0m}}{0.45k_w}=\frac{0.8K_cK_s\times10^3}{0.45k_w}B_g\delta$$

であるから

$$\rho=\frac{I_1}{I_{0m}}=\frac{AC}{AC_{0m}}=\frac{0.45k_w\times10^{-3}}{0.8K_cK_s}\times\frac{AC}{B_g\delta}$$

$$\therefore\quad \delta=\frac{0.45k_w\times10^{-3}}{0.8K_cK_s\rho}\times\frac{AC}{B_g}=c\times10^{-3}\times\frac{AC}{B_g} \tag{4・4}$$

としてギャップ長を決めることができる．

ここで，$c=0.45k_w/(0.8K_cK_s\rho)$ であり，この値は通常の誘導機では $c=0.08$～0.15 である．

本例では $AC=8.87\times10^3$，$B_g=0.855$ T であり，$c=0.12$ とすると

$$\delta=0.12\times10^{-3}\times\frac{8.87\times10^3}{0.855}=1.24\text{ mm}$$

よって $\delta=1.3$ mm とする．

4・2・5　回転子鉄心

回転子側の設計を進めるために，回転子電流を推定することが必要である．回

転子電流をI_2，静止しているときの回転子巻線一相の誘起電圧をE_2とすれば，誘導機の理論によって二次入力の$(1-s)$倍が機械的出力に等しいので

$$\text{出力}=(1-s)\times 3E_2 I_2 \cos\varphi_2 \qquad (4\cdot5)$$

として表される．ここでsはすべり，$\cos\varphi_2$は回転子側の回路の力率で，通常は$(1-s)\times\cos\varphi_2 \fallingdotseq 0.9$とみなされるので

$$I_2=\frac{\text{出力}}{0.9\times3\times E_2} \qquad (4\cdot6)$$

として求められる．

また固定子巻線，回転子巻線各一相の直列導体数をそれぞれN_{ph1}，N_{ph2}とすれば，固定子巻線一相の電圧E_1とE_2との間には

$$\frac{E_2}{E_1}=\frac{k_{w2}N_{ph2}}{k_{w1}N_{ph1}} \qquad (4\cdot7)$$

なる関係があるので，N_{ph2}を決定すればE_2を求めることができる．

回転子のスロット数が固定子のスロット数と全く同じであると，始動のために固定子巻線に電圧を加えても，固定子と回転子の歯が向き合った位置で回転子が静止したままとなり，始動できなくなるので，回転子の毎極毎相のスロット数q_2は固定子の毎極毎相のスロット数q_1に対して

$$q_2=q_1\pm1$$

に選ばれるのが通常である．本例の場合$q_2=q_1+1=3+1=4$とすると$Pq_2=8\times4=32$，回転子の全スロット数は$Z_2=3Pq_2=3\times32=96$となる．巻線形回転子ではごく小形のものを除いて，導線は，帯状のまっすぐな形のものをスロットに差し込んでから，コイルエンドに当たる部分を曲げて波巻のコイルを作る．このため1スロットの導線数は少なく，2本とすることが多い．本例においてもこの方式を採用すると，一相の直列導線数N_{ph2}は

$$N_{ph2}=P\times2\times q_2=8\times2\times4=64\text{ 本}$$

となる．また回転子巻数は，全節巻とするので短節係数$k_{p2}=1.0$であり，分布係数は，表2･1から$q=4$に対する値を求めると$k_{d2}=0.958$であるから

$$k_{w2}=k_{d2}\times k_{p2}=0.958$$

である．

よって回転子巻線一相の静止時誘起電圧は式（4･7）から

$$E_2 = \frac{k_{w2}N_{ph2}}{k_{w1}N_{ph1}} \times E_1 = \frac{0.958 \times 64}{0.946 \times 384} \times 1\,732 = 292\ \mathrm{V}$$

となり，Y結線を選択すると線間誘起電圧 $V_2 = \sqrt{3} \times 292 = 506\ \mathrm{V}$ となる．

また全負荷時の回転子電流は式（4･6）から

$$I_2 = \frac{250 \times 10^3}{0.9 \times 3 \times 292} = 317\ \mathrm{A}$$

となる．

回転子導線の電流密度は，固定子導線のそれとほぼ同程度で $\Delta_2 = 4 \sim 7\ \mathrm{A/mm^2}$ にとられる．ここでは $\Delta_2 = 6.0\ \mathrm{A/mm^2}$ にとると，導体断面積 q_{a2} は

$$q_{a2} = \frac{I_2}{\Delta_2} = \frac{317}{6.0} = 52.8\ \mathrm{mm^2}$$

となる．よって 4 mm×14 mm の平角銅線を用いるものとすれば，$q_{a2} = 4 \times 14 = 56\ \mathrm{mm^2}$，$\Delta_2 = 317/56 = 5.7\ \mathrm{A/mm^2}$ となる．

この平角線に絶縁テープで厚さ 1.0 mm の絶縁処理を行い，**図 4･11** のようにスロットに収めるとすれば，スロットの寸法は次のようになる．ここでは回転子絶縁に必要な絶縁厚さを 1.0 mm と想定する．

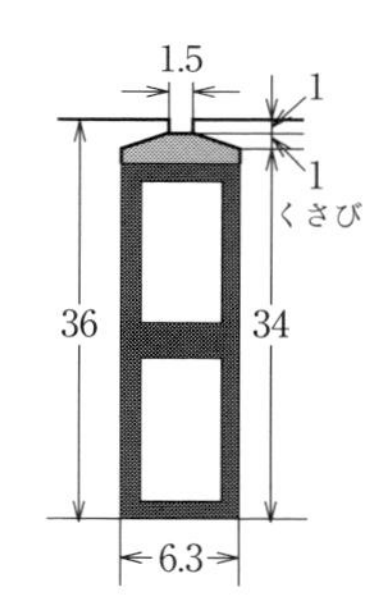

図 4・11　回転子スロット

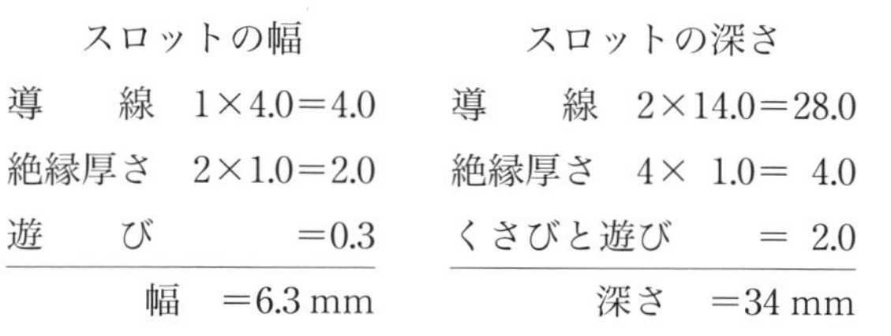
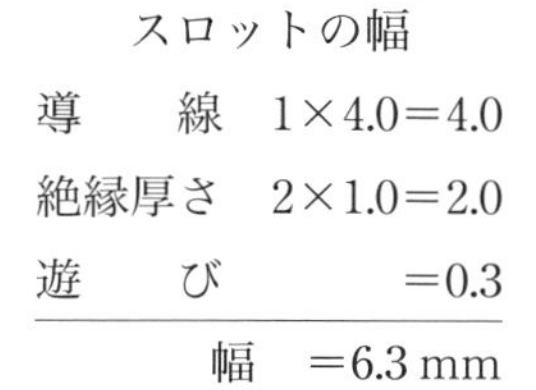

スロットの幅		スロットの深さ	
導　　線	1×4.0＝4.0	導　　線	2×14.0＝28.0
絶縁厚さ	2×1.0＝2.0	絶縁厚さ	4× 1.0＝ 4.0
遊　　び	＝0.3	くさびと遊び	＝ 2.0
幅	＝6.3 mm	深さ	＝34 mm

なお，深さについてはスロット入口部分に図示のような寸法を要するから，全体の深さは 36 mm とする．

回転子鉄心の内径 D_i は**図 4･12** から

$$D_i = D - 2(h_{t2} + h_{c2} + \delta)$$

である．継鉄部分の磁束密度は $B_c = 1.1 \sim 1.5\ \mathrm{T}$ に選ばれる．ここでは $B_{c2} = 1.35\ \mathrm{T}$ にとると

$$(h_{c2}l) = \frac{\phi/2}{0.97B_c} \times 10^6$$

$$= \frac{43.0 \times 10^{-3} \times 10^6}{2 \times 0.97 \times 1.35} = 16.4 \times 10^3\ \mathrm{mm^2}$$

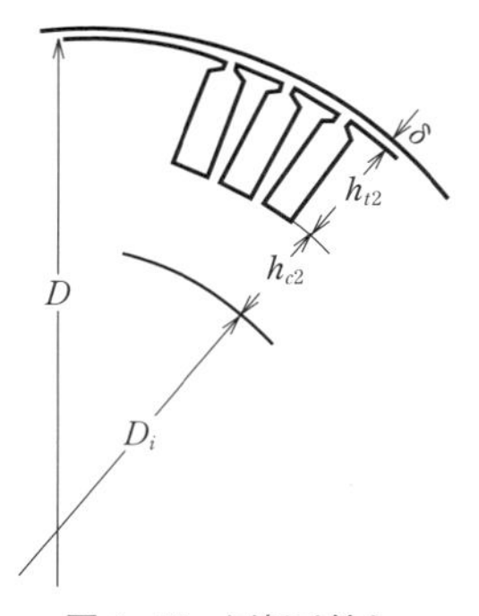

図 4・12　回転子鉄心

ここに，l：回転子鉄心の正味の長さ

l は固定子鉄心のそれと同じにとるのが通常なので，$l=380$ mm とすると

$$h_{c2}=\frac{(h_{c2}l)}{l}=\frac{16.4\times10^3}{380}=43.2\text{ mm}$$

よって

$$D_i=470-2\times(36.0+43.2+1.3)=309\text{ mm}$$

となるので，$D_i=310$ mm に決定すれば，$h_{c2}=42.7$ mm，$B_{c2}=1.36$ T となる．

ブラシの電流密度 Δ_b は使用するブラシの材質によっても異なるが，始動時のみブラシを通じて始動抵抗器に接続され，運転時にはスリップリングを短絡しブラシを引き上げる用途の場合には，$\Delta_b=0.15\sim0.25$ A/mm^2 にとられるので，ここでは $\Delta_b=0.20$ A/mm^2 にとると，ブラシに必要な断面積 q_b は

$$q_b=\frac{I_2}{\Delta_b}=\frac{317}{0.20}=1.59\times10^3\text{ mm}^2$$

である．そこで**図 4·13** に示すように，各相に 40mm×20 mm のブラシ 2 個を 1 組として用い，スリップリングの幅を 30 mm とすると，ブラシの電流密度は

$$\Delta_b=\frac{I_2}{q_b}=\frac{317}{40\times20\times2}=0.198\text{ A/mm}^2$$

となる．

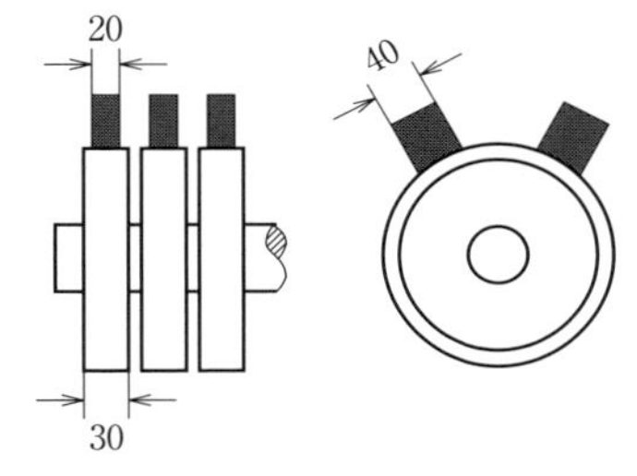

図 4・13　ブラシとスリップリング

誘導電動機では，運転中に二次抵抗を変化させて速度制御を行うことができるが，このような場合には，始動時だけでなく運転中もブラシを通して電流が流れるので，ブラシの電流密度も 0.06～0.12 A/mm^2 と低くおさえることが必要になる．そのような場合，ブラシの個数も増やさねばならないとともに，接触抵抗および抵抗率の小さい金属黒鉛質ブラシが用いられることが多い．

静止時におけるスリップリング間電圧は，先に計算した線間電圧と同じであり，回転子巻線をY結線としたので，$\sqrt{3}E_2=\sqrt{3}\times292=506$ V となる．

4・2・6　抵抗と漏れリアクタンス

〔1〕 抵　　抗　固定子および回転子の巻線の抵抗は，同期発電機の場合と同様にして計算できる．式（3·26）から導線 1 本の長さは

$$l_a = l_1 + 1.75\tau = 450 + 1.75 \times 185 = 774\ \mathrm{mm} = 0.774\ \mathrm{m}$$

であるから式（3・27）によって115℃における固定子巻線一相の抵抗は

$$R_1 = \rho_{115} \times \frac{N_{ph1} \times l_a}{q_{a1}} = 0.0237 \times \frac{384 \times 0.774}{9.8} = 0.719\ \Omega$$

となる．

また，導体1本の長さは固定子巻線と同じとして，回転子巻線一相の抵抗を同様に計算すると

$$R_2 = 0.0237 \times \frac{64 \times 0.774}{56} = 0.0210\ \Omega$$

となる．

なお，回転子巻線の抵抗値を一次側に換算する場合は

$$R_2' = \left(\frac{k_{w1} N_{ph1}}{k_{w2} N_{ph2}}\right)^2 \times R_2 = \frac{(0.946 \times 384)^2}{(0.958 \times 64)^2} \times 0.0210 = 0.737\ \Omega$$

となり，一次側に換算した全抵抗を R とすると

$$R = R_1 + R_2' = 0.719 + 0.737 = 1.46\ \Omega$$

となる．

よって銅損は

固定子銅損　$W_{c1} = 3 \times I_1^2 \times R_1 = 3 \times 61.6^2 \times 0.719 = 8.19 \times 10^3\ \mathrm{W}$

回転子銅損　$W_{c2} = 3 \times I_2^2 \times R_2 = 3 \times 317^2 \times 0.0210 = 6.33 \times 10^3\ \mathrm{W}$

全　銅　損　$W_c = W_{c1} + W_{c2} = 8.19 \times 10^3 + 6.33 \times 10^3 = 14.5 \times 10^3\ \mathrm{W}$

となる．ただし，後述する特性計算で求められる効率と力率により，電流値を修正するので最終的な銅損は補正が必要である．

〔2〕 **漏れリアクタンス**　誘導電動機の巻線の漏れリアクタンスは，同期発電機の場合と同様な考え方で計算されるが，誘導機特有の高調波漏れリアクタンスを加えて考える必要がある．誘導機ではギャップが小さいので，ギャップ磁束分布には，基本波磁束のほかに種々の高調波磁束が含まれている．これらの基本波および高調波磁束によって，固定子および回転子巻線に誘導される起電力と周波数の関係を調べてみると，高調波磁束がちょうど漏れ磁束と同じ作用をしていることがわかる．これを高調波漏れリアクタンスといい，理論的に計算することができる．したがって誘導機の漏れリアクタンスの計算式は

$$X = 7.9 \times f \times \frac{N_{ph}^2}{P} \times (\Lambda_s + \Lambda_e + \Lambda_h) \times 10^{-9} \tag{4・8}$$

として表される．上式の中でスロット漏れに対応するΛ_sは式（3･29）～(3･31)，またコイル端漏れに対応するΛ_eは式（3･32）によって計算される．高調波漏れリアクタンスに対応するΛ_hは

$$\Lambda_h=\frac{3\tau l}{\pi^2 K_c K_s \delta}\times K_h \tag{4・9}$$

として表され，K_hは**表4･2**のようにqとτ_c/τ（τ_cはコイルピッチ）から求められる．またK_cはカーター係数，K_sは飽和係数である．

表4・2　誘導機三相巻線の高調波漏れリアクタンス係数

$q=2$		$q=3$		$q=4$		$q=5$	
τ_c/τ	K_h	τ_c/τ	K_h	τ_c/τ	K_h	τ_c/τ	K_h
6/6	0.0284	9/9	0.0140	12/12	0.0089	15/15	0.0064
5/6	0.0235	8/9	0.0115	11/12	0.0074	14/15	0.0055
4/6	0.0284	7/9	0.0111	10/12	0.0063	13/15	0.0044
		6/9	0.0140	9/12	0.0069	12/15	0.0041
				8/12	0.0089	11/15	0.0050
						10/15	0.0064

まずスロット漏れについて計算する．すでに決定されているスロット寸法から，式（3･30）によって

$$\lambda_{s1}=\frac{h_1}{3b_1}+\frac{h_2}{b_1}=\frac{31-2\times1.2}{3\times10.1}+\frac{1.2+3+1}{10.1}=0.944+0.515=1.46$$

式（3･29）から

$$\Lambda_{s1}=\frac{l}{q_1}\times\lambda_{s1}=\frac{380}{3}\times1.46=185$$

となる．また回転子巻線については，半閉スロットであるので式（3･31）を用いて，すでに決定しているスロット寸法から計算すると

$$\lambda_{s2}=\frac{34-2\times1}{3\times6.3}+\frac{1}{6.3}+\frac{2\times1}{6.3+1.5}+\frac{1}{1.5}=1.69+0.16+0.26+0.67=2.78$$

$$\Lambda_{s2}=\frac{380}{4}\times2.78=264$$

コイル端漏れに対しては式（3･32）で計算する．固定子巻線に対しては$k_p=0.985$，$h=20$ mm，$m=90$ mmとして

$$\Lambda_{e1}=1.13\times0.985^2\times(20+0.5\times90)=71$$

また回転子巻線に対しては$k_p=1$，$h=20$ mm，$m=80$ mmとして

$$\Lambda_{e2}=1.13\times1^2\times(20+0.5\times80)=68$$

となる．

高調波漏れに対しては式（4･9）によるので，カーター係数 K_c を計算する．カーター係数はスロット開口部の影響を示す係数であり，スロット開口の大きさ，ギャップ長，スロットピッチにより決定される．開口スロットが使用される高圧電動機では $K_c=1.3\sim1.6$，半閉スロットを使用する低圧電動機では $K_c=1.1\sim1.3$ の値となる．誘導機の場合には固定子ならびに回転子にスロットがあるので，カーター係数は

$$K_c=K_{c1}\times K_{c2} \tag{4・10}$$

として求められ，K_{c1} および K_{c2} はそれぞれ固定子および回転子のスロット寸法から，式（3･21）によって計算したものである．本例では，まず固定子側については $t_a=\pi D/3Pq=\pi\times470/72=20.5$ mm，$b_s=10.1$ mm，$\delta=1.3$ mm であるから

$$K_{c1}=\frac{20.5}{20.5-1.3\times\dfrac{(10.1/1.3)^2}{5+10.1/1.3}}=1.43$$

また回転子側については，$t_a=\pi\times470/72=15.4$ mm，$b_s=1.5$ mm であるから

$$K_{c2}=\frac{15.4}{15.4-1.3\times\dfrac{(1.5/1.3)^2}{5+1.5/1.3}}=1.02$$

となるので，$K_c=K_{c1}\times K_{c2}=1.43\times1.02=1.46$ である．飽和係数 K_s は，鉄心の磁気飽和の程度を表す係数であり，鉄心中の磁束密度と使用する電磁鋼板の材質により決定される．一般的に $K_s=1.05\sim1.3$ であり，ここでは飽和係数 $K_s=1.1$ として，K_h は表 4･2 から求めると，固定子巻線については 0.0115，回転子巻線については 0.0089 であるから

$$\Lambda_{h1}=\frac{3\times185\times380}{\pi^2\times1.46\times1.1\times1.3}\times0.0115=118$$

$$\Lambda_{h2}=\frac{3\times185\times380}{\pi^2\times1.46\times1.1\times1.3}\times0.0089=91$$

となる．

以上の計算から，固定子巻線の一相の漏れリアクタンスは

$$X_1=7.9\times50\times\frac{384^2}{8}\times(185+71+118)\times10^{-9}$$

$$=2.72\ \Omega$$

また，回転子巻線一相の漏れリアクタンスは

$$X_2=7.9\times50\times\frac{64^2}{8}\times(264+68+91)\times10^{-9}$$

$$=0.0855\ \Omega$$

となる．回転子巻線の漏れリアクタンスを一次側に換算すると

$$X_2'=\left(\frac{k_{w1}N_{ph1}}{k_{w2}N_{ph2}}\right)^2\times X_2=\frac{(0.946\times384)^2}{(0.958\times64)^2}\times0.0855=3.00\ \Omega$$

となり，一次に換算した全漏れリアクタンスを X とすると

$$X=X_1+X_2'=2.72+3.00=5.72\ \Omega$$

となる．よって最大電流 I_m' は

$$I_m'=\frac{E_1}{X}=\frac{1\,732}{5.72}=303\ \mathrm{A}$$

拘束インピーダンス Z_s は

$$Z_s=\sqrt{R^2+X^2}=\sqrt{1.46^2+5.72^2}=5.90\ \Omega$$

拘束力率 $\cos\varphi_s$ は

$$\cos\varphi_s=\frac{R}{Z_s}=\frac{1.46}{5.90}=0.247$$

である．

4・2・7　励磁電流と鉄損

〔1〕 **励 磁 電 流**　　誘導機の励磁電流 I_{0m} によるアンペア回数は，式（4･2）および式（4･3）で示したように

$$AT_{0m}=0.45k_{w1}AC_{0m}=0.8K_cK_sB_g\delta\times10^3$$

であり，式（4･1）より

$$0.45\times\frac{3k_{w1}N_{ph1}I_{0m}}{P}=0.8K_cK_sB_g\delta\times10^3$$

よって

$$I_{0m}=0.593\times K_cK_s\frac{PB_g\delta}{k_{w1}N_{ph1}}\times10^3 \qquad (4\cdot11)$$

として計算できる．右辺の各項はすべてすでに求められているので，それを用いると

$$I_{0m}=0.593\times1.46\times1.1\times\frac{8\times0.855\times1.3}{0.946\times384}\times10^3=23.3\ \mathrm{A}$$

となる．

〔2〕 **鉄　　損**　誘導機の鉄損は主として固定子側に発生し，回転子側の鉄損は周波数が低いので無視できる．固定子側の鉄損は，同期機の場合と同様にして求めることができる．

固定子鉄心寸法は図4・10の通りであり，継鉄部分の容積は

$$V_{Fc}=\frac{\pi}{4}\{620^2-(470+2\times35)^2\}\times380=27.7\times10^6\ \mathrm{mm}^3$$

で，その質量は，鋼帯50A470，厚さ $d=0.50$ mm を用いるとして

$$G_{Fc}=0.97\times7.7\times27.7=207\ \mathrm{kg}$$

鉄心1 kg当たりの鉄損は式（1・4）により求めるとして，本例では $B_{c1}=1.46$ T，同式の係数 σ_{Hc} および σ_{Ec} は表1・2よりそれぞれ3.53および28.2であるから

$$w_{fc}=1.46^2\times\left\{3.53\times\frac{50}{100}+28.2\times0.5^2\times\left(\frac{50}{100}\right)^2\right\}=6.72\ \mathrm{W/kg}$$

よって継鉄部分の鉄損は

$$W_{Fc}=w_{fc}\times G_{Fc}=7.52\times207=1.56\times10^3\ \mathrm{W}$$

歯の部分の容積は図4・10より

$$V_{Ft}=\frac{\pi}{4}\{(470+2\times35)^2-470^2\}\times380-35\times10.1\times380\times72$$
$$=11.4\times10^6\ \mathrm{mm}^3$$

その質量 G_{Ft} は

$$G_{Ft}=0.97\times7.7\times11.4=85\ \mathrm{kg}$$

歯の鉄損は式（1・5）および表1・2を用いて求めるとし，まず歯の平均磁束密度 B_{tm} を式（3・24）で求める．

$$Z_{\max}=t_b-b_s=\frac{\pi(D+2h_{t1})}{3Pq_1}-b_s=\frac{\pi\times(470+2\times35)}{72}-10.1=13.5\ \mathrm{mm}$$

$$Z_{\min}=t_a-b_s=\frac{\pi D}{3Pq_1}-b_s=\frac{\pi\times470}{72}-10.1=10.4\ \mathrm{mm}$$

$$\therefore\quad Z_m=\frac{Z_{\max}+2\times Z_{\min}}{3}=\frac{13.5+2\times10.4}{3}=11.4\ \mathrm{mm}$$

であるから歯の平均磁束密度は

$$B_{tm}=0.98\times\frac{20.5\times427}{11.4\times380}\times0.855=1.69\ \mathrm{T}$$

表1·2より $\sigma_{Ht}=5.88$，$\sigma_{Et}=49.4$ であるから，1 kg 当たりの鉄損は式（1·5）より

$$w_{ft}=1.69^2\times\left\{5.88\times\frac{50}{100}+49.4\times0.5^2\times\left(\frac{50}{100}\right)^2\right\}=17.2\ \mathrm{W/kg}$$

よって歯の鉄損は

$$W_{Ft}=w_{ft}\times G_{Ft}=17.2\times85=1.46\times10^3\ \mathrm{W}$$

全鉄損 W_F は

$$W_F=W_{Fc}+W_{Ft}=(1.56+1.46)\times10^3=3.02\times10^3\ \mathrm{W}$$

である．

4・2・8　機　械　損

機械損の大部分は風損であるとみて式（1·11）で求める．本例では，回転子の周辺速度は同期速度 N_s においては

$$v_a=\pi D\times\frac{N_s}{60}\times10^{-3}=\pi\times470\times\frac{750}{60}\times10^{-3}=18.5\ \mathrm{m/s}$$

よって機械損は

$$W_m=8\times470\times(450+150)\times18.5^2\times10^{-6}=0.77\times10^3\ \mathrm{W}$$

である．

4・2・9　無負荷電流

無負荷電流の有効分 I_{0w} は

$$I_{0w}=\frac{W_F+W_m}{\sqrt{3}\,V_1}=\frac{(2.85+0.77)\times10^3}{\sqrt{3}\times3\,000}=0.7\ \mathrm{A}$$

よって無負荷電流 I_0 は

$$I_0=\sqrt{I_{0w}{}^2+I_{0m}{}^2}=\sqrt{0.70^2+23.3^2}=23.3\ \mathrm{A}$$

無負荷力率は

$$\cos\varphi_0=\frac{I_{0w}}{I_0}=\frac{0.70}{23.3}=0.030$$

4・2・10　等価回路と特性

〔1〕　等価回路と定数

誘導電動機の等価回路は，計算を簡略化したL形等価回路（**図4·14**）や，鉄損抵抗を考慮して精度を高めたT形等価回路などもあるが，ここでは**図4·15**で示した鉄損抵抗を省略したT形等価回路で表すこととする．

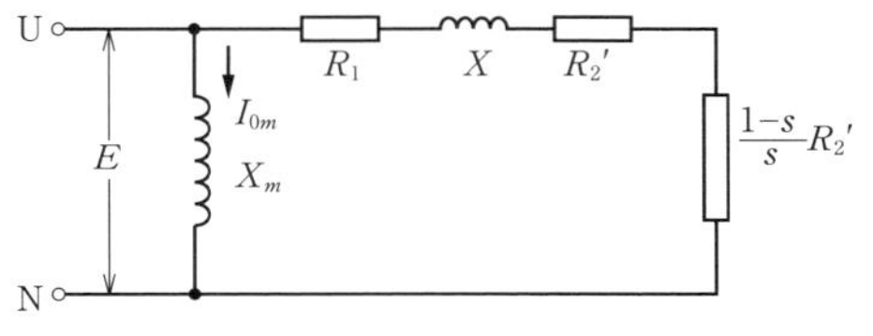

図 4・14　L 形等価回路（一相分）

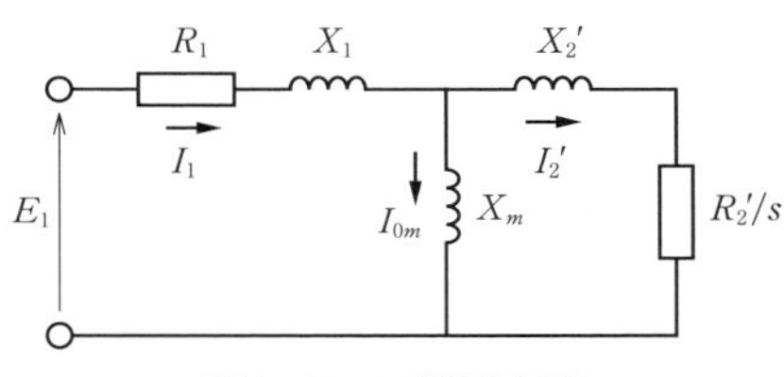

図 4・15　T 形等価回路

この等価回路で，一相当たりの無負荷時のインピーダンス Z_0 は

$$Z_0=\frac{E_1}{I_0}=\frac{1\,732}{23.3}=74.3\ \Omega$$

となる．無負荷時はすべり s が小さく，$Z_0=\sqrt{R_1{}^2+(X_1+X_m)^2}$ で表すことができるので，励磁リアクタンス X_m は

$$X_m=\sqrt{Z_0{}^2-R_1{}^2}-X_1=\sqrt{74.3^2-0.719^2}-2.72=71.6\ \Omega$$

となる．ここまでの計算で得られた回路定数を使用して，以下の特性計算を行う．

$$R_1=0.719\ \Omega,\quad R_2'=0.737\ \Omega,\quad X_1=2.72\ \Omega,\quad X_2'=3.00\ \Omega,$$

$$X_m=71.6\ \Omega$$

〔2〕 特性計算

運転時の特性は，すべり s の関数として計算される．

250 kW 電動機のすべりは一般的に 2〜3 % なので，ここではすべり $s=0.023$ と仮定して，以下の計算を行う．

図 4・15 の等価回路にて抵抗 R とリアクタンス X は

$$R=R_1+\frac{A}{A^2+(1/X_m+B)^2}$$

$$X=X_1+\frac{1/X_m+B}{A^2+(1/X_m+B)^2}$$

として計算することができる．

ここで，A と B はそれぞれ，$A=\dfrac{R_2'/s}{(R_2'/s)^2+X_2'^2}$，$B=\dfrac{X_2'}{(R_2'/s)^2+X_2'^2}$ であり，$R_2'/s=0.737/0.023=32.0$ なので

$$A=\frac{R_2'/s}{(R_2'/s)^2+X_2'^2}=\frac{32.0}{32.0^2+3.00^2}=0.0310$$

$$B=\frac{X_2'}{(R_2'/s)^2+X_2'^2}=\frac{3.00}{32.0^2+3.00^2}=0.00290$$

となる．したがって

$$R=R_1+\frac{A}{A^2+(1/X_m+B)^2}$$

$$=0.719+\frac{0.0310}{0.0310^2+(1/71.5+0.00290)^2}=25.6\ \Omega$$

$$X=X_1+\frac{1/X_m+B}{A^2+(1/X_m+B)^2}=2.72+\frac{1/71.6+0.00290}{0.0310^2+(1/71.6+0.00290)^2}$$

$$=16.3\ \Omega$$

全インピーダンス Z は $Z=\sqrt{R^2+X^2}=30.3\ \Omega$ となるので

$$I_1=\frac{E_1}{Z}=\frac{1732}{30.3}=57.2\ \mathrm{A}$$

一次入力（電動機入力）は，$P_i=3I_1{}^2R=3\times57.2^2\times25.6=251\times10^3\ \mathrm{W}$

一次側換算二次電流 I_2' は

$$I_2'=I_1\times\sqrt{\frac{A^2+B^2}{A^2+(1/X_m+B)^2}}$$

なので

$$I_2'=57.2\times\sqrt{\frac{0.0310^2+0.00290^2}{0.0310^2+(1/71.6+0.00290)^2}}=50.5\ \mathrm{A}$$

となり，それぞれの銅損は

$$W_{C1}=3\times57.2^2\times0.719=7.06\times10^3\ \mathrm{W}$$

$$W_{C2}=3\times50.5^2\times0.737=5.64\times10^3\ \mathrm{W}$$

となる．また，漂遊負荷損 W_s は，規格 JEC-2137-2000 にて出力の 0.5％と定義されているので

$$W_s=250\times10^3\times0.005=1.25\times10^3\ \mathrm{W}$$

となり，すでに計算済みの他の損失と合わせて全損失 W_t を計算すると

$$W_t=W_{C1}+W_{C2}+W_F+W_m+W_s$$

$$=(7.06+5.64+3.02+0.77+1.25)\times10^3=17.7\times10^3\ \mathrm{W}$$

となる．

電動機入力 P_i から全損失を差し引いたものが電動機出力になるので

電動機出力　　$P=P_i-W_t=(251-17.7)\times10^3=233\times10^3\ \mathrm{W}$

となる．この電動機出力の計算結果が，定格出力 250 kW に合うようにすべりを修正して，同様の計算を繰り返し行う．

ここでは，$s=0.0248$ に修正して計算し直すと電動機出力 250 kW が得られる．

このときの計算結果は

$$R=24.2\ \Omega,\qquad X=14.9\ \Omega,\qquad Z=28.4\ \Omega$$

$$I_1=61.0\ \mathrm{A},\qquad I_2'=53.9\ \mathrm{A}$$

$$W_{C1}=8.03\times10^3\ \mathrm{W},\quad W_{C2}=6.42\times10^3\ \mathrm{W},\quad W_t=19.5\times10^3\ \mathrm{W}$$

となり，最終的な運転特性計算値は

効　率　$$\eta=\frac{250}{(250+19.5)\times100}=92.8\ \%$$

力　率　$$\cos\phi=\frac{R}{Z}=\frac{24.2}{28.4}\times100=85.2\ \%$$

すべり　$$s=0.0248=2.48\ \%$$

を得ることができる．このときの回転速度 n は

$$n=\text{同期速度}\ n_s\times(1-s)=750\times(1-0.0248)=731\ \mathrm{min}^{-1}$$

となる．

電動機の最大トルク T_m は

$$T_m=3\times\frac{E_1{}^2}{2\times(R_1+\sqrt{R_1{}^2+(X_1+X_2')^2})}$$

$$=3\times\frac{1732^2}{2\times(0.719+\sqrt{0.719^2+(2.72+3.00)^2})}$$

$$=694\times10^3\qquad\text{（同期ワット）}$$

$$=\frac{694}{250}\times100=278\ \%$$

となる．電動機の定格トルクは

$$T_r=9.55\times\frac{P}{n}=9.55\times\frac{250\times10^3}{731}=3.27\times10^3\ \mathrm{N\cdot m}$$

4・2・11　温度上昇

誘導機の固定子の温度上昇は，同期機の場合と同様にして式（3・33）から求めることができる．同式の冷却面積 O_s および内部損失 W_i は，本例においては

$$O_s=\frac{\pi}{4}(620^2-470^2)\times(2+7)+\pi\times(620+470)\times450=2.70\times10^6\ \mathrm{mm}^2$$

$$=2.70\ \mathrm{m}^2$$

$$W_{i1}=\left(3.02+\frac{450}{774}\times 8.03\right)\times 10^3=7.69\times 10^3\ \mathrm{W}$$

外気に対する熱伝達率 $\kappa=30\ \mathrm{W/(m^2{\cdot}K)}$ として温度上昇 θ_s は

$$\theta_s=\frac{7.69\times 10^3}{30\times 2.70}=94.9\ \mathrm{K}$$

である．

巻線温度上昇はこれより 5 K 高いとみて，約 100 K と推定される．

次に，回転子の温度上昇も同様に求めると

$$O_r=\frac{\pi}{4}(470^2-310^2)\times(2+7)+\pi\times(470+310)\times 450=1.98\times 10^6\ \mathrm{mm^2}$$
$$=1.98\ \mathrm{m^2}$$

回転子での発生損失には，銅損の他に機械損と漂遊負荷損が含まれるものとして

$$W_{i2}=\left(0.77+1.25+\frac{450}{774}\times 6.42\right)\times 10^3=5.75\times 10^3\ \mathrm{W}$$

外気に対する熱伝達率 $\kappa=30\ \mathrm{W/(m^2{\cdot}K)}$ として温度上昇 θ_r は

$$\theta_r=\frac{5.75\times 10^3}{30\times 1.98}=96.8\ \mathrm{K}$$

であるので，巻線温度上昇はこれより 5 K 高いとみて，約 102 K と推定される．耐熱クラス 155（F）の温度上昇限度は，表 1·4 より 105 K であるので，固定子および回転子の巻線温度の計算結果は，いずれも温度上昇限度以内となっている．

4・2・12　主要材料の使用量

〔1〕 銅　質　量　固定子巻線の銅質量 G_{c1} は

$$G_{c1}=3\times 8.9\times 9.8\times 384\times 774\times 10^{-6}=77.8\ \mathrm{kg}$$

となるので，実際の使用量は 78 kg と見積もる．

同様に，回転子巻線の銅質量 G_{c2} は

$$G_{c2}=3\times 8.9\times 56\times 64\times 774\times 10^{-6}=74.1\ \mathrm{kg}$$

となるので，実際の使用量は 75 kg と見積もる．

〔2〕 鉄　質　量　スロットおよびギャップ部分を含む鉄心質量 G_F は

$$G_F=0.97\times 7.7\times\frac{\pi}{4}\times(620^2-310^2)\times 380\times 10^{-6}=642\ \mathrm{kg}$$

となるので，実際の使用量は 650 kg と見積もる.

4・2・13　設　計　表

表 4・4（p. 112–113）は，以上の計算結果を一括した設計表である.

4・3　かご形三相誘導電動機の設計例

かご形機の設計においても計算手順は巻線形機と同じであり，回転子側の設計が若干異なるだけである．ここでは，アルミニウムダイカストを回転子導体として用いた小形機の設計例について述べる.

仕　様

出力　3.7 kW　　極数　4　　電圧　200 V　　周波数　50 Hz

同期速度　1 500 min^{-1}　　連続定格　　耐熱クラス 120（E）

かご形回転子　　防滴保護形　　自力自由通風形

規格　JEC–2137–2000，JIS C 4210–2001

4・3・1　装荷の分配

図 4・7 より効率および力率をそれぞれ $\eta=0.85$ および $\cos\varphi=0.85$ と予想すると，入力 kVA は

$$\text{入力 kVA}=\frac{3.7}{0.85\times0.85}=5.12$$

低圧電動機では固定子巻線に△結線（三角結線）を採用することが多いので，ここでも△結線を使用する．なお，△結線では線電流と相電流が異なるので，ここでは線電流を I，相電流を I_P として表す.

$$\text{相　電　流}\quad I_{P1}=\frac{5.12\times10^3}{3\times200}=8.53\ \mathrm{A}$$

$$\text{線　電　流}\quad I_1=\sqrt{3}\,I_{P1}=\sqrt{3}\times8.53=14.8\ \mathrm{A}$$

$$\text{毎極の容量}\quad S=\frac{\mathrm{kVA}}{P}=\frac{5.12}{4}=1.28\ \mathrm{kVA}$$

$$\text{比　容　量}\quad \frac{S}{f\times10^{-2}}=\frac{1.28}{0.5}=2.56$$

巻線形の場合と同様に $\gamma=1.3$ とすると，式（2・56）から

$$\chi=\frac{\phi}{\phi_0}=\left(\frac{S}{f\times10^{-2}}\right)^{0.565}=2.56^{0.565}=1.70$$

となるから，基準磁気装荷を $\phi_0=3.0\times10^{-3}$ にとると磁気装荷は

$$\phi=\chi\phi_0=1.70\times3.0\times10^{-3}=5.10\times10^{-3}\ \text{Wb}$$

よって毎相の直列導線数 N_{ph} は

$$N_{ph}=\frac{200}{2.1\times5.10\times10^{-3}\times50}=373\ 本$$

固定子の毎極毎相のスロット数を $q_1=3$ に選ぶと，$Pq_1=12$，全スロット数 $3Pq_1=36$ となる．1スロットに入れるべき導線数は

$$\frac{N_{ph}}{Pq_1}=\frac{373}{12}=31.1\ 本$$

となるので，これに近い偶数として32を選ぶと $N_{ph}=32\times12=384$ となる．これは上記の373より大きいのでコイルピッチを2スロット分短節にして，第1スロットから第8スロットにとる．この場合 $\beta=7/9=0.778$ となり，式（3·3）から短節係数 $k_p=0.94$ となる．また分布係数は表2·1から $q=3$ の場合を求めると，$k_d=0.96$ であるから，巻線係数は $k_w=0.96\times0.94=0.902$ となる．

この係数を用いて式（3·4）から ϕ を計算すると

$$\phi=\frac{200}{2.22\times0.902\times384\times50}=5.20\times10^{-3}\ \text{Wb}$$

また電気装荷 AC は

$$AC=\frac{3N_{ph}I}{P}=\frac{3\times384\times8.53}{4}=2.46\times10^3$$

となる．

4・3・2　比装荷と主要寸法

表4·1から $ac=26$，$B_g=0.85$ に選ぶと

極ピッチ　$$\tau=\frac{AC}{ac}=\frac{2.46\times10^3}{26}=94.6\ \text{mm}$$

固定子内径　$$D=\frac{P\tau}{\pi}=\frac{4\times94.6}{\pi}=120\ \text{mm}$$

となるから $D=120$ mm に選ぶと，$\tau=94.2$ mm，$ac=26.1$ に修正される．

毎極の有効面積　$$(\tau l_i)=\frac{\phi\times10^6}{\dfrac{2}{\pi}B_g}=\frac{5.20\times10^{-3}\times10^6}{\dfrac{2}{\pi}\times0.85}=9.61\times10^3\ \text{mm}^2$$

鉄心の有効積み厚　$$l_i=\frac{(\tau l_i)}{\tau}=\frac{9.61\times10^3}{94.2}=102\ \text{mm}$$

よって $l_i=100$ mm とすると，$B_g=0.867$ T となる．この程度の l_i の場合は冷却ダクトを設けないので，$l_1 \fallingdotseq l \fallingdotseq l_i=100$ mm となる．

4・3・3　固定子鉄心の寸法

固定子の電流密度を $\Delta_1=6.0$ A/mm^2 に選ぶと，導線断面積 q_{a1} は

$$q_{a1}=\frac{I_{P1}}{\Delta_1}=\frac{8.53}{6.0}=1.42\ \mathrm{mm}^2$$

となるので，丸線を用いるとすると，その直径 d_1 は

$$d_1=\sqrt{\frac{4}{\pi}\times q_{a1}}=\sqrt{\frac{4}{\pi}\times 1.42}=1.34\ \mathrm{mm}$$

よって直径 1.3 mm のエナメル銅線を用いるとすれば，$q_{a1}=1.33$ mm^2，$\Delta_1=6.4$ A/mm^2 となる．また，被覆を含めた銅線外径は 1.45 mm とする．スロット絶縁にノーメックス加工紙を用いるとすれば，スロット内の銅線の占積率（＝銅線総断面積/スロット断面積）を 40～50 % にすることができる．なお，近年では生産技術の進歩により，より高い占積率で製作されることもある．

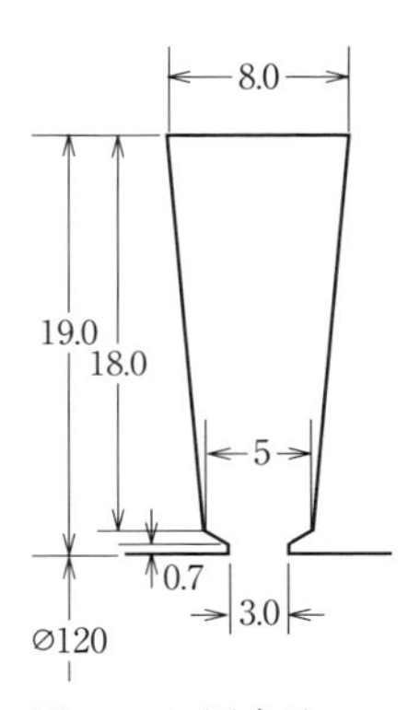

図 4・16　固定子スロット

スロット内銅線総断面積は被覆も含めて $32\times(\pi/4)\times 1.45^2=52.8$ mm^2 であるから，占積率を 45 % と推定するとスロットの断面積は $52.8/0.45=117$ mm^2 程度を必要とする．そこで**図 4･16** のようなスロット寸法にするとすれば，スロット断面積は $1/2\times(8+5)\times 18=117$ mm^2，占積率は $(52.8/117)\times 100=45.1$ % となり，スロット内に銅線を収めることは可能である．

継鉄部分の磁束密度を $B_{c1}=1.4$ T にとると

$$(h_{c1}l)=\frac{5.20\times 10^{-3}\times 10^6}{2\times 0.97\times 1.4}=1.91\times 10^3\ \mathrm{mm}^2$$

$l=100$ mm であるから $h_{c1}=19.1$ mm となり，固定子鉄心外径 D_e は

$$D_e=D+2(h_{t1}+h_{c1})=120+2\times(19+19.1)=196\ \mathrm{mm}$$

なので $D_e=195$ mm とすると $h_{c1}=18.5$ mm，$B_{c1}=1.45$ T となる．

4・3・4　ギャップ長

式（4･4）から $c=0.14$ に選んで，$AC=2.46\times 10^3$，$B_g=0.867$ T なので

$$\delta=0.14\times 10^{-3}\times\frac{2.46\times 10^3}{0.867}=0.397\ \mathrm{mm}$$

となるので，$\delta=0.4\,\text{mm}$ に決める．

4・3・5 かご形回路の電流

図4・17 はかご形回転子の電流分布を示し，導棒に流れる電流 I_b は，同図（b）のように1極対の間隔 2τ を1周期とする正弦波形に分布するので，回転子のスロット数を Z_2 とすれば，相数が $Z_2/(P/2)$ の多相回路と考えることができる．そして1本の導棒が一相の直列導体数であり，回転子全体では $P/2$ 個だけ同じ状態が繰り返されるので，一相には $P/2$ 個の並列回路があると考えることができる．

回転子導棒の電流 I_b は巻線形の場合と同様に，二次入力の $(1-s)$ 倍が機械的出力に等しいという関係から求めることができる．かご形回転子の場合には前記の考え方に基づいて，静止時の導棒の誘起電圧を E_b とすれば

$$\text{二次入力}=\frac{Z_2}{P/2}E_b\times I_b\times\frac{P}{2}\times\cos\varphi_2$$

であるから

$$\text{出力}=(1-s)Z_2E_bI_b\cos\varphi_2 \qquad (4\cdot12)$$

となる．通常の場合 $(1-s)\cos\varphi_2\fallingdotseq0.9$ とみなされるので

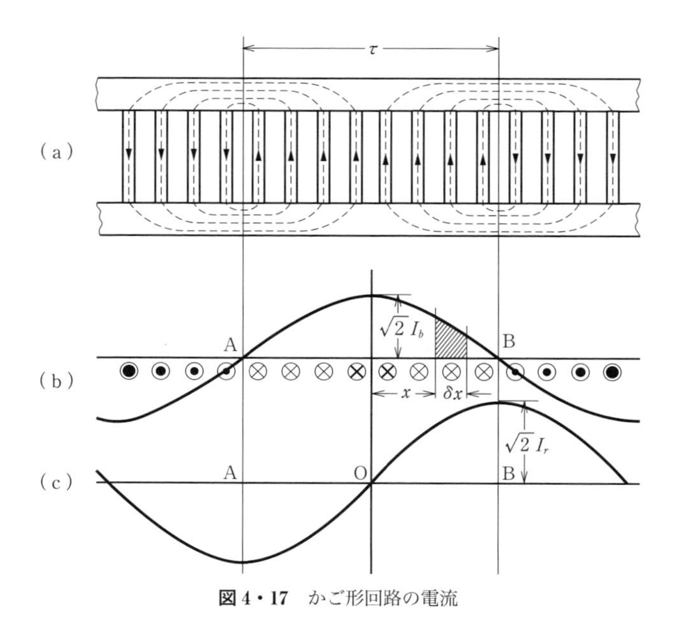

図4・17 かご形回路の電流

$$I_b=\frac{\text{出力}}{0.9\times Z_2E_b} \tag{4・13}$$

として求められる．ここで

$$E_b=\frac{1}{k_wN_{ph}}E_1 \tag{4・14}$$

である．

図4･17からわかるように，導棒の電流はエンドリングに集まって，1極ピッチ τ の間の電流は左右に分かれて流れるので，エンドリングの電流分布も同図(c)のように正弦波形に分布する．これらの図から明らかなように，エンドリングの最大電流は，1極ピッチの間にある Z_2/P 個の導棒に流れる電流の和の半分に等しいと考えることができる．導棒の電流が同図(b)に示されるように正弦波形に分布しているので，その平均値は $(2/\pi)\times\sqrt{2}I_b$ である．したがって

$$\sqrt{2}I_r=\frac{1}{2}\times\frac{Z_2}{P}\times\frac{2}{\pi}\times\sqrt{2}I_b$$

となるので

$$I_r=\frac{Z_2}{P\pi}I_b \tag{4・15}$$

としてエンドリングの電流が求められる．

本例では式(4･14)から

$$E_b=\frac{1}{0.902\times384}\times200=0.577\text{ V}$$

であるので，回転子スロット数を $Z_2=44$ に選べば式(4･13)から

$$I_b=\frac{3.7\times10^3}{0.9\times44\times0.577}=162\text{ A}$$

$$I_r=\frac{44}{4\times\pi}\times162=567\text{ A}$$

となる．

かご形回転子の導棒の電流密度は銅を用いる場合 $\varDelta_b=4\sim7\text{ A/mm}^2$，アルミニウムの場合 $\varDelta_b=3\sim6\text{ A/mm}^2$ にとることができる．本例のような小形の標準電動機の場合は，アルミダイカストにするのが通常である．よってアルミニウムを導体に用いることとし，$\varDelta_b=4.5\text{ A/mm}^2$ に選ぶと，導棒の断面積は

$$q_b=\frac{I_b}{\varDelta_b}=\frac{162}{4.5}=36\text{ mm}^2$$

となるので，**図4・18**のようなスロットを用いるとすると，$q_b \fallingdotseq 35.6\ \mathrm{mm}^2$，$\Delta_b=4.5\ \mathrm{A/mm}^2$ となる．

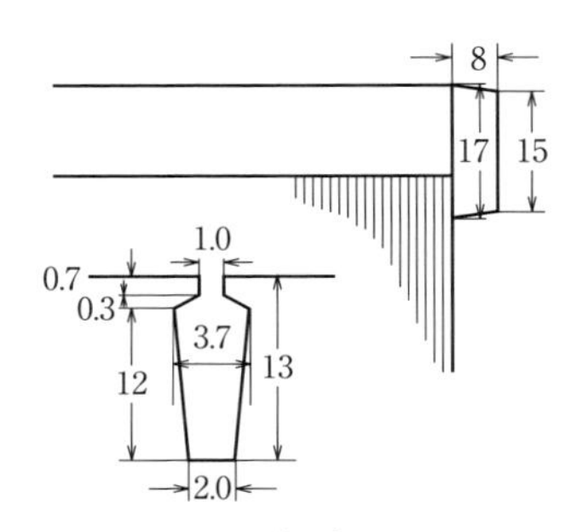

図4・18　かご形回転子のスロットとエンドリング

エンドリングの電流密度は，導棒と同等の値にとることが多いので，この例では $\Delta_r=4.5\ \mathrm{A/mm}^2$ に選ぶと

$$q_r=\frac{567}{4.5}=126\ \mathrm{mm}^2$$

となるので，図4・18に示すような寸法とすれば，$q_r=128\ \mathrm{mm}^2$，$\Delta_r=4.4\ \mathrm{A/mm}^2$ になる．

この例のような小形機では，回転子鉄心の内径 D_i は軸の外径に合わせるのが通常である．ここでは $D_i=38\ \mathrm{mm}$ とすると，継鉄部の高さ h_{c2} は

$$h_{c2}=\frac{D-D_i}{2}-(\delta+h_{t2})=\frac{120-38}{2}-(0.4+13)=27.6\ \mathrm{mm}$$

となって磁束密度は B_{c2} は

$$B_{c2}=\frac{5.20\times10^{-3}\times10^6}{2\times0.97\times27.6\times100}=0.971\ \mathrm{T}$$

となるので磁気飽和するおそれはない．

4・3・6　抵抗と漏れリアクタンス

〔1〕　抵　　抗　固定子巻線1本の長さは，小形機ではコイルエンドの長さが極ピッチの1.5倍くらいとみて

$$l_a=l+1.5\tau=100+1.5\times94.2=241\ \mathrm{mm}=0.241\ \mathrm{m}$$

であるから，75℃における一相の抵抗は

$$R_1=\rho_{75}\times\frac{N_{ph}l_a}{q_1}=0.021\times\frac{384\times0.241}{1.33}=1.46\ \Omega$$

となる．

回転子導棒の長さをエンドリングの中心部までと考えると $l_b=108\ \mathrm{mm}$ であり，断面積は $q_b=35.6\ \mathrm{mm}^2$ である．アルミニウムの75℃における体積抵抗率は銅の約1.6倍で，$0.033\ \Omega\cdot\mathrm{mm}^2/\mathrm{m}$ とすると，導棒の抵抗 R_b は

$$R_b=0.033\times\frac{108\times10^{-3}}{35.6}=0.100\times10^{-3}\ \Omega$$

となる．

エンドリング1個の1周の長さは，その中心部分の直径が約106 mmとなるので

$$l_r=\pi\times106=333\ \mathrm{mm}$$

エンドリングは鉄心の両側に2個あるので，その両者の抵抗の和は

$$R_r=0.033\times\frac{2\times333\times10^{-3}}{128}=0.172\times10^{-3}\ \Omega$$

となる．

回転子巻線の全銅損は

$$W_{C2}=Z_2I_b{}^2R_b+I_r{}^2R_r$$

であるが，これに式（4・15）の関係を代入すれば

$$W_{C2}=Z_2I_b{}^2R_b+\left(\frac{Z_2}{P\pi}\right)^2I_b{}^2R_r=Z_2I_b{}^2\left\{R_b+\frac{Z_2}{(P\pi)^2}R_r\right\}$$

となるので

$$R_2=R_b+\frac{Z_2}{(P\pi)^2}R_r \qquad (4\cdot16)$$

とおけば，これは導棒1本に換算した回転子回路の抵抗である．

4・3・5項で述べたように，回転子回路は相数が$Z_2/(P/2)$，一相の直列導体数は導棒1本で，$(P/2)$の並列回路をもつと考えることができるので，式（4・16）の回転子抵抗を一次側に換算する係数を求めると，$3(k_wN_{ph})^2/Z_2$となる．

まず式（4・16）から

$$R_2=\left\{0.100+\frac{44}{(4\pi)^2}\times0.172\right\}\times10^{-3}=0.148\times10^{-3}\ \Omega$$

また固定子側への換算係数は

$$\frac{3(k_wN_{ph})^2}{Z_2}=\frac{3\times(0.902\times384)^2}{44}=8.18\times10^3$$

であるから，回転子抵抗を一次側に換算すると

$$R_2'=0.148\times10^{-3}\times8.18\times10^3=1.21\ \Omega$$

となる．したがって，一次側に換算した一相の全抵抗Rは

$$R=R_1+R_2'=1.46+1.21=2.67\ \Omega$$

となる．

固定子巻線の銅損W_{C1}は

$$W_{C1}=3I_{P1}{}^2R_1{}^2=3\times8.53^2\times1.46=319\ \mathrm{W}$$

また回転子巻線の銅損 W_{C2} は

$$W_{C2}=Z_2 I_b^2 R_b+2I_r^2 R_r$$
$$=44\times162^2\times0.100\times10^{-3}+2\times567^2\times0.172\times10^{-3}$$
$$=115+111=226\ \mathrm{W}$$

であるので，全銅損 W_C は

$$W_C=319+226=545\ \mathrm{W}$$

となる．

〔2〕 **漏れリアクタンス**　固定子巻線については，4・2・6 項の場合と同じようにして計算できる．まずスロット漏れについては，すでに決定されているスロット寸法から，式（3・31）と式（3・29）によって

$$\lambda_{s1}=\frac{18-2}{3\times5}+\frac{2}{5}+\frac{2\times0.3}{5+3}+\frac{0.7}{3}$$
$$=1.07+0.40+0.08+0.23=1.78$$

$$\Lambda_{s1}=\frac{100}{3}\times1.78=59.3$$

コイル端漏れに対しては $h=10$ mm，$m=30$ mm とし，$k_p=0.94$ であるから，式（3・32）によって

$$\Lambda_{e1}=1.13\times0.94^2\times(10+0.5\times30)=25.0$$

高調波漏れに対しては式（4・9）によるので，まずカーター係数 K_c を計算する．固定子側については $t_a=\pi\times120/36=10.5$ mm，$b_s=3$ mm，$\delta=0.4$ mm であるから

$$K_{c1}=\frac{10.5}{10.5-0.4\times\dfrac{(3/0.4)^2}{5+3/0.4}}=1.21$$

また回転子側については，$t_a=\pi\times120/44=8.56$ mm，$b_s=1.0$ mm であるから

$$K_{c2}=\frac{8.56}{8.56-0.4\times\dfrac{(1.0/0.4)^2}{5+1.0/0.4}}=1.04$$

となるので，$K_c=K_{c1}\times K_{c2}=1.21\times1.04=1.26$ である．

飽和係数を $K_s=1.2$ とし，また K_h は表 4・2 から求めると $K_h=0.0111$ であるから

$$\Lambda_{h1}=\frac{3\times94.2\times100}{\pi^2\times1.26\times1.2\times0.4}\times0.0111=52.6$$

となる．

以上の計算に基づいて，固定子巻線一相の漏れリアクタンスは式（4･8）により

$$X_1 = 7.9 \times 50 \times \frac{384^2}{4} \times (59.3 + 25.0 + 52.6) \times 10^{-9} = 1.99\ \Omega$$

となる．

かご形回転子の場合には，回転子側の漏れリアクタンスは

$$X_2 = 7.9 f (\Lambda_{s2} + \Lambda_{e2} + \Lambda_{h2}) \times 10^{-9} \qquad (4 \cdot 17)$$

として計算される．ここで Λ_{s2} はスロット漏れに対応するもので

$$\Lambda_{s2} = l \lambda_{s2} \qquad (4 \cdot 18)$$

であり，λ_{s2} は式（3･31）で計算すればよい．次に Λ_{e2} はコイル端漏れに対するもので，かご形回転子に対しては

$$\Lambda_{e2} = \frac{Z_2}{3P} \tau g \qquad (4 \cdot 19)$$

として求められ，$g = 0.2 \sim 0.35$ 程度の値をとるが，通常の場合は $g = 0.3$ として計算してよい．また Λ_{h2} は高調波漏れに対するもので

$$\Lambda_{h2} = \frac{Z_2 \tau l}{P \pi^2 K_c K_s \delta} K_{h2} \qquad (4 \cdot 20)$$

として計算される．この式中の K_{h2} は**表 4･3** によって Z_2/P の値から求める．

表 4・3　かご形巻線の高調波漏れリアクタンス係数

Z_2/P	4	5	6	7	8	9
K_{h2}	0.053	0.036	0.023	0.017	0.013	0.010
Z_2/P	10	11	12	15	20	25
K_{h2}	0.0083	0.0068	0.0057	0.0036	0.0021	0.0013

本例については，まず図 4･18 のスロット寸法から λ_{s2} を求めると

$$\lambda_{s2} = \frac{12}{3 \times 3.7} + \frac{2 \times 0.3}{3.7 + 1} + \frac{0.7}{1} = 1.08 + 0.13 + 0.7 = 1.91$$

$$\Lambda_{s2} = 100 \times 1.91 = 191$$

式（4･19）から

$$\Lambda_{e2}=\frac{44}{3\times4}\times94.2\times0.3=104$$

また $Z_2/P=44/4=11$ であるから，表4･3から $K_{h2}=0.0068$ が得られ式（4･20）から

$$\Lambda_{h2}=\frac{44\times94.2\times100}{4\times\pi^2\times1.26\times1.2\times0.4}\times0.0068=118$$

となる．

よって式（4･17）から

$$X_2=7.9\times50\times(191+104+118)\times10^{-9}=0.163\times10^{-3}\ \Omega$$

となる．これを一次側に換算する係数は抵抗の場合と同じで，$3(k_wN_{ph})^2/Z_2=8.18\times10^3$ であるから

$$X_2'=0.163\times10^{-3}\times8.18\times10^3=1.33\ \Omega$$

となり，一次側に換算した一相の全漏れリアクタンス X は

$$X=X_1+X_2'=1.99+1.33=3.32\ \Omega$$

よって最大電流 I_{Pm}' は

$$I_{Pm}'=\frac{E_1}{X}=\frac{200}{3.32}=60.2\ \mathrm{A}$$

となるが，これは相電流であるので，線電流 $I_m'=\sqrt{3}\times64.7=112\ \mathrm{A}$ である．

拘束インピーダンス Z_s は

$$Z_s=\sqrt{R^2+X^2}=\sqrt{2.67^2+3.32^2}=4.26\ \Omega$$

拘束力率 $\cos\varphi_s$ は

$$\cos\varphi_s=\frac{R}{Z_s}=\frac{2.67}{4.26}=0.627$$

である．

4・3・7 励磁電流と鉄損

〔1〕 励磁電流　式（4･11）から

$$I_{0m}=0.593\times1.26\times1.2\times\frac{4\times0.867\times0.4}{0.902\times384}\times10^3=3.59\ \mathrm{A}$$

となるが，これは相電流であるので，線電流 $I_{0m}=\sqrt{3}\times3.59=6.22\ \mathrm{A}$ である．

〔2〕 鉄　損　巻線形電動機の場合と同様にして計算できる．まず固定子鉄心の寸法から，継鉄部分の容積を求めると

$$V_{Fc}=\frac{\pi}{4}\{195^2-(120+2\times19)^2\}\times100=1.03\times10^6\ \mathrm{mm}^2$$

継鉄質量は，厚さ $d=0.50$ mm の鋼帯 50A470 を用いるとして

$$G_{Fc}=0.97\times7.7\times1.03=7.69\ \mathrm{kg}$$

鉄心 1 kg 当たりの鉄損は，式（1･4）と表 1･2 の係数から求める．本例では，$B_c=1.45$ T であるから

$$w_{fc}=1.45^2\times\left\{3.53\times\left(\frac{50}{100}\right)+28.2\times0.5^2\times\left(\frac{50}{100}\right)^2\right\}=7.42\ \mathrm{W/kg}$$

よって継鉄部分の鉄損は

$$W_{Fc}=7.42\times7.69=57.1\ \mathrm{W}$$

歯の部分の容積は，鉄心の寸法から

$$V_{Ft}=\frac{\pi}{4}\{(120+2\times19)^2-120^2\}\times100-36\times\frac{5+8}{2}\times18\times100$$
$$=0.409\times10^6\ \mathrm{mm}^2$$

その質量 G_{Ft} は

$$G_{Ft}=0.97\times7.7\times0.409=3.05\ \mathrm{kg}$$

本例では歯の幅がほぼ一定であるので，歯の幅 Z_m を

$$Z_m=t_a-0.5=\frac{\pi D}{3Pq}-0.5=\frac{\pi\times120}{36}-0.5=5.47\ \mathrm{mm}$$

とみると，歯の磁束密度は式（3･24）から

$$B_{tm}=0.98\times\frac{t_a l_i}{Z_m l}\times B_g=0.98\times\frac{10.5\times100}{5.47\times100}\times0.867=1.63\ \mathrm{T}$$

よって式（1･5）と表 1･2 の係数から

$$w_{ft}=1.63^2\times\left\{5.88\times\left(\frac{50}{100}\right)+49.4\times0.5^2\times\left(\frac{50}{100}\right)^2\right\}=16.0\ \mathrm{W/kg}$$

歯の鉄損は

$$W_{Ft}=16.0\times3.05=48.8\ \mathrm{W}$$

全鉄損は

$$W_F=57.1+48.8=106\ \mathrm{W}$$

となる．

4・3・8　機　械　損

同期速度における周辺速度 v_a は

$$v_a = \pi \times 120 \times \frac{1\,500}{60} \times 10^{-3} = 9.42 \text{ m/s}$$

であるから，機械損は式（1･11）から次のように推定される．

$$W_m = 8 \times 120 \times (100 + 150) \times 9.42^2 \times 10^{-6} = 21 \text{ W}$$

4・3・9　無負荷電流

無負荷損の合計は

$$W_0 = W_F + W_m = 106 + 21 = 127 \text{ W}$$

無負荷損のために流れる有効電流（線電流）は

$$I_{0w} = \frac{W_0}{\sqrt{3}\,V_1} = \frac{127}{\sqrt{3} \times 200} = 0.37 \text{ A}$$

励磁電流 I_{0m}（線電流）は 6.22 A であるから無負荷電流 I_0（線電流）は

$$I_0 = \sqrt{I_{0m}{}^2 + I_{0w}{}^2} = \sqrt{6.22^2 + 0.37^2} = 6.23 \text{ A}$$

無負荷力率は

$$\cos \varphi_0 = \frac{I_{0w}}{I_0} \times 100 = \frac{0.37}{6.23} = 0.059$$

となる．

4・3・10　等価回路と特性

以上の計算結果から，巻線形電動機と同じ手順で特性計算を行う．

無負荷時のインピーダンス Z_0 は

$$Z_0 = \frac{E_1}{I_{P0}} = \frac{200}{6.23/\sqrt{3}} = 55.6 \ \Omega$$

となり，励磁リアクタンス X_m は

$$X_m = \sqrt{Z_0{}^2 - R_1{}^2} - X_1 = \sqrt{55.6^2 - 1.46^2} - 1.99 = 53.6 \ \Omega$$

となる．ここまでの計算で得られた回路定数を使用して特性計算を行う．

$R_1 = 1.46\ \Omega$,　　$R_2' = 1.21\ \Omega$,　　$X_1 = 1.99\ \Omega$,　　$X_2' = 1.33\ \Omega$,

$X_m = 53.6\ \Omega$

最終的な計算結果は

$R = 20.8\ \Omega$,　　$X = 11.9\ \Omega$,　　$Z = 24.0\ \Omega$

$I_{P1} = 8.34$ A,　　$I_1 = 14.5$ A,　　$I_2' = 7.44$ A

$W_{C1} = 305$ W,　　$W_{C2} = 201$ W,　　$W_t = 652$ W

となり，運転特性計算値は

$\eta = 85.0\ \%$,　　$\cos \phi = 86.7\ \%$,　　$s = 4.97\ \%$,　　$n = 1425\ \text{min}^{-1}$,

$$T_m = 319\,\%$$

を得ることができる．

4・3・11　温度上昇

固定子の冷却面積は

$$O_s = \frac{\pi}{4}(D_e{}^2 - D^2) + \pi(D_e + D) \times l$$

$$= \frac{\pi}{4}(195^2 - 120^2) + \pi(195 + 120) \times 100 = 0.118 \times 10^6\ \mathrm{mm}^2$$

O_s に包まれる損失は

$$W_i = W_F + \frac{l_1}{l_a} W_C = 106 + \frac{100}{241} \times 305 = 233\ \mathrm{W}$$

熱伝達率 $\kappa = 30\ \mathrm{W/(m^2 \cdot K)}$ として温度上昇は

$$\theta_s = \frac{233}{30 \times 0.118} = 65.8\ \mathrm{K}$$

である．巻線の温度上昇はこれより 5 K 高いとみて，約 71 K と推定され，耐熱クラス 120（E）の温度上昇限度 75 K 以内である．

4・3・12　主要材料の使用量

〔1〕 **銅　質　量**　固定子巻線の銅質量 G_{c1} は

$$G_{c1} = 8.9 \times 3 \times 1.33 \times 384 \times 241 \times 10^{-6} = 3.3\ \mathrm{kg}$$

となり，実際の使用量は 3.5 kg と見積もる．

〔2〕 **アルミニウムの質量**　導棒部分については

$$G_{ab} = 2.7 \times 35.8 \times 44 \times 100 \times 10^{-6} = 0.43\ \mathrm{kg}$$

エンドリング部については

$$G_{ar} = 2.7 \times 128 \times 2 \times 333 \times 10^{-6} = 0.12\ \mathrm{kg}$$

となるので，合計のアルミニウム質量を 0.6 kg と見積もる．

〔3〕 **鉄　質　量**　スロットおよびギャップ部分を含む鉄心質量は

$$G_F = 0.97 \times 7.7 \times \frac{\pi}{4} \times (195^2 - 38^2) \times 100 \times 10^{-6} = 21.5\ \mathrm{kg}$$

となるので，実際の使用量は 22 kg と見積もる．

4・3・13　設　計　表

表 4・5（p. 114–115）は，以上の計算を一括して示したものである．

表4・4　巻線形三相誘導電動機設計表

巻線形三相誘導電動機　設　計　表

仕様							
用途	ポンプ	機器	誘導電動機	回転子種類	巻線形	規格	JEC-2137-2000
出力	250 kW	極数	8 P	電圧	3 000 V	周波数	50 Hz
同期速度	750 min^{-1}	耐熱クラス	155（F）	保護方式	保護防滴	冷却方式	自力自由通風

基本諸元							
比容量 S/f	80	基準磁気装荷 ϕ_0	3.6×10^{-3} Wb	磁気装荷 ϕ	43.0×10^{-3} Wb	電気装荷 AC	8.87×10^{3}
固定子内径 D	470 mm	極ピッチ τ	185 mm	磁気比装荷 B_g	0.855 T	電気比装荷 ac	48.0 AC/mm

固定子		回転子	
一次相電圧 E_1	1 732 V	二次相電圧 E_2	292 V
一次相電流 $I_{1(初期設定)}$	61.6 A	二次電流 I_2	317 A
毎極毎相スロット数 q_1	3	毎極毎相スロット数 q_2	4
スロット数 Z_1	72	スロット数 Z_2	96
毎相直列導体数 N_{ph1}	384	毎相直列導体数 N_{ph2}	64
コイルピッチ β_1	8/9（=0.889）	コイルピッチ β_2	12/12（=1.00）
短節係数 k_{p1}	0.985	短節係数 k_{p2}	1.000
分布係数 k_{d1}	0.960	分布係数 k_{d2}	0.958
電流密度 Δ_1	6.3 A/mm^2	電流密度 Δ_2	5.7 A/mm^2
導体幅	3.5 mm	導体幅	4.0 mm
導体高さ	1.4 mm	導体高さ	14.0 mm
導体持ち数	2	導体持ち数	1

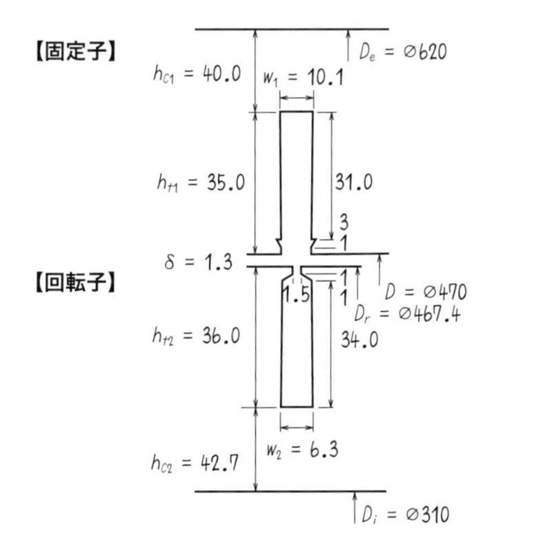

導体断面積 q_{a1}	9.8	mm²	導体断面積 q_{a2}	56.0	mm²
導体並び数	2		導体並び数	1	
結線	Y		結線	Y	
継鉄磁束密度 B_{c1}	1.46	T	継鉄磁束密度 B_{c2}	1.36	T
歯部磁束密度 B_{tm1}	1.69	T			

回路定数					
抵抗 R_1	0.719	Ω	抵抗値換算温度	115	℃
抵抗 R_2'（一次換算）	0.737	Ω	抵抗 R_2	0.0210	Ω
漏れリアクタンス X_1	2.72	Ω			
X_2'（一次換算）	3.00	Ω	漏れリアクタンス X_2	0.0855	Ω
励磁リアクタンス X_m	71.6	Ω	励磁電流 I_{0m}	23.3	A

損　失		運転特性		
鉄損 W_F	3.02×10^3 W	効率 η	92.8	%
機械損 W_m	0.77×10^3 W	力率 $\cos\varphi$	85.2	%
一次銅損 W_{C1}	8.03×10^3 W	すべり s	2.48	%
二次銅損 W_{C2}	6.42×10^3 W	回転速度 n	731	min⁻¹
漂遊負荷損 W_s	1.25×10^3 W	一次線電流 I_1	61.0	A
全損失 W_T	19.5×10^3 W	最大トルク T_m	278	%

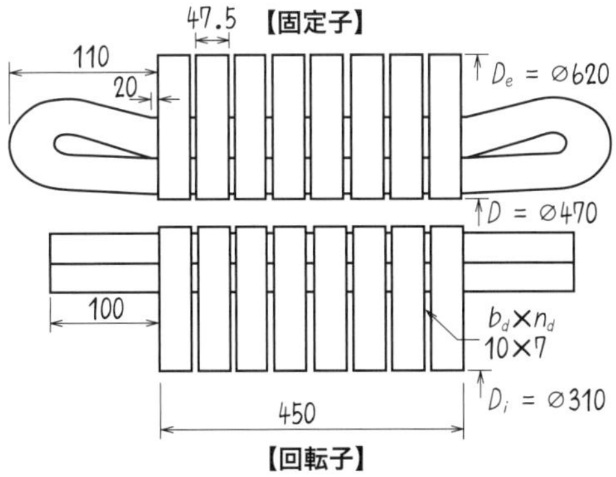

47.5　【固定子】
110
20
$D_e = \varnothing 620$
$D = \varnothing 470$
100
$b_d \times n_d$
10×7
$D_i = \varnothing 310$
450
【回転子】

日付：　　　年　　月　　日	設計番号：	設計者：

表4・5　かご形三相誘導電動機設計表

かご形三相誘導電動機　設　計　表

仕様											
用途	汎用		機器	誘導電動機		回転子種類	かご形		規格	JEC-2137-2000	
出力	3.7	kW	極数	4	P	電圧	200	V	周波数	50	Hz
同期速度	1 500	min^{-1}	耐熱クラス	120（E）		保護方式	保護防滴		冷却方式	自力自由通風	

基本諸元											
比容量 S/f	2.56		基準磁気装荷 ϕ_0	3.06×10^{-3}	Wb	磁気装荷 ϕ	5.2×10^{-3}	Wb	電気装荷 AC	2.46×10^{3}	
固定子内径 D	120	mm	極ピッチ τ	94.2	mm	磁気比装荷 B_g	0.867	T	電気比装荷 ac	26.1	AC/mm

固定子			回転子		
一次相電圧 E_1	200	V			
一次相電流 $I_{P1(初期設定)}$	8.53	A	バー電流 I_b	162	A
毎極毎相スロット数 q_1	3		リング電流 I_r	567	A
スロット数 Z_1	36		スロット数 Z_2	44	
毎相直列導体数 N_{ph1}	384				
コイルピッチ β_1	7/9（=0.778）				
短節係数 k_{p1}	0.940				
分布係数 k_{d1}	0.960				
電流密度 $\varDelta_1$	6.4	A/mm^2	バー電流密度 $\varDelta_b$	4.5	A/mm^2
導体幅	⌀1.3	mm	リング電流密度 $\varDelta_r$	4.4	A/mm^2
導体高さ		mm			
導体持ち数	1				

【固定子】

D_e = ⌀195

h_{c1} = 18.5　w_{11} = 8.0

h_{t1} = 19.0　w_{12} = 5.0　18.0　0.3　3.0　0.7

δ = 0.4

D = ⌀120

【回転子】

0.7　1.0　0.3　D_r = ⌀119.2

h_{t2} = 13.0　w_{21} = 3.7　12.0

h_{c2} = 27.6　w_{22} = 2.0

D_i = ⌀38

導体断面積 q_{a1}	1.33	mm²	バー断面積 q_b	35.8	mm²
導体並び数			リング断面積 q_r	128	mm²
結線	Δ				
継鉄磁束密度 B_{c1}	1.45	T	継鉄磁束密度 B_{c2}	0.971	T
歯部磁束密度 B_{tm1}	1.63	T			

回路定数					
抵抗 R_1	1.46	Ω	抵抗値換算温度	75	℃
抵抗 R_2'（一次換算）	1.21	Ω	抵抗 R_2	0.148×10^{-3}	Ω
漏れリアクタンス X_1	1.99	Ω			
X_2'（一次換算）	1.33	Ω	漏れリアクタンス X_2	0.163×10^{-3}	Ω
励磁リアクタンス X_m	53.6	Ω	励磁電流 I_{0m}	6.22	A

損　失			運転特性		
鉄損 W_F	106	W	効率 η	85.0	%
機械損 W_m	21	W	力率 $\cos\varphi$	86.7	%
一次銅損 W_{C1}	305	W	すべり s	4.97	%
二次銅損 W_{C2}	201	W	回転速度 n	1 425	min⁻¹
漂遊負荷損 W_s	18.5	W	一次電流 I_1	14.5	A
全損失 W_T	652	W	最大トルク T_m	319	%

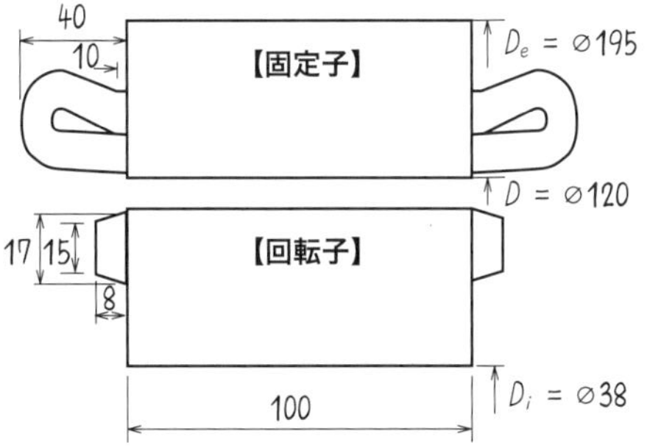

【固定子】
【回転子】
D_e = ∅195
D = ∅120
D_i = ∅38
40
10
17
15
8
100

日付：　　年　月　日	設計番号：	設計者：

第5章　永久磁石同期電動機（PMモータ）の設計

界磁に永久磁石を用いた同期電動機（以下，PMモータ）が最近広く利用されるようになった．これは，希土類磁石の出現により磁石の特性が格段に向上し，磁気装荷を同期機や誘導機と同等以上にとることが可能になったことによる．PMモータの設計も前章までと同様に進めることができるが，永久磁石（以下，磁石）による磁束発生状況の把握，温度による磁気特性の変化，減磁の防止などが重要となる．また，インバータによる可変速運転が前提となり，制御方式も考慮した設計が必要となる．

5・1　PMモータの概要

PMモータは回転子への磁石の取り付け方によって分類され，磁石が回転子表面に配置されているものを表面磁石形（SPM : surface permanent magnet），磁石が回転子の鉄心内部に埋め込まれているものを埋込磁石形（IPM : interior permanent magnet）という．

図5・1に4極機としての代表的な回転子構造を示す．PMモータではこれらの回転子構造により特性が特徴づけられるので，用途に適した構造を採用することが重要となる．一般に，SPMモータはサーボモータや低速で大トルクを必要と

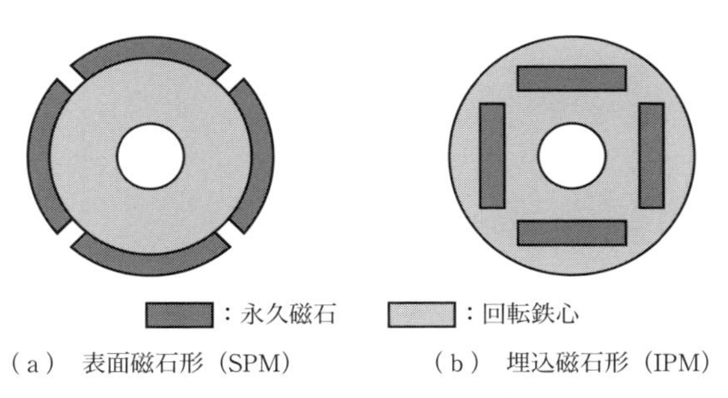

図5・1　PMモータの回転子構造

する用途に，IPM モータは高速回転や広範囲の定出力運転を必要とする用途に適用される場合が多い．

巻線界磁形同期機は界磁に直流電流を流して必要な磁束を作るので，界磁巻線に銅損が生じる．誘導機では磁束発生に励磁電流が必要となるとともに二次電流による銅損も発生する．PM モータは界磁に磁石を使用しているため，これらの銅損を発生することがなく，小形で高効率の回転機とすることができる．

5・1・1　PM モータの構造

図 5･2 は代表的な SPM モータの断面図である．電機子（固定子）は前述の同期機や誘導機と同様に継鉄部とスロット部をもち，スロット部には三相巻線が装着される．回転子は軸の周りに継鉄部（設計によっては軸が継鉄部を兼ねることもある）があり，継鉄部表面には磁石が N 極，S 極と交互に配置される．一般に磁石は接着材を用いて継鉄部に貼りつけられ，その表面にレジンバインドを巻き付けるなどして磁石を保護する対策が取られる．

図 5･2 中の破線は磁路を示しており，N 極磁石から出た磁束はギャップ，スロット部，電機子鉄心継鉄部，スロット部，ギャップを通り S 極磁石へ入る．回転子鉄心継鉄部では，S 極側から N 極側へ磁束が通り磁気的閉回路が形成される．トルクは，ギャップを横切る磁束とスロット内の電流との相互作用によって発生する．

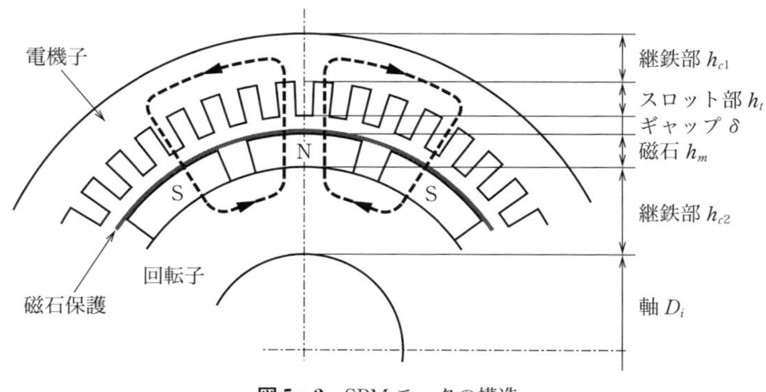

図 5・2　SPM モータの構造

5・1・2　希土類磁石の特性

表 5･1 に希土類磁石の特性例を示す．ネオジム磁石（ネオジム・鉄・ボロン磁石）は，磁気特性は高いが温度の影響を受けやすい特徴がある．希土類・コバル

ト磁石は，磁気特性はネオジム磁石に劣るものの，温度特性に優れた特徴をもつ．実際の設計にあたっては，これらの特徴を考慮して磁石の仕様を決定することになる．また，磁石の特性も日々進歩しており，磁石メーカのカタログなどにより最新の情報を得ることもできる．

表 5・1 希土類磁石の特性例（JIS C 2502 : 1998 より）

<table>
<tr><th rowspan="2">種　類</th><th rowspan="2">コード番号</th><th>最大エネルギー積 $(BH)_{max}$ 〔kJ/m^3〕</th><th>残留磁束密度 B_r 〔mT〕</th><th>保磁力 H_{cb} 〔kA/m〕</th><th>固有保磁力 H_{cj} 〔kA/m〕</th><th>リコイル透磁率 μ_r</th><th>B_rの温度係数〔%/K〕</th><th>H_{cj}の温度係数〔%/K〕</th><th>最高使用温度〔K〕</th><th>密度 (×10^3)〔kg/m^3〕</th></tr>
<tr><th colspan="4">公称値</th><th colspan="5">代表値</th></tr>
<tr><td rowspan="7">ネオジム・鉄・ボロン磁石</td><td>R5-1-1</td><td>186</td><td>1 030</td><td>730</td><td>2 060</td><td rowspan="7">1.05</td><td rowspan="7">−0.10 〜 −0.12</td><td rowspan="7">−0.45 〜 −0.60</td><td rowspan="7">動作点および保磁力によって決まる</td><td rowspan="7">7.5</td></tr>
<tr><td>R5-1-9</td><td>226</td><td>1 110</td><td>760</td><td>2 560</td></tr>
<tr><td>R5-1-10</td><td>256</td><td>1 210</td><td>840</td><td>2 160</td></tr>
<tr><td>R5-1-14</td><td>276</td><td>1 260</td><td>840</td><td>2 160</td></tr>
<tr><td>R5-1-7</td><td>296</td><td>1 290</td><td>900</td><td>1 360</td></tr>
<tr><td>R5-1-11</td><td>326</td><td>1 350</td><td>900</td><td>1 460</td></tr>
<tr><td>R5-1-16</td><td>376</td><td>1 400</td><td>800</td><td>1 060</td></tr>
<tr><td rowspan="7">希土類・コバルト磁石</td><td>R4-1-1</td><td>156</td><td>860</td><td>600</td><td>1 360</td><td rowspan="3">1.05</td><td rowspan="3">−0.04</td><td rowspan="3">−0.3</td><td rowspan="3">523</td><td rowspan="3">8.3</td></tr>
<tr><td>R4-1-2</td><td>176</td><td>920</td><td>660</td><td>1 360</td></tr>
<tr><td>R4-1-4</td><td>186</td><td>930</td><td>600</td><td>860</td></tr>
<tr><td>R4-1-11</td><td>176</td><td>940</td><td>600</td><td>860</td><td rowspan="4">1.1</td><td rowspan="4">−0.03</td><td rowspan="4">−0.25</td><td rowspan="4">623</td><td rowspan="4">8.4</td></tr>
<tr><td>R4-1-15</td><td>196</td><td>1 000</td><td>660</td><td>1 660</td></tr>
<tr><td>R4-1-16</td><td>216</td><td>1 050</td><td>700</td><td>1 660</td></tr>
<tr><td>R4-1-14</td><td>236</td><td>1 100</td><td>600</td><td>860</td></tr>
</table>

5・1・3 PM モータの制御方式

PM モータの場合も電機子巻線に三相電流を流して回転磁界を形成するが，安定した高効率運転のためには，回転子の磁極位置と電機子電流の位相をある関係に保つ必要がある．このため，回転子磁極位置検出センサを備え，インバータにより電機子電流の位相を制御する方式が採られる．また，このセンサを省略して制御するセンサレス方式も実用化されている．

図 5・3 は SPM モータの速度制御を実現するためのシステム構成図である．まず，速度指令 ω^* と検出速度 ω との偏差を速度制御部で誤差増幅して電流指令 i^* を作成する．電流制御部では，電流指令 i^* と各相の検出電流および回転子の

磁極位置角 θ より，所望の電流値および電流位相となるようなインバータへの電圧指令値を演算する．この電圧指令値によりインバータを通し，PMモータを駆動する．一般にSPMモータの場合，各相の電流位相は磁石磁束により各相巻線に誘導される無負荷誘起電圧 E_0 と同位相となるように制御される．

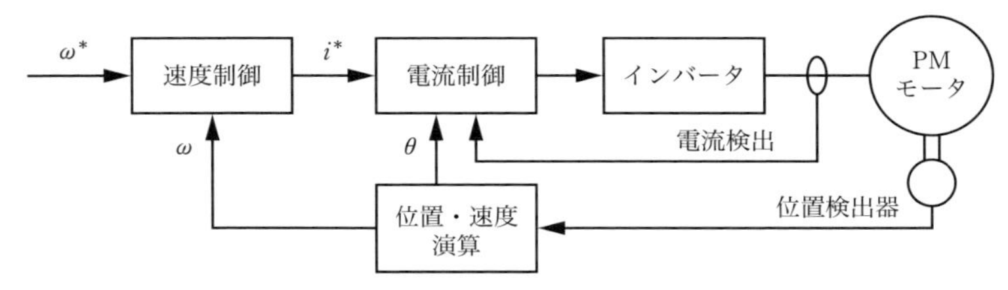

図5・3 SPMモータの駆動システム

5・1・4 PMモータの特性

前項の制御が行われている場合，SPMモータの等価回路は**図5•4**となり，電流および電圧のベクトル図は**図5•5**となる．ここに，V：線間電圧，I：電流，R：巻線抵抗，X：同期リアクタンスである．

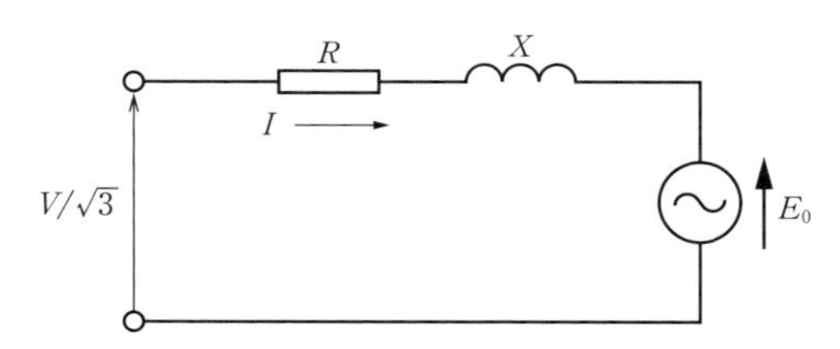

図5・4 SPMモータの等価回路（一相分）

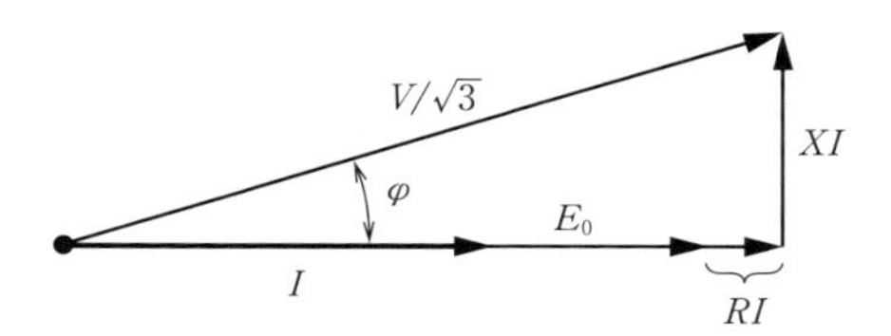

図5・5 SPMモータの電流・電圧ベクトル図

これより，SPMモータへの入力は

$$入力=\sqrt{3}\cdot V\cdot I\cdot\cos\varphi\times10^{-3}\quad〔\mathrm{kW}〕\tag{5・1}$$

となる．ここに，$\cos\varphi$ は力率であり

$$\cos\varphi=\frac{E_0+R\cdot I}{V/\sqrt{3}}=\frac{E_0+R\cdot I}{\sqrt{(E_0+R\cdot I)^2+(X\cdot I)^2}}\times 100 \quad [\%] \qquad (5\cdot 2)$$

となる．無負荷誘起電圧 E_0 に比較して同期リアクタンス降下は小さいので，本制御での SPM モータの力率は高くなるのが一般的である．

また，線間電圧 V は

$$V=\sqrt{3}\times\sqrt{(E_0+R\cdot I)^2+(X\cdot I)^2} \quad [\mathrm{V}] \qquad (5\cdot 3)$$

となり，この値はインバータの出力可能な電圧以下とする必要がある．

電力から動力に変換される出力は，鉄損，機械損を無視すると，入力から電機子巻線の銅損を差し引いたものであるので，式（5･1）および式（5･2）より

$$出力=(\sqrt{3}\cdot V\cdot I\cdot\cos\varphi-3R\cdot I^2)\times 10^{-3}=3E_0\cdot I\times 10^{-3} \quad [\mathrm{kW}] \qquad (5\cdot 4)$$

として計算できる．

5・2 PM モータの設計例

ここでは，PM モータの基礎的な設計法として，ネオジム磁石を用いた SPM モータの設計例について述べる．

仕　様

出力　15 kW　　極数　6　　電圧　360 V　　周波数　75 Hz

同期速度　1 500 min^{-1}　　連続定格　　耐熱クラス　130（B）

SPM モータ　　全閉防沫外被表面冷却他力形　　規格　JEC-2100-2008

5・2・1 装荷の分配

前章の誘導電動機と同様に，仕様書に示される容量は機械的出力の kW 数であるので，巻線の kVA 容量を推定する必要がある．SPM モータではインバータによる可変周波数運転が前提となり，極数の選定に自由度があるが，定格回転速度を 1 500 min^{-1} とした場合の出力に対する効率は，おおむね**図 5･6** に示すような値となる．また，図 5･3 における制御により力率も 95 % 以上に高めることができる．

これより，15 kW-1 500 min^{-1} の値として，効率および力率をそれぞれ η＝94 % および $\cos\varphi$＝97 % と予想すると

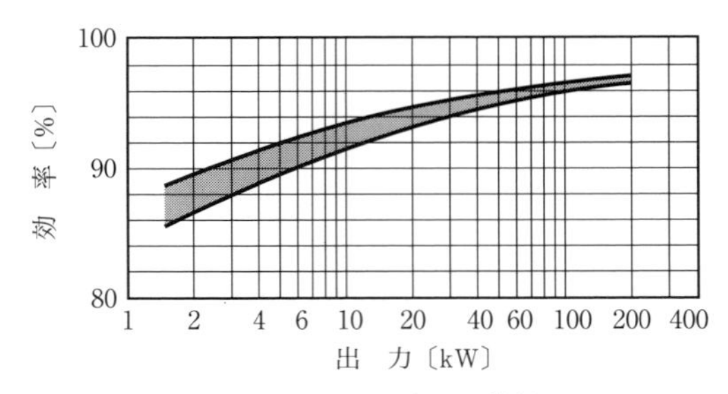

図5・6　SPMモータの効率

$$入力\,\mathrm{kVA}=\frac{15}{0.94\times0.97}=16.5\,\mathrm{kVA}$$

電機子巻線をY結線（星形結線）にするものとして

$$定格電流\qquad I=\frac{15\times10^3}{\sqrt{3}\times360\times0.94\times0.97}=26.4\,\mathrm{A}$$

$$毎極の容量\qquad S=\frac{入力\,\mathrm{kVA}}{P}=\frac{16.5}{6}=2.75\,\mathrm{kVA}$$

$$比容量\qquad \frac{S}{f\times10^{-2}}=\frac{2.75}{0.75}=3.67$$

表2･5より，同期機として$\gamma=1.5$とすると，式（2･56）からχは

$$\chi=\frac{\phi}{\phi_0}=\left(\frac{S}{f\times10^{-2}}\right)^{\gamma/(1+\gamma)}=3.67^{1.5/(1+1.5)}=2.18$$

同じく表2･5より基準磁気装荷を$\phi_0=3.3\times10^{-3}$にとると，磁気装荷ϕは次式となる．

$$\phi=\chi\phi_0=2.18\times3.3\times10^{-3}=7.19\times10^{-3}\,\mathrm{Wb}$$

PMモータでは界磁磁石による磁束によって特性が決定されるので，以下の検討では巻線起電力として無負荷誘起電圧E_0を用いる．図5･5より，抵抗降下を5％と仮定すると無負荷誘起電圧E_0は

$$E_0=(V/\sqrt{3})\times(\cos\varphi-0.05)=(360/\sqrt{3})\times(0.97-0.05)=191.2\,\mathrm{V}$$

と推定でき，Y結線を使用すると，1相の直列導体数N_{ph}は

$$N_{ph}=\frac{191.2}{2.1\times7.19\times10^{-3}\times75}=168.8\,本$$

となる．巻線を二層巻とし，毎極毎相のスロット数を$q=2$に選ぶと，一相のス

ロット数は $Pq=6\times2=12$，全スロット数は $3Pq=36$ となる．1 スロット当たりの直列導体数は

$$\frac{N_{ph}}{Pq}=\frac{168.8}{12}=14.1\text{ 本}$$

となるので，これに近い偶数として 14 を選ぶと $N_{ph}=14\times12=168$ となる．

無負荷誘起電圧 E_0 に含まれる高調波成分を低減するため，コイルピッチを 1 スロット分短節にして，第 1 スロットから第 6 スロットにとると，$\beta=5/6=0.833$ となり，式（3・3）から短節係数 $k_p=0.966$ となる．また分布係数は表 2・1 から $q=2$ の場合を求めると，$k_d=0.966$ であるから，巻線係数は $k_w=0.966\times0.966=0.933$ となる．

この係数を用いて，式（3・4）から ϕ を計算すると

$$\phi=\frac{191.2}{2.22\times0.933\times168\times75}=7.33\times10^{-3}\text{ Wb}$$

また，電気装荷 AC は次のようになる．

$$AC=\frac{3N_{ph}I}{P}=\frac{3\times168\times26.4}{6}=2.22\times10^3$$

5・2・2　比装荷と主要寸法

低圧の PM モータでは，励磁損失がなく損失低減が見込めるため，表 3・2 の小形低圧機の値から各比装荷を高めにとることができる．ここで，$ac=30$，$B_g=0.8$ に選ぶと

$$\text{極ピッチ}\qquad \tau=\frac{AC}{ac}=\frac{2.22\times10^3}{30}=74.0\text{ mm}$$

$$\text{電機子内径}\qquad D=\frac{P\tau}{\pi}=\frac{6\times74.0}{\pi}=141.3\text{ mm}$$

となるから $D=140$ mm に選ぶと $\tau=73.3$ mm，$ac=30.3$ に修正される．

また，電機子周辺に沿うギャップの磁束分布は同期発電機と同様に**図 5・7** となる．SPM モータでは，b_i と τ との比である $\alpha_i=b_i/\tau$ は磁石幅のとり方により，巻線界磁形より大きくとることができる．ここで，$\alpha_i=0.75$ とすると式（3・8）より

$$\text{毎極の有効面積}\qquad (\tau l_i)=\frac{\phi}{\alpha_i B_g}\times10^6=\frac{7.33\times10^{-3}}{0.75\times0.80}\times10^6$$

$$=12.2\times10^3\text{ mm}^2$$

鉄心の有効積み厚　　$l_i=\dfrac{(\tau l_i)}{\tau}=\dfrac{12.2\times10^3}{73.3}=166.4\,\mathrm{mm}$

よって $l_i=165\,\mathrm{mm}$ とすると，$B_g=0.807\,\mathrm{T}$ となる．この程度の l_i の場合はダクトを設けないので，$l_1\cong l\cong l_i=165\,\mathrm{mm}$ となる．

また，極弧の有効幅は $b_i=\alpha_i\tau=0.75\times73.3=55.0\,\mathrm{mm}$ となる．磁石の極弧幅 b_m はこれより5％程度小さいとみて $b_m=52.2\,\mathrm{mm}$ とする．

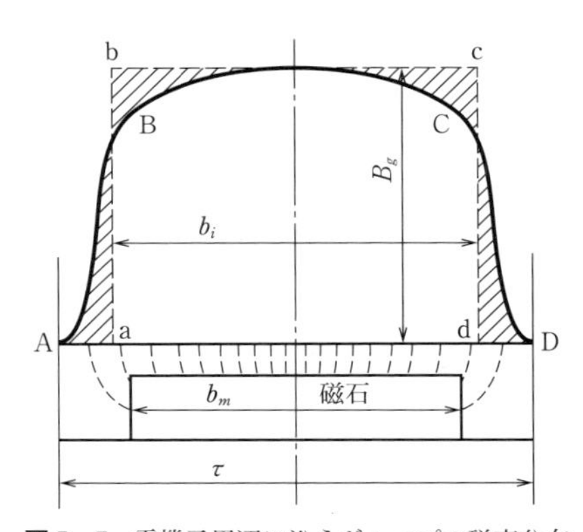

図5・7　電機子周辺に沿うギャップの磁束分布

5・2・3　スロット寸法と鉄心外径

このクラスのSPMモータでは，電機子巻線の電流密度は $\Delta=5\sim6.5\,\mathrm{A/mm^2}$ に選ばれる．ここでは $\Delta=5.7\,\mathrm{A/mm^2}$ とすると銅線の断面積 q_a は

$$q_a=\frac{I}{\Delta}=\frac{26.4}{5.7}=4.63\,\mathrm{mm^2}$$

を必要とする．よってコイルを6本持ち（6本の電線を同時に持ってコイル状に巻くこと）にすると，1本の銅線断面積は $4.63/6=0.772\,\mathrm{mm^2}$ でよいから，直径1.0 mmのエナメル銅線（丸線）を用いるとすれば，その断面積は $\pi\times1.0^2/4=0.785\,\mathrm{mm^2}$，6本では $6\times0.785=4.71\,\mathrm{mm^2}$ となり，電流密度 Δ は次のようになる．

$$\Delta=26.4/4.71=5.61\,\mathrm{A/mm^2}$$

また，1本の銅線の被覆を含めた外径は1.1 mmである．スロット絶縁にノーメックス加工紙を用いるとすれば，スロット内の銅線の占積率（＝銅線総断面積/スロット断面積）を 40〜50 % にとることができる．

スロット内銅線総断面積は被覆も含めて $14\times6\times(\pi/4)\times1.1^2=79.8\ \mathrm{mm}^2$ であるから，占積率を 50 % と推定するとスロットの断面積は $79.8/0.5=160\ \mathrm{mm}^2$ 程度を必要とする．そこで**図 5•8** のようなスロット寸法とすれば，スロット断面積は $1/2\times(9+5)\times23=161\ \mathrm{mm}^2$，占積率は $(79.8/161)\times100=49.6$ % となり，スロット内に銅線を収めることができる．

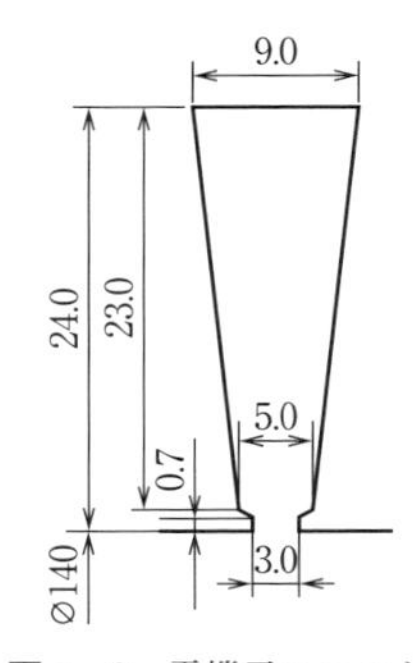

図 5・8　電機子スロット

継鉄部分の磁束密度を $B_{c1}=1.4$ T にとると

$$(h_{c1}\,l)=\frac{7.33\times10^{-3}}{2\times0.97\times1.4}\times10^6=2.70\times10^3\ \mathrm{mm}^2$$

$l=165$ mm であるから $h_{c1}=16.4$ mm となり，電機子鉄心外径 D_e は

$$D_e=D+2(h_t+h_{c1})=140+2\times(24+16.4)=221\ \mathrm{mm}$$

よって $D_e=220$ mm とすると $h_{c1}=16$ mm，$B_{c1}=1.435$ T となる．

5・2・4　磁気回路の設計

磁気回路の基礎計算式は，電気回路におけるオームの法則と同様に取り扱うことができる．すなわち，磁石から発生する全磁束を ϕ_t，磁気回路全体の起磁力を F_t，磁気抵抗の逆数であるパーミアンスを P_t とすると

$$\phi_t=F_t\times P_t \tag{5・5}$$

となる．

F_t は使用される磁石によって与えられ，その値は**図 5•9** に示す磁石の B–H 曲線上の動作点における磁界強度 H_d〔A/m〕と磁石の厚さ h_m〔mm〕から $F_t=H_d h_m\times10^{-3}$〔A〕となる．同様に ϕ_t は磁石動作点の磁束密度 B_d〔T〕と磁石の面積 $(b_m l)$〔mm²〕から $\phi_t=B_d b_m l\times10^{-6}$〔Wb〕となる．

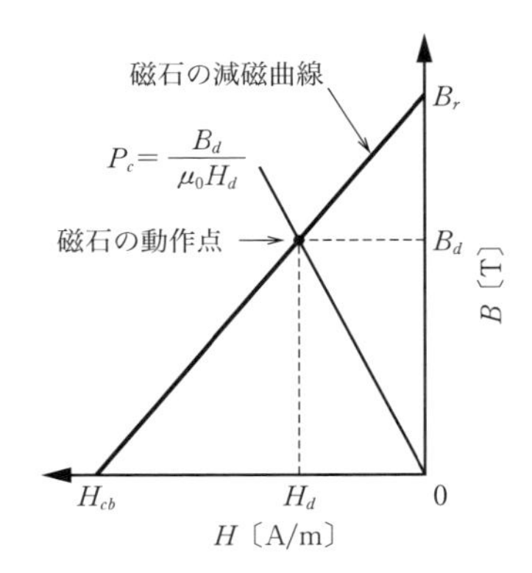

図 5・9　磁石の減磁曲線

これらを式 (5•5) に代入すると以下となる．

$$B_d b_m l\times10^{-3}=H_d h_m P_t \tag{5・6}$$

また，磁気回路全体のパーミアンス P_t は，

ギャップ部のパーミアンス P_g と漏れ磁束に関係するパーミアンス P_l の和 $P_t=P_g+P_l$ で表される．ここで，ギャップ部の面積（$b_i l$）〔mm²〕，ギャップ長 δ〔mm〕，K_c をカーター係数とすれば

$$P_g=\frac{\mu_0 b_i l}{K_c \delta}\times 10^{-3} \tag{5・7}$$

と表される．漏れ磁束によるパーミアンスは極間漏れ，回転子端部での漏れなどが考えられるが，ギャップ部のパーミアンスに比較して小さいので

$$\frac{P_t}{P_g}=\frac{P_g+P_l}{P_g}=\left(1+\frac{P_l}{P_g}\right)=1+\sigma_m \tag{5・8}$$

として磁極の漏れ係数 σ_m を用いる．一般に，$\sigma_m=0.05\sim0.15$ 程度である．一方，$(1+\sigma_m)$ は，磁石から発生する全磁束 ϕ_t と磁石によるギャップ部磁束 ϕ_g との比に等しいため，ギャップ部磁束密度 B_g を用いると次の関係となる．

$$(1+\sigma_m)=\frac{\phi_t}{\phi_g}=\frac{B_d b_m l}{B_g b_i l} \tag{5・9}$$

これより

$$B_d=\frac{(1+\sigma_m)B_g b_i}{b_m} \tag{5・10}$$

式（5･6），（5･8）および（5･10）より

$$H_d=\frac{B_d b_m l}{h_m P_t\times 10^3}=\frac{(1+\sigma_m)B_g b_i l}{b_m l}\times\frac{b_m l}{h_m(1+\sigma_m)P_g\times 10^3}$$

$$=\frac{B_g b_i l}{h_m}\times\frac{K_c\delta\times 10^3}{\mu_0 b_i l\times 10^3}=\frac{B_g K_c \delta}{\mu_0 h_m} \tag{5・11}$$

したがって，式（5･10）および（5･11）より，パーミアンス係数 P_c は次式となる．

$$P_c=\frac{B_d}{\mu_0 H_d}=\frac{(1+\sigma_m)B_g b_i l}{\mu_0 b_m l}\times\frac{\mu_0 h_m}{B_g K_c \delta}=\frac{(1+\sigma_m)b_i h_m}{b_m K_c \delta} \tag{5・12}$$

一方，磁石の比透磁率を μ_r とすると，磁石の B–H 曲線より

$$B=-\mu_r\mu_0 H+B_r \tag{5・13}$$

の関係があるので，$B=B_d$，$H=H_d$ として式（5･13）に式（5･10）および（5･11）を代入して整理すると

$$\frac{(1+\sigma_m)B_g b_i}{b_m}=-\mu_r\mu_0\frac{B_g K_c \delta}{\mu_0 h_m}+B_r$$

より

$$B_g = \frac{b_m h_m}{(1+\sigma_m) b_i h_m + \mu_r b_m K_c \delta} \times B_r$$

$$= \frac{h_m}{(1+\sigma_m)(b_i/b_m) h_m + \mu_r K_c \delta} \times B_r \qquad (5 \cdot 14)$$

これより，必要なギャップ磁束密度B_gを得るための磁石厚h_mは

$$h_m = \frac{\mu_r K_c \delta B_g}{B_r - B_g (1+\sigma_m)(b_i/b_m)} \qquad (5 \cdot 15)$$

として計算できる．

5・2・5　ギャップ長と磁石寸法

PMモータでは，基本的な磁気装荷は磁石により与えられ，その量は前述のように磁石の特性，ギャップ長および磁石厚で決まる．磁気装荷を高めるためにはギャップ長を短くすることになるが，組立性，磁石飛散防止のためのテーピングの厚さなど，製作上の都合も考慮して決定される．本例のような数十kWクラスの低圧モータでは，磁気的なギャップδを1～2 mm程度に選ぶのが一般的である．ここでは，レジンバインドによるテーピングの厚さも含め，ギャップ長をδ=1.5 mmにとると，式（5･15）より磁石厚h_mを計算することができる．

本例では，5･2･2項の検討により，極弧の有効幅b_i=55.0 mm，磁石の極弧幅b_m=52.2 mmとしている．また，カーター係数K_cは，**図5･10**にて磁石外径と電機子内径とのギャップ長δに着目して，$t_a = \pi D/3Pq = \pi \times 140/36 = 12.22$ mm，b_s=3 mmであるから

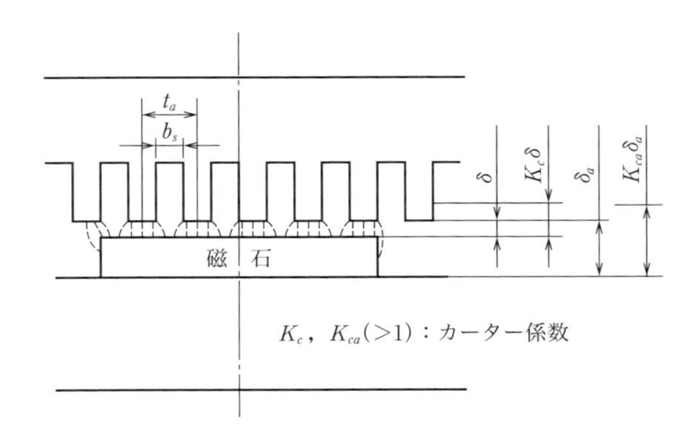

注）磁石磁束に対してはK_c，電機子反作用磁束に対してはK_{ca}をとる．

図5・10　カーター係数

$$K_c=\frac{12.22}{12.22-1.5\times\dfrac{(3/1.5)^2}{5+3/1.5}}=1.075$$

ここで，表5･1よりR5-1-14の磁石を採用すると，$B_r=1.26$ T，$\mu_r=1.05$，$H_{cj}=2\,160$ kA/mとなる．このB_r値は常温（20℃）における値であり，ネオジム磁石のB_rは温度により変化する．この温度係数を-0.1 %/Kとみて，実運転時の磁石温度に合わせた検討をする必要がある．ここでは耐熱クラス130（B）の特性算定温度に合わせ，磁石の温度を95℃とすると，設計に用いる残留磁束密度B_rは

$$B_{r(95℃)}=\left(1-0.1\times\frac{95-20}{100}\right)\times1.26=0.925\times1.26=1.166\ \mathrm{T}$$

となる．また，漏れ係数を$\sigma_m=0.096$とし，これらの値を式（5･15）に代入すると磁石厚h_mは

$$h_m=\frac{1.05\times1.075\times1.5\times0.807}{1.166-0.807\times(1+0.096)\times(55.0/52.2)}=5.84\ \mathrm{mm}$$

となるので$h_m=5.8$ mmに決める．

電機子内径D，鉄心長lはすでに決定しているので，磁石の寸法は以下のように求めることができ，**図5･11**となる．

磁石外径	$D-2\times\delta=140-2\times1.5=137$ mm
磁石内径	$D-2\times(\delta+h_m)=140-2\times(1.5+5.8)=125.4$ mm
磁石極弧の中心角	$\alpha_i\times360/P=0.75\times360/6=45°$
磁石極弧幅	$b_m=137\times\sin(45°/2)=52.4$ mm
磁石の軸方向長さ	1極当たり4個の磁石を用いると，$l/4=165/4=41.2$ mm

このとき磁気比装荷B_gおよび磁気装荷ϕは

$$B_g=\frac{5.8}{(1+0.096)(55.0/52.2)\times5.8+1.05\times1.075\times1.5}\times1.166=0.806\ \mathrm{T}$$

$$\phi=B_g b_i l=0.806\times55.0\times165\times10^{-6}=7.31\times10^{-3}\ \mathrm{Wb}$$

と修正され，無負荷誘起電圧E_0は式（3･4）より

$$E_0=2.22\times0.933\times168\times75\times0.731\times10^{-2}=190.8\ \mathrm{V}$$

となる．

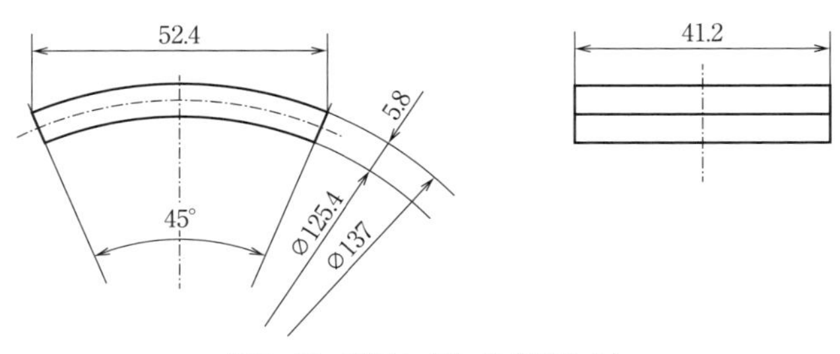

図5・11 磁石の寸法（1個当たり）

5・2・6 回転子鉄心

小形機では回転子鉄心の内径 D_i は軸の外径に合わせる．ここでは $D_i=60$ mm とすると，継鉄部の高さ h_{c2} は

$$h_{c2}=\frac{D-D_i}{2}-(\delta+h_m)=\frac{140-60}{2}-(1.5+5.8)=32.7\ \text{mm}$$

となって，磁束密度 B_{c2} は

$$B_{c2}=\frac{0.731\times10^{-2}}{2\times0.97\times32.7\times165}\times10^6=0.698\ \text{T}$$

となるので飽和するおそれはない．

5・2・7 巻線抵抗と同期リアクタンス

〔1〕 抵　　抗　電機子巻線1本の長さ l_a は，小形機ではコイルエンドの長さが極ピッチ τ の1.5倍程度とみて

$$l_a=l+1.5\tau=165+1.5\times73.3=275\ \text{mm}$$

であるから，一相の抵抗は，耐熱クラス130（B）の特性算定温度95℃に換算して

$$R=\rho_{95}\times\frac{N_{ph}\,l_a\times10^{-3}}{q_a\times\text{持ち数}}$$

$$=0.0223\times\frac{168\times275\times10^{-3}}{0.785\times6}=0.219\ \Omega$$

となる．

〔2〕 漏れリアクタンス　電機子巻線については，3・2・9項の場合と同じようにして計算できる．まずスロット漏れについては，すでに決定されている図5・8のスロット寸法から，式（3・31）によって

$$\lambda_s=\frac{20}{3\times5}+\frac{2}{5}+\frac{2\times0.3}{5+3}+\frac{0.7}{3}=1.333+0.4+0.075+0.233=2.04$$

$$\Lambda_s=\frac{165}{2}\times2.04=168.3$$

コイル端漏れに対しては $h=10$，$m=35$ とし，$k_p=0.966$ であるから，式（3･32）によって

$$\Lambda_e=1.13\times0.966^2\times(10+0.5\times35)=29.0$$

以上の計算に基づいて，巻線一相の漏れリアクタンス X_l は式（3･28）により

$$X_l=7.9\times75\times\frac{168^2}{6}\times(168.3+29.0)\times10^{-9}=0.550\ \Omega$$

となる．

〔3〕 **電機子反作用リアクタンス**　　電機子電流 I によるアンペア回数 AT は，式（4･1）～（4･3）を参照して

$$AT=\frac{\sqrt{2}}{\pi}\times\frac{3k_wN_{ph}I}{P}=\frac{1}{4\pi\times10^{-7}}\times K_{ca}K_sB_a\delta_a\times10^{-3} \tag{5・16}$$

である．ここで $\delta_a=\delta+h_m$ であり，磁石の厚みもギャップとみなす．カーター係数 K_{ca} は δ_a に対するもの（図5･10参照）であり，B_a は電機子反作用により発生する磁束密度，K_s は飽和係数である．これより

$$B_a=\frac{4\sqrt{2}\times3k_wN_{ph}I}{P}\times\frac{1}{K_{ca}K_s\delta_a}\times10^{-4}$$

電機子反作用磁束 ϕ_a は

$$\phi_a=\frac{2}{\pi}\tau lB_a\times10^{-6}=\frac{2}{\pi}\times\frac{\pi Dl}{P}\times\frac{4\sqrt{2}\times3k_wN_{ph}I}{P}\times\frac{1}{K_{ca}K_s\delta_a}\times10^{-10}$$

$$=2\sqrt{2}\times3\times\frac{k_wN_{ph}}{p^2}\times I\times\frac{Dl}{K_{ca}K_s\delta_a}\times10^{-10} \tag{5・17}$$

ここに，$p=P/2$（極対数）である．この磁束による電機子巻線鎖交磁束は

$$\Psi=\frac{k_wN_{ph}}{2}\times\phi_a=\sqrt{2}\times3\times\left(\frac{k_wN_{ph}}{p}\right)^2\times I\times\frac{Dl}{K_{ca}K_s\delta_a}\times10^{-10} \tag{5・18}$$

したがって，電機子反作用リアクタンスは

$$X_a=(2\pi f)\times\frac{\Psi}{\sqrt{2}I}=(2\pi f)\times3\times\left(\frac{k_wN_{ph}}{p}\right)^2\times\frac{Dl}{K_{ca}K_s\delta_a}\times10^{-10} \tag{5・19}$$

として計算できる．

これらの式でカーター係数 K_{ca} は式（3・21）から計算されるが，図5・10を参照して，$\delta_a=5.8+1.5=7.3$ mm であるので

$$K_{ca}=\frac{12.28}{12.28-7.3\times\dfrac{(3/7.3)^2}{5+3/7.3}}=1.019$$

となる．また電機子反作用による磁束は磁石磁束に比較して少ないので，飽和係数 $K_s=1.0$ とすると式（5・19）より

$$X_a=2\pi\times75\times3\times\left(\frac{0.933\times168}{3}\right)^2\times\left(\frac{140\times165}{1.019\times1.0\times7.3}\right)\times10^{-10}=1.198\ \Omega$$

したがって，同期リアクタンス X は

$$X=X_l+X_a=0.550+1.198=1.748\ \Omega$$

となる．

〔4〕 **全負荷電圧と力率**　出力は式（5・4）で表されるので，定格電流 I は

$$I=\frac{\text{出力 kW}}{3E_0}\times10^3=\frac{15}{3\times190.8}\times10^3=26.2\ \text{A}$$

となる．

また，線間電圧 V は式（5・3）より

$$\begin{aligned}V&=\sqrt{3}\times\sqrt{(190.8+0.219\times26.2)^2+(1.748\times26.2)^2}\\&=\sqrt{3}\times\sqrt{196.5^2+45.8^2}=349\ \text{V}\end{aligned}$$

となる．これより，電圧は仕様値360 V以下となり制御が可能である．

このときの力率 $\cos\varphi$ は式（5・2）より

$$\cos\varphi=\frac{196.5}{\sqrt{196.5^2+45.8^2}}\times100=97.4\ \%$$

となる．

〔5〕 **電機子反作用磁束の影響**　式（5・17）より，電機子反作用磁束 ϕ_a は

$$\begin{aligned}\phi_a&=2\times\sqrt{2}\times3\times\frac{0.933\times168}{3^2}\times26.2\times\frac{140\times165}{1.019\times1.0\times7.3}\times10^{-10}\\&=1.203\times10^{-3}\ \text{Wb}\end{aligned}$$

となる．この磁束は，磁気装荷 $\phi=7.31\times10^{-3}$ Wb と $\pi/2$ の位相にあり，合成磁束 ϕ' は

$$\phi'=\sqrt{7.31^2+1.203^2}\times10^{-3}=7.41\times10^{-3}\ \text{Wb}$$

となる．このため，各部の磁束密度も増加し後述の鉄損計算に影響するので，こ

こで再計算すると以下となる．

ギャップ部　$B_g{}'=0.806\times7.41/7.31=0.817$ T

電機子継鉄部　$B_{c1}{}'=7.41/(2\times0.97\times16\times165\times10^{-3})=1.447$ T

回転子継鉄部　$B_{c2}{}'=7.41/(2\times0.97\times32.7\times165\times10^{-3})=0.708$ T

5・2・8　減磁の検討

磁石は温度あるいは外部磁界の影響により不可逆減磁を起こすことがある．不可逆減磁を検討する場合は，磁界の強さ H に対する磁石固有の磁化の強さ J を示す J–H 曲線を用いる．図5·9では磁石のパーミアンス係数 P_c と B–H 曲線との交点から動作点（H_d, B_d）を求めた．**図5·12** に示す J–H 曲線上では，$H=H_d$ における値を点Qとすると，点Qは外部磁界がない場合の磁化の強さを表し，$P_c{}'$ と J–H 曲線との交点と一致する．

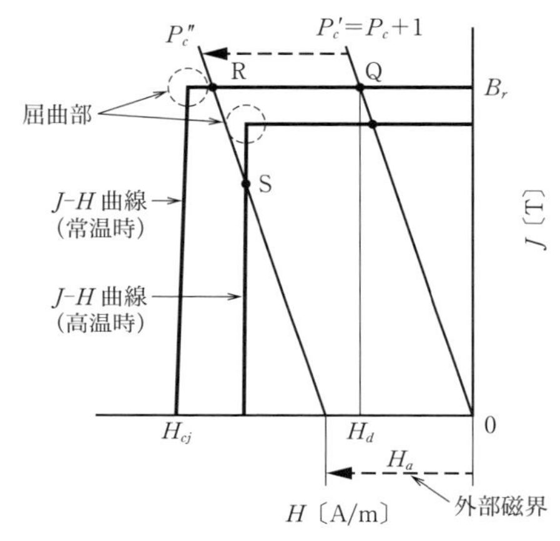

図5・12　外部磁界による減磁

一方，B_r と H_{cj} は温度により変化するため，図5·12には常温時と高温時を想定した J–H 曲線が示してある．外部磁界 H_a が逆方向に印加された場合，パーミアンス係数が外部磁界だけ並行移動して $P_c{}''$ となり，$P_c{}''$ と J–H 曲線の常温時との交点は点R，高温時との交点は点Sとなる．

ここで，点Rは J–H 曲線の屈曲部の右側にあり不可逆減磁の心配はないが，点Sは屈曲部の左下側にあるため，温度が下がり外部磁界がなくなっても磁束が元の点Qに戻らず，不可逆減磁が発生する．したがって，不可逆減磁を起こさない条件は，屈曲部の値に近い固有保磁力 H_{cj} を用いて

$$H_{cj}\ (\text{最大使用温度}) > H_d + \text{外部磁界の最大値} \qquad (5\cdot20)$$

となる範囲内において，H_d および外部磁界の大きさ H_a を決定することになる．

具体例として，連続運転中に端子部での三相短絡が生じた場合を考える．まず，式（5·11）より B–H 曲線上の動作点の磁界の強さ H_d は

$$H_d=\frac{B_g K_c \delta}{\mu_0 h_m}=\frac{0.806\times1.075\times1.5}{4\pi\times10^{-7}\times5.8}=1.783\times10^5\ \mathrm{A/m}=178.3\ \mathrm{kA/m}$$

表 5･1 より磁石の固有保磁力 H_{cj} は 2 160 kA/m（20 ℃），H_{cj} の温度係数は −0.45 %/K であるので，運転中の磁石温度を 95 ℃とし，このときの保磁力の値を求めると

$$H_{cj(95℃)}=\left(1-0.45\times\frac{95-20}{100}\right)\times2\,160=1\,431\ \mathrm{kA/m}$$

となる．

短絡電流は，定常状態では磁石による誘起電圧と巻線インピーダンスで決まり

$$I_s=\frac{E_0}{\sqrt{R^2+X^2}}=\frac{190.8}{\sqrt{0.219^2+1.748^2}}=108.3\ \mathrm{A}$$

となる．この電流によるアンペア回数 AT_a は式（5･16）より

$$AT_a=\frac{\sqrt{2}}{\pi}\times\frac{3\times0.933\times168\times108.3}{6}=3.82\times10^3$$

となり，磁石部の磁界の強さ H_a は

$$H_a=\frac{AT_a}{K_{ca}\delta_a\times10^{-3}}=\frac{3.82\times10^3}{1.019\times7.3\times10^{-3}}=514\ \mathrm{kA/m}$$

となる．この値は定常状態でのものであり，実際には過渡現象により 2 倍程度に増加すると考えらえる．したがって，上記値の 2 倍を外部磁界の最大値とすると

$$H_d+\text{外部磁界の最大値}=178.3+514\times2=1\,206\ \mathrm{kA/m}$$
$$<H_{cj(95℃)}=1\,431\ \mathrm{kA/m}$$

となり，事故時においても減磁に至る心配はない．

5・2・9　損失と効率

〔1〕　**電機子銅損**　　定格電流 $I=26.2$ A，電機子巻線一相の抵抗は $R=0.219$ Ω であるから，電機子銅損 W_c は

$$W_c=3I^2R=3\times26.2^2\times0.219=451\ \mathrm{W}$$

〔2〕　**漂遊負荷損**　　同期機発電機と同様に，電機子に負荷電流が流れることにより，磁石や鉄心締金，コイル端の固定金具などにうず電流による漂遊負荷損が発生する．この量を電機子銅損の約 30 % 程度とみると，漂遊負荷損 W_s は

$$W_s=0.3W_c=0.3\times451=135\ \mathrm{W}$$

〔3〕　**鉄　　損**　　同期発電機の場合と同様に計算できる．まず，電機子鉄心の寸法から継鉄部分の容積を求めると

$$V_{Fc}=\frac{\pi}{4}\{220^2-(140+2\times24)^2\}\times165=1.692\times10^6\ \mathrm{mm}^3$$

継鉄質量は，厚さ $d=0.50$ mm の鋼帯 50A350 を用いるとして

$$G_{Fc}=0.97\times7.65\times1.692=12.56\ \mathrm{kg}$$

鉄心 1 kg 当たりの鉄損は，式（1･4）と表 1･2 の係数から求める．本例では，$B_{c1}'=1.447$ T であるから

$$w_{fc}=1.447^2\times(2.63\times0.75+21.0\times0.50^2\times0.75^2)=10.31\ \mathrm{W/kg}$$

よって継鉄部分の鉄損は $W_{Fc}=10.31\times12.56=129$ W

歯の部分の容積は，鉄心の寸法から

$$V_{Ft}=\left[\frac{\pi}{4}\{(140+2\times24)^2-140^2\}-36\times\frac{5+9}{2}\times23\right]\times165$$
$$=1.084\times10^6\ \mathrm{mm}^3$$

その質量 G_{Ft} は，$G_{Ft}=0.97\times7.65\times1.084=8.04$ kg となる．

本例では歯の幅がほぼ一定であるので，歯の幅 Z_m を

$$Z_m=t_a-5=\frac{\pi D}{3Pq}-5=\frac{\pi\times140}{36}-5=12.22-5=7.22$$

とみると，歯の磁束密度は式（3･24）から

$$B_{tm}=0.98\times\frac{t_a l}{Z_m l}\times B_g'=0.98\times\frac{12.22\times165}{7.22\times165}\times0.817=1.355\ \mathrm{T}$$

よって式（1･5）と表 1･2 の係数から

$$w_{ft}=1.355^2\times(4.38\times0.75+36.8\times0.50^2\times0.75^2)=15.54\ \mathrm{W/kg}$$

歯 の 鉄 損　　$W_{Ft}=15.54\times8.04=125$ W

全　鉄　損　　$W_F=129+125=254$ W

となる．

〔4〕 **機　械　損**　同期速度における周辺速度 v_a は

$$v_a=\pi\times140\times\frac{1\,500}{60}\times10^{-3}=11.0\ \mathrm{m/s}$$

であるから，機械損は式（1･11）から次のように推定される．

$$W_m=8\times140\times(175+150)\times10.6^2\times10^{-6}=41\ \mathrm{W}$$

〔5〕 **効　　率**　以上の計算により全損失 $\sum W$ は

$$\sum W=W_c+W_s+W_F+W_m$$
$$=(451+135+254+41)\times10^{-3}=0.881\ \mathrm{kW}$$

よって定格出力における効率は下記となる．

$$\eta=\frac{15.0}{15.0+0.881}\times 100=94.5\ \%$$

5・2・10　温度上昇

電機子の温度上昇は，基本式である式（3･33）から求めることができる．しかし，本設計例では冷却構造として外被表面冷却他力方式を採用しているので，鉄損および銅損はフレーム表面から放熱されることになる．フレーム表面積はフィン付フレームを採用することで，鉄心の外径表面積に対して3〜5倍に増やすことができる．本設計例での冷却面積 O_s は，鉄心外径面積の4倍とすると

$$O_s=\pi\times 220\times 165\times 4\times 10^{-6}=0.456\ \mathrm{m}^2$$

内部損失 W_i は，電機子銅損，漂遊負荷損および鉄損の和として

$$W_i=451+135+254=840\ \mathrm{W}$$

外気に対する熱の伝達率を $\kappa=30\ \mathrm{W/(m^2\cdot K)}$ とすると，温度上昇 θ_s は

$$\theta_s=\frac{840}{30\times 0.456}=61.4\ \mathrm{K}$$

である．銅線の損失による発熱は電機子鉄心を通して放熱されることになるので，電機子と銅線の温度差は開放形より大きくなる．銅線の温度上昇は電機子より15 K高いとみて，約76.5 Kと推定される．

5・2・11　主要材料の使用量

〔1〕銅質量　電機子巻線の銅質量 G_C は

$$G_C=8.9\times 3\times 0.785\times 6\times 168\times 275\times 10^{-6}=5.81\ \mathrm{kg}$$

となり，実際使用量は6.1 kgと見積もる．

〔2〕鉄心質量　スロットおよびギャップ部分を含む鉄心質量は，およそ

$$G_F=0.97\times 7.65\times(\pi/4)\times 220^2\times 165\times 10^{-6}=46.5\ \mathrm{kg}$$

であり，実際使用量は60 kgと見積もる．

〔3〕磁石質量　図5･11を参照して，使用する磁石の質量は

$$G_M=0.75\times 7.5\times(\pi/4)\times(137^2-125.4^2)\times 165\times 10^{-6}=2.22\ \mathrm{kg}$$

であり，実際使用量は2.3 kgと見積もる．

5・2・12　設計表

表5･2は，以上の計算を一括して示したものである．

表5・2

永久磁石同期電動機　回転機設計表

仕様											
用途	一般用		基準	SPMモータ		回転子種類	表面磁石形		規格	JEC-2100-2008	
出力	15	kW	極数	6	P	電圧	360	V	周波数	75	Hz
回転速度	1 500	min^{-1}	耐熱クラス	130（B）		保護方式	全閉		冷却方式	他力通風	

装荷分配						主要寸法					
比容量 S/f	3.67		基準磁気装荷 ϕ_0	3.3×10^{-3}	Wb	電機子外径 D_e	220	mm	鉄心長 l	165	mm
磁気装荷 ϕ	7.31×10^{-3}	Wb	磁気比装荷 B_g	0.806	T	電機子内径 D	140	mm	ギャップ長 δ	1.5	mm
電気装荷 AC	2.20×10^3		電気比装荷 ac	30.0	AC/mm	極ピッチ τ	73.3	mm			

電機子			回転子		
誘起電圧 E_0	190.8	V	永久磁石	R5-1-14	
一次電流 I_1	26.2	A	残留磁束密度 B_r	1.26	T
毎極毎相スロット数 q	2		固有保磁力 H_{cj}	2 160	kA/m
スロット数 N_1	36		算定温度	95	℃
直列導体数 N_{ph1}	168		有効極弧幅 b_i	55.0	mm
コイルピッチ β_1	5/6		極弧比 α_i	0.75	
短節係数 k_p	0.966		漏れ係数 σ_m	0.096	
分布係数 k_1	0.966		磁石極弧幅 b_m	52.4	mm
電流密度 Δ_a	5.61	$\mathrm{A/mm^2}$	磁石厚 h_m	5.8	mm
導体幅	⌀1.0	mm	磁石長	41.2	mm

寸法諸元

h_{c1} = 16.0
電機子鉄心
9.0
D_e = ⌀220
h_{t1} = 24.0
23.0
5
3
0.3
0.7
δ = 1.5
h_m = 5.8
磁石
D = ⌀140
h_{c2} = 32.7
⌀125.4
⌀137
回転子鉄心
D_i = ⌀60

導体高さ		mm	使用個数	$4^{コ}\times6^{P}=24$	個
導体持ち数	6				
導体断面積 q_a	4.71	mm^2	鉄心外径	∅125.4	mm
導体並び数			鉄心内径	∅60	mm
結線	Y		継鉄磁束密度 B_{c2}	0.708	T
継鉄磁束密度 B_{c1}	1.447	T			
歯部磁束密度 B_{tm}	1.355	T			

回路定数					
電機子抵抗 R_1	0.219	Ω	抵抗値換算温度	95	℃
漏れリアクタンス X_l	0.550	Ω			
反作用リアクタンス X_a	1.198	Ω	同期リアクタンス X	1.748	Ω

損　失			運転特性		
電機子銅損 W_c	451	W	効率 η	94.5	%
鉄損 W_F	254	W	力率 $\cos\varphi$	97.4	%
漂遊負荷損 W_s	135	W	冷却面積 O_s	0.456	m^2
機械損 W_m	41	W	熱伝達率 κ	30	W/(m^2・K)
全損失 W_{TOTAL}	881	W	巻線温度上昇	76.5	K

材料質量			
鉄心 G_F	60.0	kg	50A350　電磁鋼帯
銅線 G_C	6.1	kg	∅1.0 mm　エナメル銅線
磁石 G_M	2.3	kg	R5-1-14　ネオジム磁石

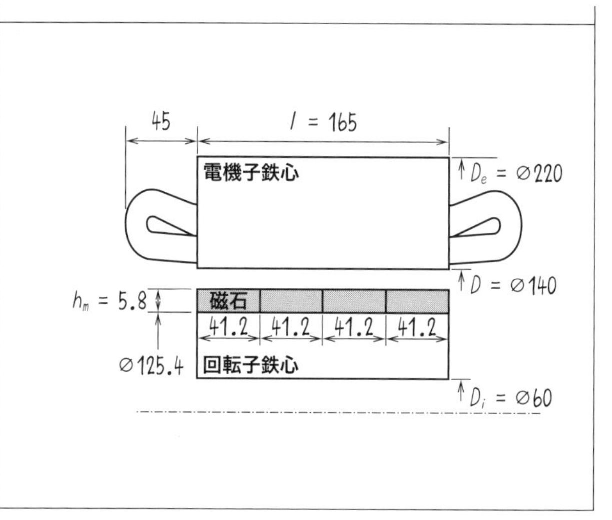

磁石寸法

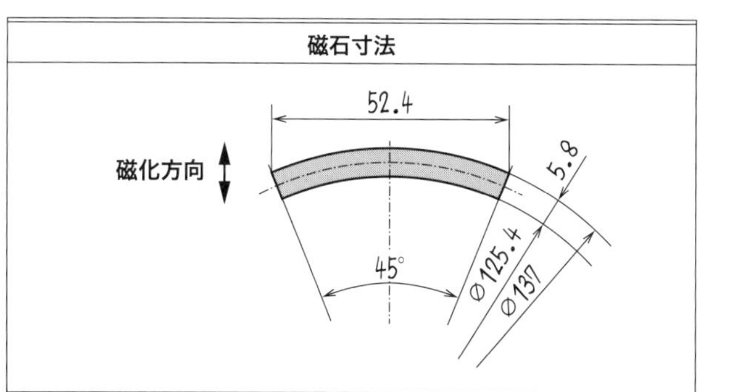

日付：　　年　月　日		設計番号：	設計者：

第6章　直流機の設計

直流機の設計は同期機や誘導機の設計に比べて，電機子反作用や磁気飽和の問題，特に良好な整流を行うための補極の設計など，交流機器の設計にない固有の設計項目がある．

6・1　直流機の電機子巻線法

直流機の電機子は整流子があり，コイルの巻き方と整流子片への結び方を合わせて考えなければならない．ここで，広く用いられている重ね巻と波巻について大要を述べる．

6・1・1　重　ね　巻

一般に直流機においても，1スロットに二つのコイル辺を入れる二層巻が用いられ，**図6・1**に示すようにコイル辺A，A′が上層に，B，B′が下層に収められる．コイルA，Bの巻終りとコイルA′，B′の巻始めとはfで結ばれ，整流子片Cへライザを通して結ばれる．小形機ではライザを省略し，fを直接Cへ結ぶことが多い．

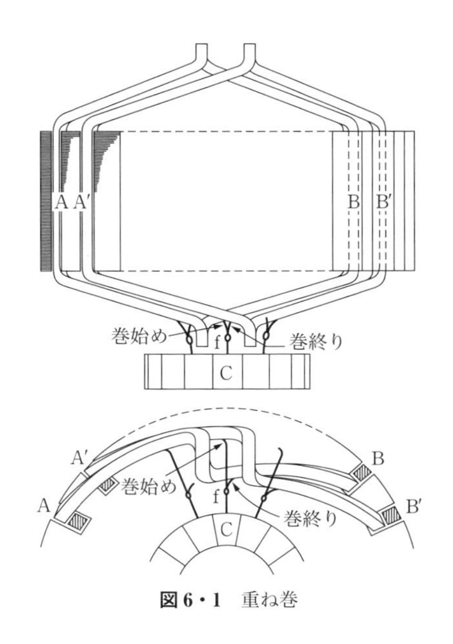

図6・1　重ね巻

1コイルの巻数は何回であっても，巻線方式を図で示すには，**図6・2**のように巻数1回のコイルで表す．コイル辺AとBとが整流子の反対側でつながれるAeBの部分を後(あと)結線といい，その間の広がりを示すには，**図6・3**のように，任

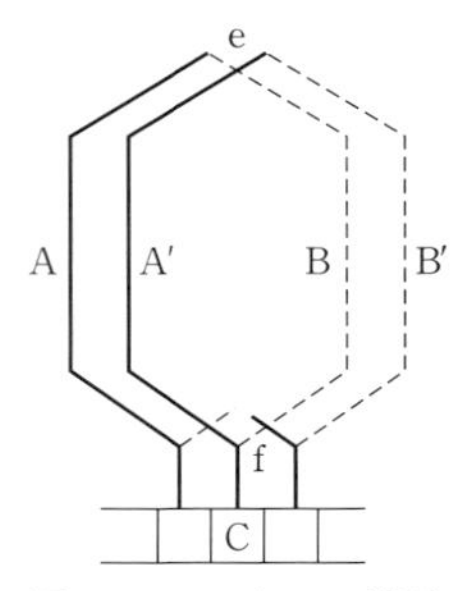

図6・2　コイルの簡略表示

意の導線から始めてスロット順につけた導線番号の差で表し，これを後（あと）ピッチ y_1 という．図6･3では，No. 1の導線は後側ではNo. 12の導線につながれて（1と12は一つのコイルである）いるから，後ピッチは $y_1=12-1=11$ である．また導線BとA′が整流子側（前側）でつながれる部分BfA′を前（まえ）結線といい，やはりその間隔を導線番号の差で表す．これを前（まえ）ピッチという．図6･3では，No. 12の導線は前側でNo. 3の導線につながれるから，前ピッチは $12-3=9$ である．図6･2，6･3で破線で示した導線は，スロット内の下層に入れられることを表し，下口（したくち）導線ともいう．

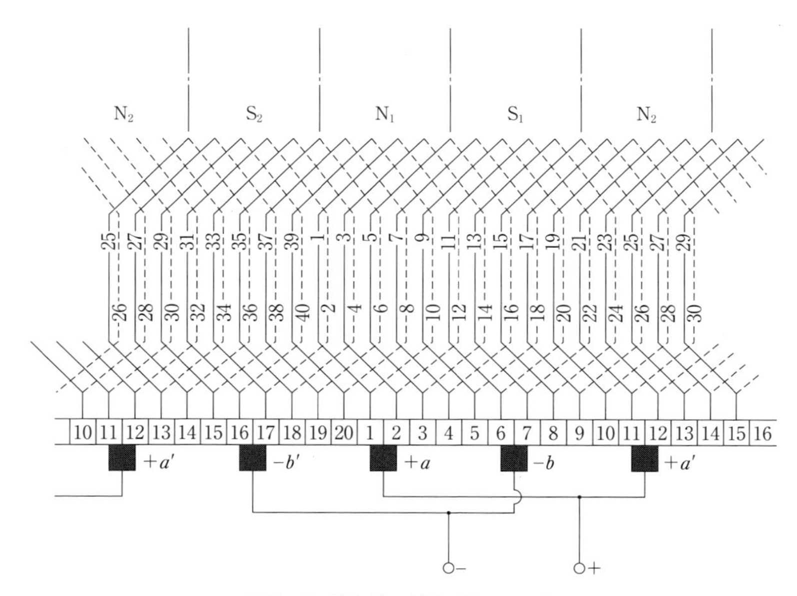

図6・3　重ね巻，4極，20スロット

実線は上層に入れられ，これらを上口（うわくち）導線という．そして，コイルAB，A′B′……と順次重なりながら次のコイルへと結ばれるので，重ね巻という．図6･3は，全スロット数が20の電機子鉄心に4極の重ね巻をした場合の，コイル相互間およびコイルと整流子片間のつなぎ方を示したもので，巻線図の表し方としてしばしば用いられる方法である．

前にも述べたように導線には番号をつけるが，上層のそれには奇数，下層のそれには偶数をつけるから，前および後ピッチは必ず奇数になる．そして，この前・後ピッチの平均は，極ピッチ（＝全導線数/極数）に等しいか，またはそれに近いことが必要である．これは各導線に生じた起電力を，正負のブラシ間に有効に集めるための必要条件である．

整流子片にも番号を付すが，これは No. 1 の導線に結ばれる整流子片の番号を 1 として，順次つけていけばよい．図 6･3 の場合は，No. 1 の整流子片は導線 No. 1 および No. 12 を経て No. 2 の整流子片につながれる．このように，一つの整流子片 1 からコイルを経て次の整流子片 2 につながれるとき，その番号の差 $y_k=2-1=1$ を整流子ピッチという．

重ね巻の場合は一つのコイルを経るごとに，後および前ピッチの差 $y_1-y_2=11-9=2$ だけ進む．この y_1-y_2 を合成ピッチといい，整流子ピッチは合成ピッチの 1/2 となる．

もし合成ピッチが負の場合は，巻線は左回り（図 6･3 の場合を右回りと呼ぶとして）に順次つながれることになる．なお，このときに整流子ピッチも負となる．

6・1・2　波　　巻

図 6･4 は，全スロット数 21 の電機子鉄心に 4 極の波巻巻線をした場合を示したものである．この図では後ピッチ $y_1=12-1=11$，前ピッチ $y_2=23-12=11$ となっていて，どのピッチも右へ進んでいるから，合成ピッチは $y_1+y_2=22$ である．整流子ピッチは $y_k=(y_1+y_2)/2=11$ で，No. 1 の整流子片は一つのコイルを経たあと，No. 12 の整流子片に結ばれている．この番号差が整流子ピッチである．

6・1・3　重ね巻と波巻との比較

重ね巻では図 6･3 の例でみたように，4 極の場合には 4 個のブラシが必要であり，正，負 1 対のブラシ間に直列につながれる導線数は，全導線数の 1/4 である．

ところが図 6･4 の波巻では，4 極であるがブラシは $+a$ と $-b$ の 1 対，すなわち 2 個であり，この 2 個のブラシ間に直列につながれる導線数は全体の 1/2 である．

一般的にいえば，波巻ではブラシ間に直列につながれる導線数は，重ね巻の場

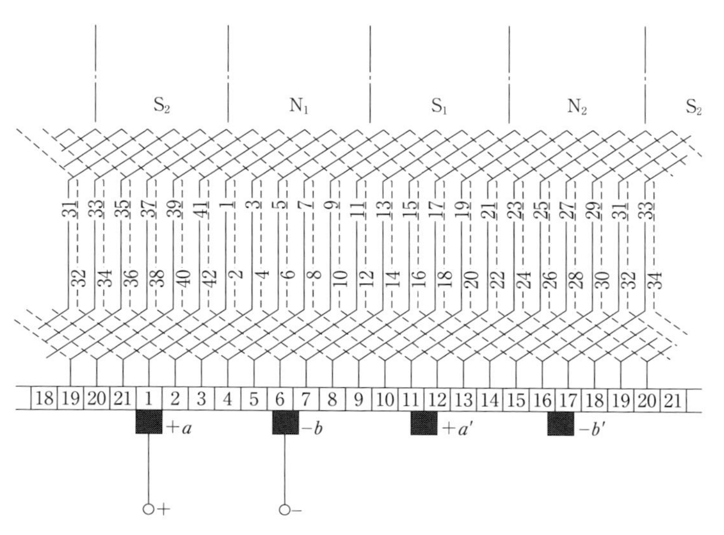

図6・4　波巻，4極，21スロット

合の $P/2$ 倍である．すなわち全導線数が両者同じであるとすると，ブラシ間に生じる起電力は，波巻のほうが重ね巻に比べ $P/2$ 倍になる．

重ね巻では，図6･3でわかるように，$+a$ と $-b$ の間につながれる導線は同じ磁極の下に集まっているので，ギャップに不均一が生じると，ブラシ間の各並列電路に生じる起電力も不均一になって，各回路間を循環する電流を生じ，整流が悪くなる．一方，波巻の場合は，図6･4のように正負ブラシ間に直列につながれる導線は全周に分布しているので，ギャップに不均一を生じても，それが並列電路内の起電力が不均一になる原因になることはない．

重ね巻の場合，並列にある電路間の不均一な起電力による循環電流がブラシを通るのを防ぐため，常に同電位にあるコイル端を利用する．たとえば図6･3でいえば，整流子片1と11，2と12，3と13……などは同電位であり，同図に示した瞬時には1と11はともに正のブラシ下にあるが，整流子片5個分に相当する角度だけ電機子が回転したあとでも，No.1もNo.11も負のブラシ下にあって同電位である．この間の途中の時間を考えても，1と11，2と12……などはいつも同電位になっている．このような同電位の点をあらかじめ巻線作業の過程で完全に結んでおけば，不平衡起電力による循環電流がブラシを通らないので，整流の悪化を防止できる．このように，同電位である整流子片間を結ぶ導線を均圧線という．

6・1・4　電機子のスロット数

重ね巻の場合はスロット数が偶数の，波巻の場合はスロット数が奇数の電機子が用いられる．もし偶数のスロットをもつ電機子に波巻を行う場合には，**図6･5**の太線で示したコイルのように，スロットには入れるが，電気的にはつながない遊びコイルをつくる必要がある．

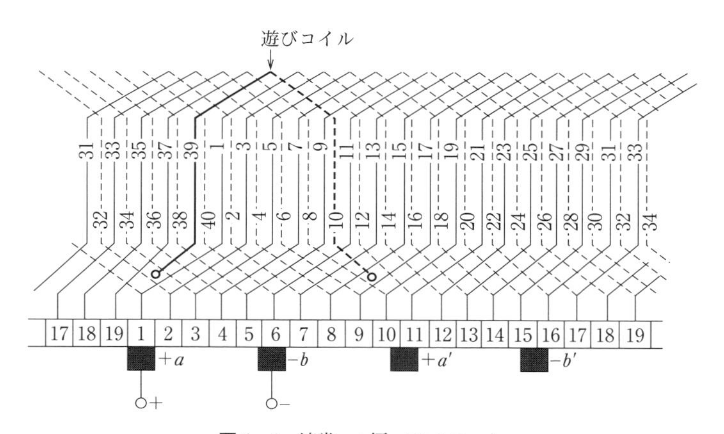

図6・5　波巻，4極，20スロット

なお1スロットに2個以上のコイル辺が収められる場合は，その各スロットをコイル辺数に分けて考えればよい．

6・1・5　整流子片間電圧と平均リアクタンス電圧

巻線方式を選定する基準として，標記の二つの電圧について考えてみる必要がある．

整流子片間の電圧は正負ブラシ間の電圧を，そのブラシ間にある整流子片数で割った値だけの電圧となるわけであるが，これはギャップの磁束分布が均一の場合で電機子反作用などの影響で磁束分布がかたよると，磁束密度が大きいところの片間電圧がさきの平均片間電圧より高くなる．このような場合に，最も片間電圧が高いところでも，およそ30V以下におさえないと整流が悪化し，フラッシオーバに進むおそれもある．ここで片間電圧の値を低くするためには，電機子全周の整流子片数を増やせばよい．なお，補償巻線をつければ，電機子反作用による磁束分布のかたよりがなくなるとみることができるので，片間電圧を平均化するのにきわめて有効である．

ブラシでコイルが短絡され整流が進行している間は，コイル電流は急速に変化するので，コイル自身の自己インダクタンスL〔H〕と電流変化率による起電力がコイル内に生じる．整流前と後のコイル電流の絶対値をI_a〔A〕，整流に要する時間をT_k〔秒〕とすると，コイル内に生じる起電力e_rは平均して

$$e_r = L \times \frac{2I_a}{T_k} \quad \text{〔V〕}$$

であり，このe_rを平均リアクタンス電圧という．そして$e_r < 1$ V なら補極は不要，$e_r > 1$ V なら補極を要し，$e_r > (3\sim5)$ V なら補償巻線を必要とする．

これら片間電圧および平均リアクタンス電圧の値の計算については，6·3節の設計例において示す．

6・2　直流機の仕様について

6・2・1　直流機の電圧

特別な場合を除いて，直流機の定格電圧は，定格出力によって**表6·1**のように選ばれる．

6・2・2　直流機の極数

直流機の極数は，交流機のように回転速度によって直接決まるものではない．表6·1のような普通の電圧の場合では，極数は機械の大きさによってほぼ決まる．**表6·2**に，電機子の直径と極数との関係を示す．

表6・1　直流機の定格電圧

電圧の種類〔V〕	適用される出力〔kW〕	整流器電源との関係（電動機の場合）
110	7.5以下	
140	7.5以下	交流200Vからの単相全波整流位相制御つき
220	200以下	交流200Vからの三相全波整流位相制御つき
440	5.5～500	交流400Vからの三相全波整流位相制御つき
600，750	315以上	

表6・2　直流機の極数

極　数	電機子直径〔mm〕
2	150以下
4	100～500
6	400～1 000
8	800～1 300
10	1 200～1 700
12	1 600～2 200
14，16	2 000～2 800
18，20	2 500～3 500
22，24	3 200～5 000

6・2・3　直流電動機の回転速度

直流電動機の速度制御法には，他励界磁を一定に保ち電機子電圧を変化させる方法（電機子電圧制御）と，電機子電圧を一定に保ち界磁電流を制御する方法（界磁制御）とがある．直流電動機の定格回転速度としては，定格電圧，定格出力において界磁制御により調整できる最低速度（基底速度という）と，最高速度とを表示することになっている．

電機子電圧制御は，定格電圧より0まで電圧を制御することにより行う．電機子電源としては，半導体電力変換装置（大形機はサイリスタ整流器，小形機はチョッパ電源）を用いるのが普通である．

6・2・4　電機子巻線方式

2極では重ね巻も波巻も同じ条件になるから，重ね巻を用いる．4極以上ではできるだけ波巻を用いる．整流子片間電圧が高くなりすぎるなどの制限から，波巻が使用できないときは重ね巻を用いる．

補極および補償巻線の要否については，6･1･5項を参照のこと．

6・3　直流電動機の設計例

仕　様

出力　45 kW　　回転速度　1 150/2 200 min^{-1}　　電圧　220 V

安定巻線付他励　　励磁電圧　220 V（または自励安定分巻）

保護他力自由通風形　　耐熱クラス 155（F）

極数 4（表 6･2 による）　　電機子巻線　波巻（6･2･4 項参照）

補極付（6･1･5 項参照）

6・3・1　装荷の分配

直流電動機の設計において仕様書に示される容量は，機械的出力の kW であるから，巻線の容量を推定するためには，効率を予測して入力を求める必要がある．**図 6･6** に直流電動機の効率の概略値を示す．この値は，他励（または分巻）界磁の損失を含まない値である．

この図から，45 kW，1 150 min^{-1} の場合は効率 90 % として

$$\text{入力 kW} = \frac{\text{出力 kW}}{\eta} = \frac{45}{0.90} = 50.0\ \text{kW}$$

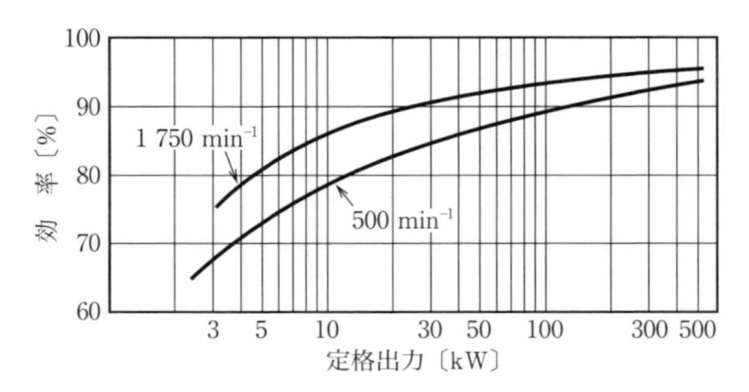

図 6・6　直流電動機の効率

$$全負荷電流\ I=\frac{50.0\times10^3}{220}=227\ \text{A}$$

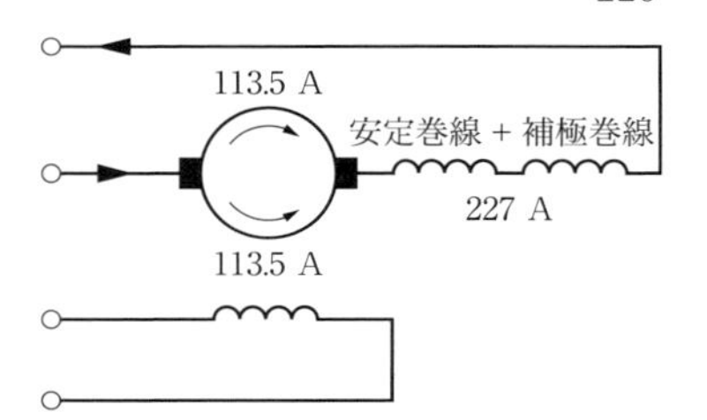

図 6・7　直流電動機の接続と電流分布

安定巻線付他励の回路は**図 6・7** の通りで，電流分布は図に記入したような値になる（本例は波巻であるから並列回路数は 2 である）．

電機子コイルの電流

$$I_a=\frac{227}{2}=113.5\ \text{A}$$

コイル電流の周波数　$f=\dfrac{Pn}{120}=\dfrac{4\times1\ 150}{120}=38.3\ \text{Hz}$

毎　極　の　容　量　$S=\dfrac{50.0}{4}=12.5\ \text{kW}$

比　　容　　量　$\dfrac{S}{f\times10^{-2}}=\dfrac{12.5}{38.3\times10^{-2}}=32.6$

表 2・5 から $\gamma=1.5$，基準磁気装荷 $\phi_0=2.7\times10^{-3}$ に選ぶと，式（2・56）により

$$\phi=\phi_0\times\left(\frac{S}{f\times10^{-2}}\right)^{\gamma/(1+\gamma)}=2.7\times10^{-3}\times32.6^{0.6}=21.8\times10^{-3}\ \text{Wb}$$

負荷運転中の電機子誘導起電力 E は，端子電圧 V から電機子電流による内部電圧降下 $\varDelta E$ を減じた値に等しい．$\varDelta E=17\ \text{V}$ と予想して

$$E=V-\varDelta E=220-17=203\ \text{V}$$

よってブラシ間の直列導線数は，N を電機子全導線数，並列回路数を a として式（2・8）より

$$\frac{N}{a}=\frac{203}{2\times 21.8\times 10^{-3}\times 38.3}=122\text{ 本}$$

$a=2$ であるから $N=2\times 122=244$ である．

スロット数の決定は温度分布および整流を考慮して，本例の程度の機械では，1スロット内のアンペア導線数が800〜900を超えないよう，また，毎極のスロット数が7〜8以下にならないように選ぶ．本例では，全アンペア導線数は $244\times 113.5=27.7\times 10^3$ であるから，1スロット内のアンペア導線数を675に選び

$$\text{スロット数}>\frac{27.7\times 10^{-3}}{675}=41$$

この数は $4\times 8=32$ より多いので，41に選ぶと，1スロット内の導線数は $242/41=5.90$ となる．これを6とすれば，全導線数は $41\times 6=246$，整流子片数は $246/2=123$ となって，遊びコイルをつくることなく，**図6･8**のように波巻巻線とすることができる．

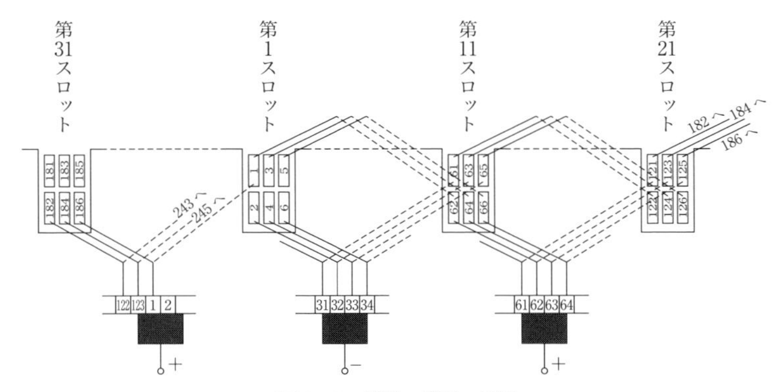

図6・8　例題の機械の巻線

ここで磁気装荷 ϕ を再計算すると（ブラシ間直列導線数＝123である）

$$\phi=\frac{203}{2\times 123\times 38.3}=21.5\times 10^{-3}\text{ Wb}$$

電気装荷は

$$AC=\frac{NI_a}{P}=\frac{246\times 113.5}{4}=6\,980$$

よって1スロット内のアンペア導線数は $4\times 6\,980/41=681$ であり，800以下であるから，このスロット数は適当とみて計算を進める．

6・3・2　比装荷と主要寸法

直流機の比装荷は，**表6・3**のような値が選ばれる．

表6・3　直流機の比装荷

比装荷 ＼ 機械の大小	小　形	中　形	大　形
電気比装荷 ac〔AC/mm〕	10～30	25～50	40～80
磁気比装荷 B_g〔T〕	0.4～0.7	0.6～0.9	0.8～1.1

本例では中形機とみて $ac=34$ とすると，極弧 τ は

$$\tau=\frac{AC}{ac}=\frac{6\,980}{34}=205\ \mathrm{mm}$$

電機子外径は

$$D=\frac{P\tau}{\pi}=\frac{4\times205}{\pi}=261\ \mathrm{mm}$$

$D=260\ \mathrm{mm}$ に決める．

磁気比装荷 $B_g=0.8$ とすると，極弧の有効幅を b_i〔mm〕，鉄心の有効長さを l_i〔mm〕として

$$b_i l_i=\frac{\phi}{B_g}\times10^6=\frac{21.5\times10^{-3}}{0.8}\times10^6=26.9\times10^3\ \mathrm{mm^2}$$

$b_i/\tau=0.67$ とすると，$b_i=\tau\times0.67=205\times0.67=137\ \mathrm{mm}$ であるから

$$l_i=\frac{26.9\times10^3}{137}=196\ \mathrm{mm}$$

通風ダクトは 10 mm 幅のものを 1 か所おくとすると

$$l=l_i-\frac{2}{3}\times10=196-\frac{2}{3}\times10=189\ \mathrm{mm}$$

$$l_1=l+10=189+10=199\ \mathrm{mm}$$

よって $l_1=200\ \mathrm{mm}$ とすると $l=190\ \mathrm{mm}$，$l_i=197\ \mathrm{mm}$，また $B_g=0.797\ \mathrm{T}$ となる．

6・3・3　電機子鉄心

直流機の電機子導線の電流密度は $\varDelta_a=4$～$7\ \mathrm{A/mm^2}$ に選ばれる．ここでは $\varDelta_a=7\ \mathrm{A/mm^2}$ とすると，導線断面積 q_a は

$$q_a=\frac{I_a}{\varDelta_a}=\frac{113.5}{7}=16.2\ \mathrm{mm^2}$$

であるから，1.8 mm×9.5 mm の平角線を用いると q_a=1.8×9.5=17.1 mm²，Δ_a=6.64 A/mm² となる．二重ガラス巻の平角線を用いると絶縁の厚みは 0.2 mm となり，断面寸法は 2.2 mm×9.9 mm となる．スロット絶縁は，アラミッド紙による絶縁とし，スロット寸法を下記のように計算する．

スロットの幅		スロットの深さ	
導　　線	3×2.2=6.6	導　　線	2×9.9=19.8
スロット絶縁	2×0.5=1.0	スロット絶縁	4×0.5=　2.0
遊　　び	=0.3	遊　　び	=　1.2
	幅=7.9 mm		深さ=23 mm

よってスロット寸法は，**図 6･9** のようになる．

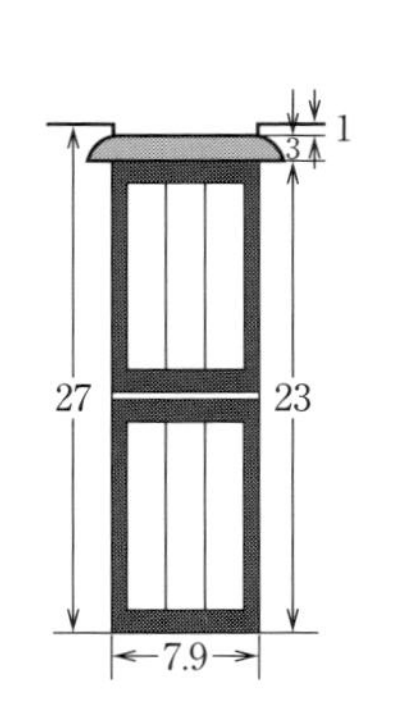

図 6・9　電機子スロット寸法

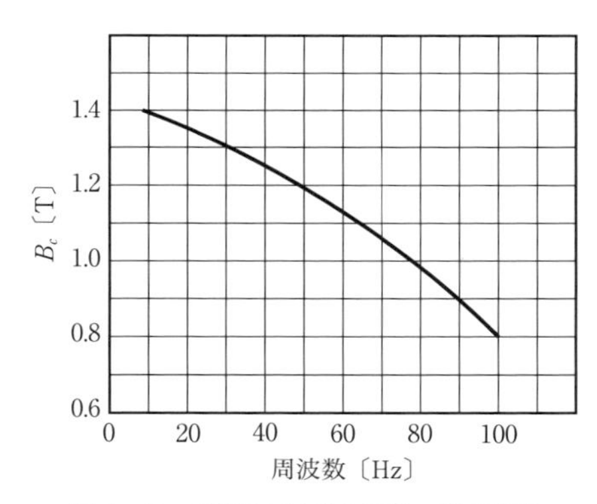

図 6・10　電機子周波数と継鉄の磁束密度

鉄心継鉄部分の磁束密度は，**図 6･10** に示すように周波数が低いほど高くとれる．本例では f=38.3 Hz であるから，B_c=1.26 T とし，また占積率 0.97 として，継鉄磁路の断面積は

$$(h_c l)=\frac{\phi/2}{0.97B_c}\times 10^6=\frac{21.5\times 10^{-3}}{2\times 0.97\times 1.26}\times 10^6=8.8\times 10^3\ \mathrm{mm}^2$$

l=190 mm であるから継鉄の高さ h_c は

$$h_c=\frac{8.8\times 10^3}{190}=46\ \mathrm{mm}$$

鉄心の内径 D_i は

$$D_i = D - 2(h_t + h_c)$$
$$= 260 - 2(27 + 46)$$
$$= 114 \text{ mm}$$

よって $D_i = 110$ mm とすると $h_c = 48$ mm となり，$B_c = 1.22$ T となる．

そして電機子鉄心の寸法は**図6•11**のようになる．

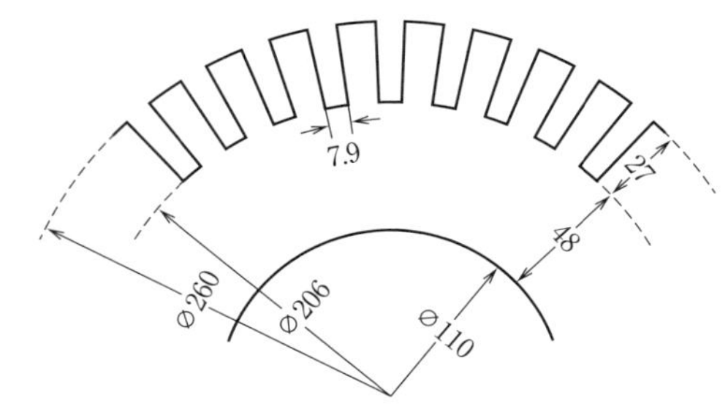

図6・11　電機子鉄心寸法

6・3・4　電機子反作用とギャップ長

図6•12は直流機の負荷時の磁束分布の模様を示したもので，発電機の場合は，磁束分布が回転の方向に移動し，中性位置が β だけずれる．電動機の場合は回転と反対の方向に移動する．

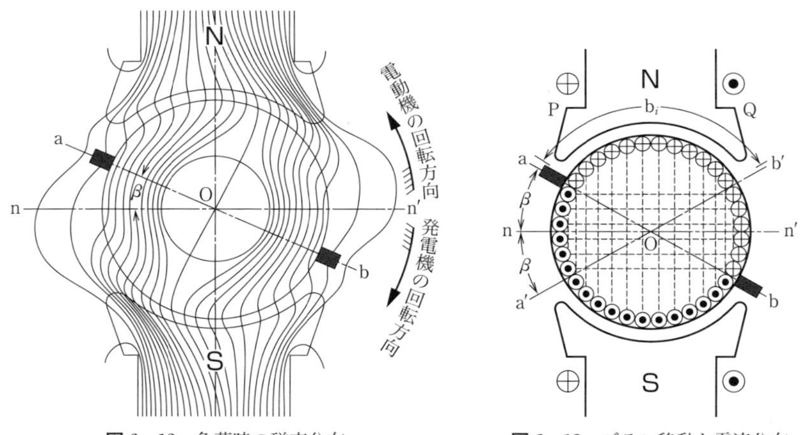

図6・12　負荷時の磁束分布

図6・13　ブラシ移動と電流分布

〔1〕　**減磁作用と交さ磁化作用**　　**図6•13**は，中性位置から β だけブラシを移動した場合の電機子電流の分布を示し，ブラシ移動と反対側にも β の角をとって，$\angle aOa' = \angle bOb' = 2\beta$ の範囲内にある導線の電流による起磁力は，主磁極のそれと反対方向に生じ，$\angle aOb' = \angle bOa' = \pi - 2\beta$ の範囲内にある導線の電流による起磁力は，主磁極のそれと直角の方向に生じる．前者を減磁作用，後者を交さ磁化作用という．

減磁作用をするアンペア導線数は1極当たり $\tau ac\times 2\beta/\pi$ である．よってアンペア回数は，1極当たり

$$AT_d=\frac{\beta}{\pi}\tau ac=\frac{\beta}{\pi}AC \tag{6・1}$$

である．

交さ磁化作用をするアンペア導線数は，1極当たり $\tau ac\times(\pi-2\beta)/\pi$ であり，1極当たりのアンペア回数では $(1/2)\times\tau ac\times(\pi-2\beta)/\pi$ であるが，極間の磁気抵抗が大きいので，$(\pi-2\beta)/\pi$ は β にかかわらず $\alpha_i=b_i/\tau$ に近い係数になるものとみて，交さ磁化のアンペア回数 AT_k は

$$AT_k=\frac{\alpha_i}{2}\tau ac=\frac{\alpha_i}{2}AC \tag{6・2}$$

で表せる．

〔2〕 ギャップ長　**図6・14** において，①は界磁アンペア回数 AT_{f0} で，同期機の場合と同様に式 (3・17) で求められる．すなわち

$$AT_{f0}=0.8K_cK_sB_g\delta\times 10^3$$

であり，直流機においては飽和係数 $K_s=1.2\sim1.5$ である．

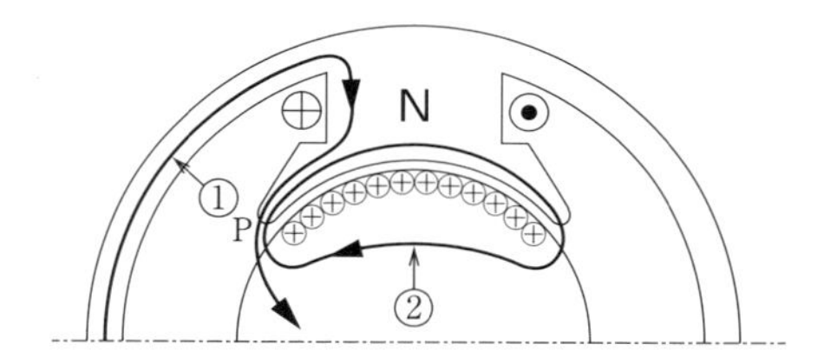

図6・14 主起磁力と交さ磁化起磁力

②は交さ磁化作用をするアンペア回数 AT_k で，磁極面の1/2は AT_{f0} と AT_k が加わり，他の1/2は AT_{f0} と AT_k が逆の方向になる．AT_k が大きいと，磁極の端部Pの付近では極性が変わることもありうる．このような場合は整流が著しく悪くなるので $AT_{f0}>AT_k$ であることが必要である．よって

$$\rho=\frac{AT_k}{AT_{f0}}$$

とおけば，この値は1より小さいことが必要である．すなわち

$$\rho=\frac{\dfrac{\alpha_i}{2}AC}{0.8K_cK_sB_g\delta\times 10^3}<1$$

であり

$$c=\frac{\alpha_i}{1.6\times K_cK_s\rho}=0.625\times\frac{\alpha_i}{K_cK_s\rho}$$

とおいて

$$\delta = c \times 10^{-3} \times \frac{AC}{B_g} \qquad (6 \cdot 3)$$

としてギャップ長が求められる．ただし c は

補極のない場合　　$c=0.5\sim0.7$

補極のある場合　　$c=0.3\sim0.5$（ブラシ移動角 $\beta=0$ として）

である．本気では補極付きであり，また界磁弱め制御をするので $c=0.45$ とし，また $B_g=0.797$，$AC=6\,980$ であるから

$$\delta = 0.45 \times \frac{6\,980}{0.797} \times 10^{-3} = 3.94 \text{ mm}$$

よって $\delta=4$ mm と決める．

6・3・5　磁極および継鉄

磁極鉄心を通る磁束 ϕ_m は電機子を通る磁束より多く，磁極の漏れ係数を $\sigma=0.25$ とすると

$$\phi_m = (1+\sigma)\phi = (1+0.25) \times 21.5 \times 10^{-3} = 26.9 \times 10^{-3} \text{ Wb}$$

と推定できる．

直流機では磁極および継鉄部分を飽和させ，電圧変動または速度変動を少なくするように，これらの部分の磁束密度は次のように高い値とする．

磁極鉄心（おもに軟鋼板）　　$B_p=1.2\sim1.7$ T

継鉄（鋳鋼または軟鋼）　　$B_y=1.1\sim1.4$ T

本例では磁極鉄心に軟鋼を用い $B_p=1.5$ T とし，占積率を 0.97 とすると，断面積は幅を b_p〔mm〕，長さを l_p〔mm〕として

$$(b_p l_p) = \frac{26.9 \times 10^{-3}}{0.97 \times 1.5} \times 10^6 = 18.5 \times 10^3 \text{ mm}^2$$

$l_p=l_1=200$ mm とすれば

$$b_p = \frac{18.5 \times 10^3}{200} = 92.5 \text{ mm}$$

よって $b_p=95$ mm に決めれば $B_p=1.46$ T になる．

継鉄は軟鋼板を用いることにして，$B_y=1.2$ T とし，その断面積（$b_y l_y$）は

$$(b_y l_y) = \frac{\dfrac{\phi_m}{2}}{B_y} \times 10^6 = \frac{26.9 \times 10^{-3}}{2 \times 1.2} \times 10^6 = 11.2 \times 10^3 \text{ mm}^2$$

となる．$l_y=360$ mm とすれば

$$b_y=\frac{11.2\times10^3}{360}=31.1 \text{ mm}$$

よって $b_y=32.0$ mm とすると $B_y=1.17$ T となる．また磁極寸法は**図 6•15** のようになる．

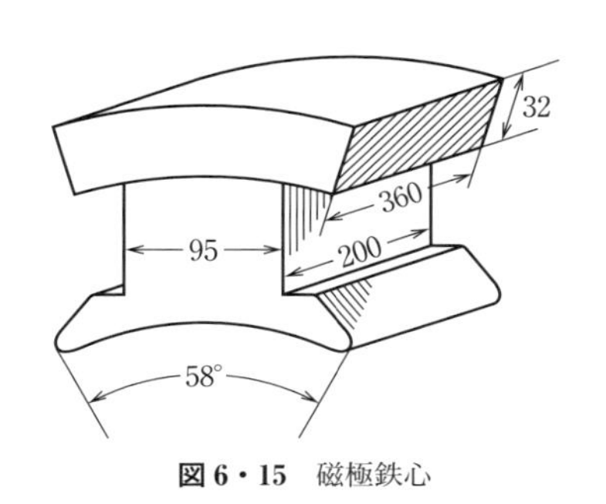

図 6・15　磁極鉄心

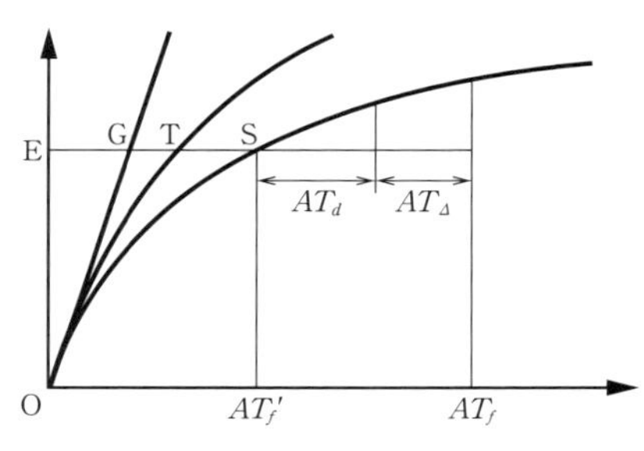

図 6・16　直流機の飽和曲線

6・3・6　界磁アンペア回数と界磁巻線

図 6•16 の曲線 OS は直流機の飽和曲線を示し，横軸に界磁アンペア回数 AT_f を，縦軸に電圧をとり，全負荷時電機子誘導起電力を $\overline{\mathrm{OE}}$ とする．

OS の原点付近の接線 OG をつくれば，$\overline{\mathrm{EG}}$ はギャップに要するアンペア回数 AT_g，$\overline{\mathrm{GS}}$ は鉄の部分に要するアンペア回数 AT_s である．したがって，定格電圧で全負荷時に要するアンペア回数は $\overline{\mathrm{ES}}$ で，その大きさを AT_f' とすれば

$$AT_f'=AT_g+AT_s=0.8K_cK_sB_g\delta\times10^3 \qquad (6・4)$$

である．しかし，実際に界磁に加えなければならないアンペア回数は，AT_f' のほかにブラシ移動による減磁および交さ磁化作用による減磁を補うため，それぞれ追加アンペア回数 AT_d および AT_Δ を必要とする．よって全負荷時に界磁に必要なアンペア回数 AT_f は

$$AT_f=AT_f'+AT_d+AT_\Delta \qquad (6・5)$$

である．

図 6•16 において，$\overline{\mathrm{GT}}$ を電機子の歯の部分に要するアンペア回数 AT_t，$\overline{\mathrm{TS}}$ を電機子継鉄および固定子継鉄部分に要するアンペア回数とする．

補極をつけ $\beta=0°$ とする場合は $AT_d=0$ で

$$AT_\Delta = K_\Delta \frac{\alpha_i}{2} AC \qquad (6\cdot6)$$

とおくと，$K_\Delta=0.2\sim0.3$ 程度である．

安定巻線付他励電動機（または安定分巻電動機）においては，AT_f は，他励（または分巻）界磁巻線のアンペア回数 AT_h と安定巻線のアンペア回数 AT_e の和によって与えられる．すなわち

$$AT_f = AT_h + AT_e \qquad (6\cdot7)$$

AT_h と AT_e をどのように分けるかを次に述べる．

無負荷速度 n_0 と全負荷速度 n_f の比は，次式で表される．

$$\frac{n_0}{n_f} = \frac{V\phi}{E\phi_0} = \frac{(E+\Delta E)\phi}{E(\phi+\Delta\phi)}$$

ここに，V：電機子端子電圧（≒無負荷時誘導起電力），E：全負荷時誘導起電力，ΔE：内部電圧降下，ϕ：全負荷時の磁束，ϕ_0：無負荷時の磁束，$\Delta\phi$：無負荷時の磁束増加（$\phi_0-\phi$）

すなわち，全負荷から無負荷になると，誘導起電力は E から $E+\Delta E$ に上昇するため，速度は増す方向になる．一方，磁束は減磁作用がなくなるので ϕ から $\phi+\Delta\phi$ に増加するので速度は落ちる方向になる．

運転の安定上は，$n_0/n_f>1$ であることが望ましいので

$$\frac{\Delta E}{E} > \frac{\Delta\phi}{\phi} \qquad (6\cdot8)$$

ϕ は AT_f' によって生じ，ϕ_0 は他励界磁のアンペア回数 AT_h によって生じる．$\Delta AT = AT_h - AT_f'$ とすれば，飽和の影響により

$$\frac{\Delta\phi}{\phi} = K_\Delta \times \frac{\Delta AT}{AT_f'}$$

$$K_\Delta = 0.3\sim0.5$$

であるから，$K_\Delta=0.5$ とみて

$$\frac{\Delta AT}{AT_f'} < \frac{2\Delta E}{E} \qquad (6\cdot9)$$

に選ぶことが望ましい．

式（6･5），（6･7）から

$$AT_h + AT_e = AT_f' + AT_\Delta$$

$$\therefore\quad \Delta AT = AT_h - AT_f' = AT_\Delta - AT_e \qquad (6\cdot10)$$

したがって式（6･10）を式（6･9）に代入し

$$\frac{AT_{\Delta}-AT_e}{AT_f'}<\frac{2\Delta E}{E}$$

$$\therefore\quad AT_e>AT_{\Delta}-\frac{2\Delta E}{E}AT_f' \qquad (6\cdot 11)$$

となるように AT_e を選定する必要がある．

本例では式（6･4）において $K_c=1.1$，$K_s=1.2$ とおくと

$$AT_f'=0.8\times1.1\times1.2\times0.797\times4.0\times10^3=3\,367\ \mathrm{AT}$$

また式（6･6）において，$\alpha_i=0.67$，$AC=6\,980$ であり，$K_{\Delta}=0.25$ に選んで

$$AT_{\Delta}=0.25\times\frac{0.67}{2}\times6\,980=585\ \mathrm{AT}$$

よって式（6･11）により

$$AT_e>585-\frac{2\times17}{203}\times3\,367=21\ \mathrm{AT}$$

安定巻線は電機子電流で励磁されるから，1 極の巻数は 21/227＝0.1．

よって 1 回巻きとし，$AT_e=227$ AT とする．

他励界磁のアンペア回数は

$$AT_h=AT_f'+AT_{\Delta}-AT_e=3\,367+585-227=3\,725\ \mathrm{AT}$$

他励界磁巻線の電圧を励磁電圧の 80 % とみて，$E_f=0.8\times220=176$ V，図 6･15 から他励界磁巻線の平均長 $l_f=670$ mm と概算し

$$q_f=\frac{I_f}{\Delta_f}=AT_h\times\frac{P\rho_{115}l_f}{E_f}=3\,769\times\frac{4\times0.0237\times670\times10^{-3}}{176}$$

$$=1.34\ \mathrm{mm}^2$$

よって丸線を用いるとし，その直径は $d_f=\sqrt{(4/\pi)\times1.34}=1.31$ mm となる．よって $d_f=1.30$ mm を選び，$q_f=1.33\ \mathrm{mm}^2$ となる．

界磁巻線の電流密度は $\Delta_f=2\sim4\ \mathrm{A/mm^2}$ にとられるから，本例では $\Delta_f=4.0\ \mathrm{A/mm^2}$ として

$$I_f=1.33\times4=5.32\ \mathrm{A}$$

$$T_f=\frac{AT_h}{I_f}=\frac{3\,725}{5.32}=700\ 回$$

よって 700 回巻きとする．

他励界磁巻線にはエナメル銅線を用い，その直径が 0.15 mm 増すとし，37 段

×14 層＋31 段×6 層に巻くとすると，界磁コイルの寸法は

コイルの厚さ			コイルの高さ		
導　線	$20\times(1.3+0.15)$	$=29$	導　線	$37\times(1.3+0.15)$	$=54$
絶縁の厚さ	2×1	$=\ 2$	絶縁の厚さ	2×1	$=\ 2$
		厚さ＝31 mm			高さ＝56 mm

となり，図 6･17 のようにコイル寸法を決める．

界磁巻線の抵抗は

$$R_f=\rho_{115}\times\frac{P\times T_f\times l_f\times10^{-3}}{q_f}=0.0237\times\frac{4\times700\times670\times10^{-3}}{1.33}=33.4\ \Omega$$

よって界磁巻線の電圧 E_f は，33.4×5.32＝178 V となる．

また，安定巻線の電流密度 $\varDelta_e=4.5\ \mathrm{A/mm^2}$ にとって，導線の断面積 q_e は

$$q_e=\frac{227}{4.5}=50.4\ \mathrm{mm^2}$$

よって，1.8×14＝25.2 mm² の二重ガラス巻平角銅線を 2 本持ち（断面積 25.2×2＝50.4 mm²）とし，**図 6･17** のようにフラットワイズ巻きにする．

磁極鉄心の高さを図 6･17 のように $h_p=73$ mm とすると，継鉄の内径は

$$D+2\delta+2h_p=260+2\times4+2\times73$$
$$=414\ \mathrm{mm}$$

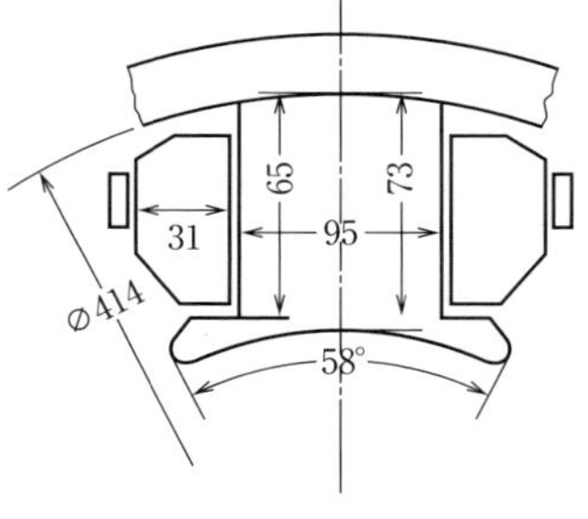

図 6・17　界磁コイルの寸法

外径は

$$414+32\times2=478\ \mathrm{mm}$$

となる．

6・3・7　整流子とブラシ

本例の電機子巻線は波巻で，図 6･8 のように 1 スロットに 3 個のコイル辺が収められるので，整流子片数 K はスロット数の 3 倍となり

$$K=3\times41=123,\qquad 並列回路数\quad a=2$$

であって，整流子ピッチは

$$y_k=\frac{2\times123-2}{4}=61$$

である．また，全導線数 $N=246$ でコイルピッチは $246/4=61.5$ に近い奇数 61 を選び，前および後ピッチとともに 61 にする．

整流子の直径 D_k は電機子の直径の 60〜75％ くらいに選ぶのが普通であるので，ここでは 70％ としてみると

$$D_k=260\times0.7=182\text{ mm}$$

であるから，$D_k=190$ mm とすると，整流子ピッチ c_k は

$$c_k=\frac{\pi\times190}{123}=4.85\text{ mm}$$

であって，整流子片間のマイカナイト絶縁の厚さを 0.8 mm とすると，**図 6・18** のような整流子寸法になる．

1 スロットに 3 個のコイル辺が収められるので，ブラシの幅 b_k は $3\times c_k$ 程度に選ぶ．すなわち

$$b_k=3\times4.85=14.6\text{ mm}$$

よって標準寸法の 16 mm をとる．また，ブラシの接触面の電流密度 Δ_b は 60×10^{-3}〜100×10^{-3} A/mm^2 にとられる．

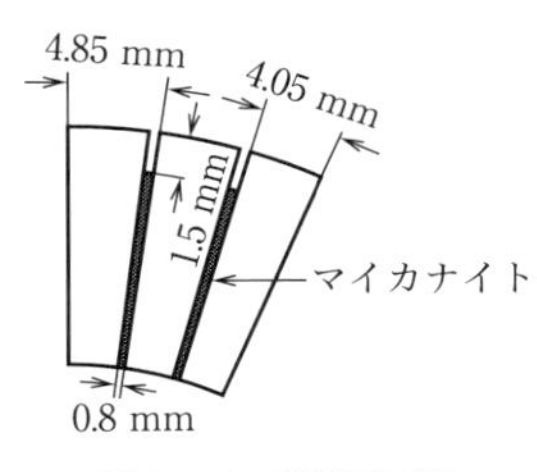

図 6・18　整流子寸法

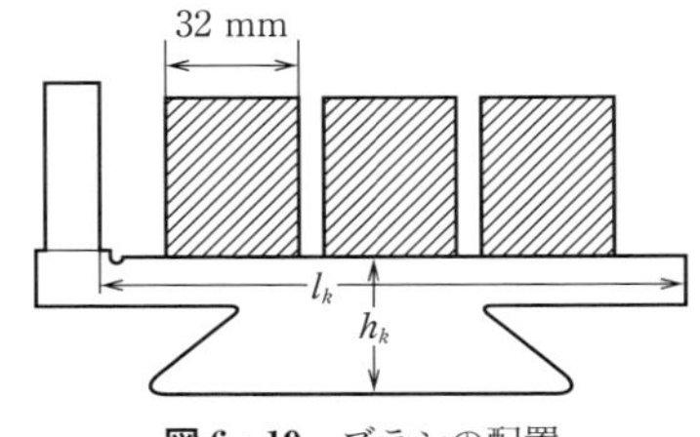

図 6・19　ブラシの配置

本例の場合，正および負のブラシそれぞれ 2 個ずつおくとすると，1 か所のブラシを通る電流は 113.5 A であるから，$\Delta_b=75\times10^{-3}$ A/mm^2 にとれば，ブラシの接触面積は $113.5/(75\times10^{-3})=1\,513$ mm^2 程度を必要とするので，$16\times32=512$ mm^2 のブラシ 3 個を 1 組として用い，**図 6・19** のように並べる．Δ_b は，$113.5/(16\times32\times3)=73.9\times10^{-3}$ A/mm^2 となる．このとき整流子片の長さ l_k を 140 mm に見積もる．また整流子片の高さ h_k はおおむね

$$h_k=0.03D_k+0.08l_k+15\text{ mm}\qquad(6\cdot12)$$

で計算でき

$$h_k = 0.03 \times 190 + 0.08 \times 140 + 15 = 31.9 \text{ mm}$$

となるから $h_k = 32$ mm とする．

6・3・8　整流時のリアクタンス電圧

〔1〕 整流中の電流変化　電機子コイルがブラシに短絡されて整流が行われる場合，**図6・20** に示すように整流子片 1 と 2 の間のコイルの整流は，1 が m 端に接した瞬時に始まり，2 が n 端から離れる瞬時に終わる．この間，コイル電流は $+I_a$ から $-I_a$ まで変化する．そして，この電流の時間に対する変化は，**図6・21**a，b，c のように三様に分けられる．a は過整流といい，電流変化の速さが大で，整流時間の終りにむりに $-I_a$ に引きもどされ，このときに火花を生じる．このような状態は，補極の起磁力が大きすぎる場合に起こる．

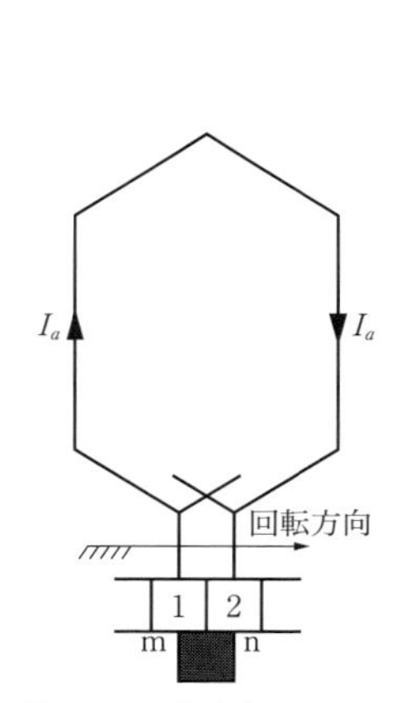

図6・20　整流中のコイル

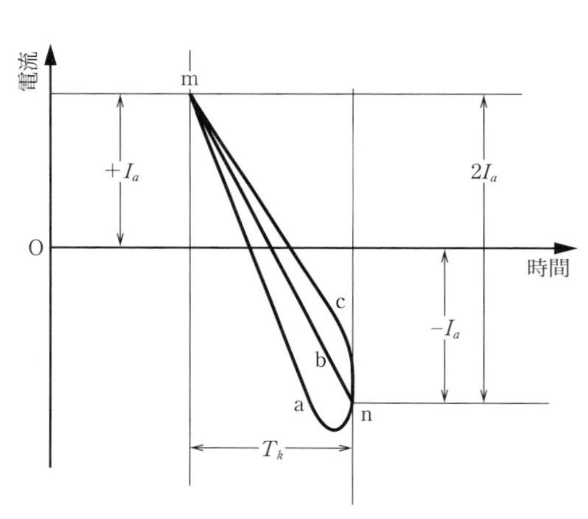

図6・21　整流中の電流の変化

c は不足整流といい，電流変化が緩慢で，整流時間の終りに近づいても電流変化が終わっていないので，やはり火花を生じる．これは整流中のコイルの自己インダクタンスの影響が著しいか，補極の起磁力が足りない場合に起こる．b は完全整流の状態で，電流変化は直線的で，整流時間の終りには電流変化も完全に終わっている．適度の強さの補極をおくことにより，このような整流状態が期待できる．完全整流の場合，整流中のコイルの自己インダクタンス L_c のために，コイル自身に生じる起電力は，6・1・5 項で述べたように $e_k = L \times 2I_a / T_k$ であり，この値は整流時間中一定である．過整流および不足整流の場合，e は整流時間中の

瞬時ごとに異なるので，瞬時値を計算することは困難である．そこで

$$e_k = L\frac{2I_a}{T_k} \tag{6・13}$$

を用い，これを平均リアクタンス電圧と呼ぶということは前にも述べた．

完全整流を行わせるためには，e_k をなんらかの方法，たとえば補極をおき，補極の磁束を整流中のコイルが切りながら回転することによって生じる起電力 e_i を，e_k と逆の方向に，かつ同じ大きさとすればよい．e_i は，ブラシ移動によっても生じさせることができる．

〔2〕 電機子コイルの自己インダクタンス　**図 6・22** は直流機の整流中のコイルの一つ，AA′を示したものである．いま，1 スロット内の導線数を Z_n（1 コイルの巻数は $Z_n/2$）とする．このコイルが生じる漏れ磁束には，スロット内に生じる磁束 φ_i とコイルエンドに生じる磁束 φ_e とがあり，前者は Z_n の導線数と，後者は $Z_n/2$ の導線数とそれぞれ鎖交する．

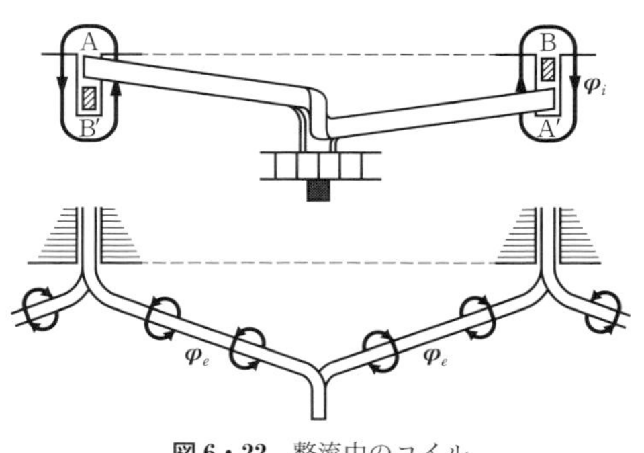

図 6・22　整流中のコイル

コイル電流 1 A 当たりコイルに生じる鎖交する磁束数，すなわちコイルの自己インダクタンスを L とすると

$$L = Z_n{}^2 l_i \zeta \times 10^{-9}\ \mathrm{H} \tag{6・14}$$

で表すことができる．ただし

$$\zeta = a + \frac{\tau}{l_1} b \tag{6・15}$$

で，a は全節巻ではおよそ 4，短節巻ではその 1/2 でおよそ 2，b はおよそ 0.7 とみることができる．

〔3〕 整流時間　**図 6・23** で整流子片の幅 c_k〔mm〕，ブラシの幅 b_k〔mm〕および整流子の周辺速度 v_k〔m/s〕を，図のように電機子周辺上に投影して考え，それぞれ c_a，b_a および v_a とすれば

$$\frac{c_a}{c_k} = \frac{b_a}{b_k} = \frac{v_a}{v_k} = \frac{D}{D_k}$$

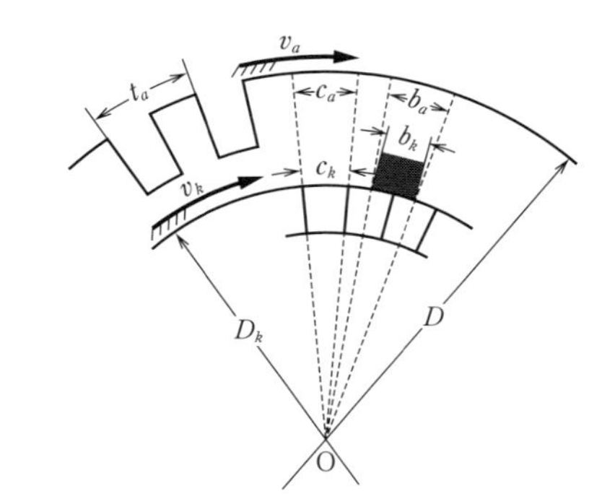

図6・23　整流子幅とブラシ幅

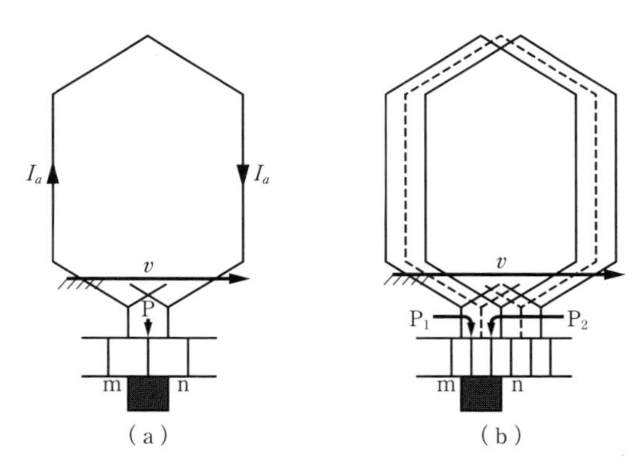

図6・24　整流時間の計算

である．

重ね巻の簡単な場合について考えると，**図6･24**（a）において，整流子片間のすきまPがmからnまで移動する時間が整流時間 T_k であり

$$T_k=\frac{b_k}{v_k}\times10^{-3}=\frac{b_a}{v_a}\times10^{-3}\text{ 秒} \qquad (6\cdot16)$$

で表される．図6･24（b）に示すような多重巻線で，並列回路が a/P 個あるような場合には，ブラシは a/P 個以上の整流子片を同時に短絡できる幅が必要である．すなわち図の P_1 がm端に来たとき短絡が始まり，P_2 がn端に来たとき短絡を終わるので，この間に整流子の移動した距離は $b_k-(a/P-1)c_k$ である．よって，この場合の整流時間は

$$T_k=\frac{b_k-\left(\frac{a}{P}-1\right)c_k}{v_k}\times 10^{-3}\text{ 秒} \qquad (6・17)$$

である．

次に波巻の場合について考える．**図 6・25** において，2 極ピッチだけ離れたブラシ A と B をつなぐ線 R を通して短絡電流が流れる．いま，このコイルにつながれる二つの整流子片 a と b の間隔が 2 極ピッチに等しく，ブラシ A と B の間隔と等しいと仮定すれば，P_1 が m 端，P_1' が m′ 端にきたときに短絡が始まり，P_2 が n 端，P_2' が n′ 端にきたときに短絡を終わるので，この間に整流子が移動した距離は b_k+c_k である．

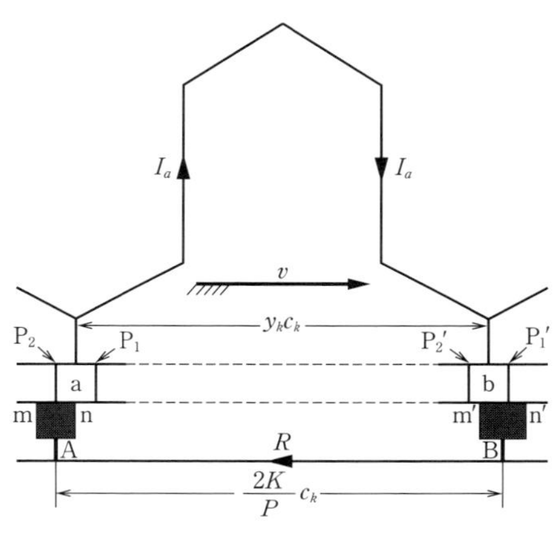

図 6・25　波巻巻線の整流

ところが波巻では，整流子ピッチは $y_k=K/(P/2)\pm m$ であり，この m を整流子のずれという．このずれがあることにより，電機子コイルは順次つながれて全コイルを経て元のコイルにもどる．正と負のブラシ間につながれる整流子片の数を K' とすると，$mK'=K/P$ となるはずである．一方，並列回路の数 a は K/K' であるから

$$\frac{K}{K'}=mP=a$$

よって

$$m=\frac{a}{P}$$

である．

図 6・26 の a，b 二つの整流子片間の距離は y_kc_k であり，2 極ピッチの間隔は $(2K/P)c_k$ で，この二つは一致せず，その差は

$$y_kc_k-\frac{2K}{P}c_k=\pm\frac{a}{P}c_k$$

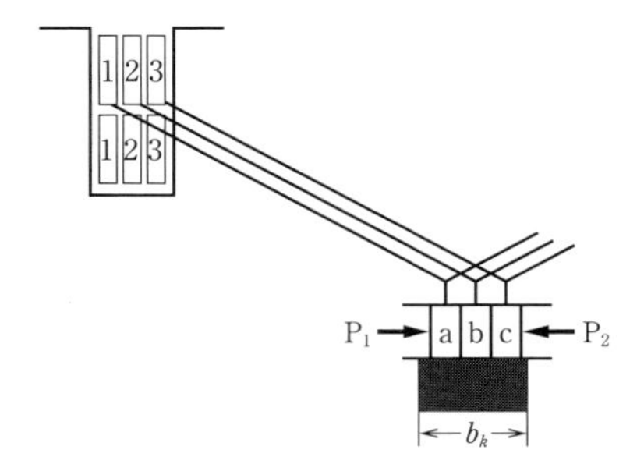

図6・26　1スロットに多数のコイル辺がある場合の整流時間の計算

となる．このずれの正負にかかわらず，整流子ピッチと2極ピッチとの間に差があれば，それだけ短絡時間内に移動する距離は縮められ

$$b_k+c_k-\frac{a}{P}c_k=b_k-\left(\frac{a}{P}-1\right)c_k$$

となる．よって，この場合の整流時間 T_k は

$$T_k=\frac{b_k-\left(\dfrac{a}{P}-1\right)c_k}{v_k}\times10^{-3}\text{ 秒} \qquad (6\cdot18)$$

である．

図6･26のように，1スロット内に多くのコイル辺が収められる場合を考え，上層のコイル辺1，2，3がそれぞれ整流子片a，b，cへつながれるとする．この場合のブラシ幅は，少なくとも一つのスロットにつながれる整流子片a，b，cを同時に短絡できることが必要である．

コイル1aの整流時間を T_k とすれば，このコイルの整流が終わってから，次のコイル2bの整流が終わるまでの間に整流子が移動する距離は c_k である．同様にコイル3cの整流が終わるまでには整流子はさらに c_k だけ移動する．よって，一般に1スロットに u 個のコイル辺が収められるときは，最初の一つのコイルが整流を終わって $(u/2-1)c_k$ だけ移動したのちに，そのスロットの全コイルの整流が終わる．したがって1スロットの整流時間を T_u とすれば

$$T_u=T_k+\frac{\left(\dfrac{u}{2}-1\right)c_k}{v_k}\times10^{-3}=T_k+\frac{\left(\dfrac{u}{2}-1\right)c_a}{v_a}\times10^{-3}$$

$$= \frac{b_a + \frac{u}{2}c_a - \frac{a}{P}c_a}{v_a} \times 10^{-3}$$

である．一方，スロットピッチを t_a とすれば $(u/2)c_a = t_a$ であるから

$$T_u = \frac{b_a + t_a - \frac{a}{P}c_a}{v_a} \times 10^{-3}$$

となる．よって平均リアクタンス電圧は

$$e_k = L_u \frac{2I_a}{T_u} \tag{6・19}$$

となる．ただし L_u は一つのスロットに収められたコイルの自己インダクタンスである．

6・3・9　補　　極

図 6・27 は補極の磁束分布を示し，同図 (a) で補極鉄心の幅を b_I，長さを l_I とする．整流中のコイルが整流時間内に移動する距離は $b_a + t_a - (a/P)c_a$ であって，b_I はこれより大きいことが必要で

$$b_I > b_a + t_a - \frac{a}{P}c_a \fallingdotseq b_a + t_a \tag{6・20}$$

にとればよい．

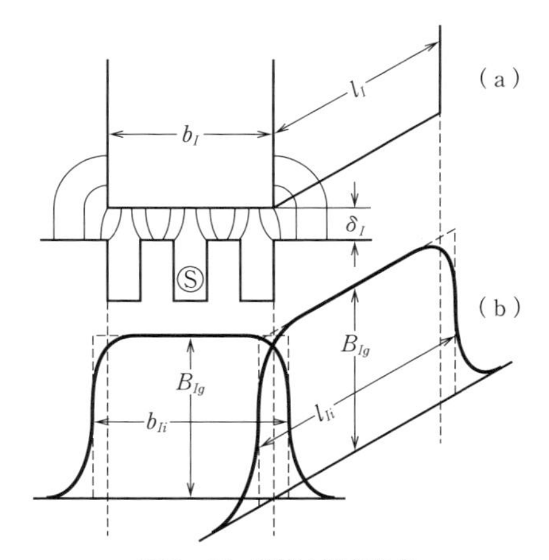

図 6・27　補極の磁束分布

同図 (b) は補極のギャップにおける磁束分布を示し，最大磁束密度を B_{Ig} とし，その分布と同じ総磁束数で B_{Ig} の磁束密度をもつ仮想長方形の幅を b_{Ii} および長さを l_{Ii} とすれば，補極のギャップの磁束 ϕ_I は

$$\phi_I = B_{Ig} b_{Ii} l_{Ii} \times 10^{-6} \tag{6・21}$$

であり，補極鉄心内の磁束は，漏れ磁束となる分を追加して

$$\phi_{Im} = (1 + \sigma_I) B_{Ig} b_{Ii} l_{Ii} \times 10^{-6} \tag{6・22}$$

である．ここに σ_I は漏れ係数で，ほぼ 0.25 くらいとみられる．

補極のギャップを δ_I とすれば（δ_I は主極のギャップ δ より大きいのが普通である）補極の有効幅 b_{Ii} は

$$b_{Ii}=b_I+2.5\delta_I \qquad (6\cdot23)$$

とみることができ，長さについても

$$l_{Ii}=l_I+2.5\delta_I \qquad (6\cdot24)$$

とみることができる．

図6･27で，コイルSが v_a〔m/s〕の速さで補極の下を走るときに生じる起電力 e_I は

$$e_I=2\times\left(\frac{Z_n}{2}\right)B_{Ig}l_{Ii}v_a\times10^{-3}\ \mathrm{V} \qquad (6\cdot25)$$

である．この起電力とリアクタンス電圧 e_k とが等しく，方向反対のとき完全整流が期待できる．よって

$$L_u\frac{2I_a}{T_u}=Z_nB_{Ig}l_{Ii}v_a\times10^{-3}$$

または

$$Z_n{}^2l_i\zeta\times10^{-9}\times\frac{2I_a}{\dfrac{b_a+t_a-\dfrac{a}{P}c_a}{v_a}\times10^{-3}}=Z_nB_{Ig}l_{Ii}v_a\times10^{-3} \qquad (6\cdot26)$$

ここで

$$\alpha=\frac{b_a}{t_a}+1-\frac{a}{P}\frac{c_a}{t_a} \qquad (6\cdot27)$$

とおき，また

$$\frac{Z_nI_a}{t_a}=ac$$

であるから

$$2acl_i\zeta=\alpha B_{Ig}l_{Ii}\times10^3$$

$$\therefore\quad l_{Ii}=\frac{2\zeta}{\alpha}\frac{ac}{B_{Ig}}l_i\times10^{-3} \qquad (6\cdot28)$$

である．

本例では $c_k=4.85$ mm，$b_k=16$ mm，$t_a=\pi\times260/41=19.9$ mm，$c_a=4.85\times260/190=6.64$ mm，$b_a=16\times260/190=21.9$ mm であるから，式(6･15)，(6･27)により

$$\alpha=\frac{21.9}{19.9}+1-\frac{2}{4}\times\frac{6.64}{19.9}=1.93$$

$$\zeta=2+0.7\times\frac{205}{200}=2.72$$

である．

補極の磁束は電流に比例することが必要であるから，B_{Ig} は飽和しない程度にしなければならないので，$B_{Ig}<0.2$ T にとる．

ここでは $B_{Ig}=0.10$ T に選べば

$$l_{Ii}=2\times\frac{2.72}{1.93}\times\frac{34}{0.1}\times197\times10^{-3}=189\text{ mm}$$

主極のギャップ長 $\delta=4$ mm に対し，補極のギャップも $\delta_I=4$ mm にとるとすれば，補極の長さは

$$l_I=189-2.5\times4=179\text{ mm}$$

よって $l_I=190$ mm にすると $l_{Ii}=200$ mm，$B_{Ig}=0.094$ T となる．

補極の有効幅 b_{Ii} は

$$b_{Ii}=21.9+19.9=41.8\text{ mm}$$

以上であることが必要であり，補極の幅 b_I は

$$b_I=41.8-2.5\times4=31.8\text{ mm}$$

となるから，$b_I=32$ mm とすると $b_{Ii}=42$ mm となる．

$\sigma_I=0.25$ とすると，$\phi_I=42\times200\times0.094\times10^{-6}=0.79\times10^{-3}$ Wb であるから，補極鉄心内の磁束 ϕ_{Im} は

$$\phi_{Im}=1.25\phi_I=1.25\times0.79\times10^{-3}=0.99\times10^{-3}\text{ Wb}$$

となる．このとき鉄心内の磁束密度 B_I は

$$B_I=\frac{0.99\times10^{-3}}{32\times190}\times10^6=0.163\text{ T}$$

であり，飽和するおそれはない．

補極のギャップに要するアンペア回数 AT_{Ig} は

$$AT_{Ig}=0.8K_cB_{Ig}\delta_I\times10^3\ (K_c=1.15\text{ とする}) \qquad (6\cdot29)$$
$$=0.8\times1.15\times0.094\times4\times10^3=346\text{ AT}$$

であり，補極に与えるべき起磁力 AT_I は AT_{Ig} のほかに，電機子反作用（交さ磁化作用）アンペア回数 $AC/2$ のほぼ 95 % が補極を弱めるように働くものとみて

$$AT_I=AT_{Ig}+0.95\times\frac{AC}{2} \qquad (6\cdot30)$$

$$\therefore \quad AT_I = 346 + 0.95 \times \frac{6\,980}{2} = 3\,662\ \text{AT}$$

補極コイルの巻数 T_I は

$$T_I = \frac{AT_I}{I} = \frac{3\,662}{227} = 16.1\ \text{回}$$

よって $T_I = 17$ として，コイルの電流密度を $\Delta_I = 4.5\ \text{A/mm}^2$ にとると導線断面積 q_I は

$$q_I = \frac{227}{4.5} = 50.4\ \text{mm}^2$$

補極コイルに平角線を用いる場合は，**図6･28** (a) および (b) のような巻き方がある．前者をフラットワイズ巻，後者をエッジワイズ巻という．

本例ではフラットワイズ巻を採用し，安定巻線と同じ $1.8 \times 14 = 25.2\ \text{mm}^2$ の平角線を2本持ち（断面積 $50.4\ \text{mm}^2$）して，4段×4層に巻き $\Delta_I = 227/50.4 = 4.5\ \text{A/mm}^2$ となる．詳しい寸法は製図によって決める．

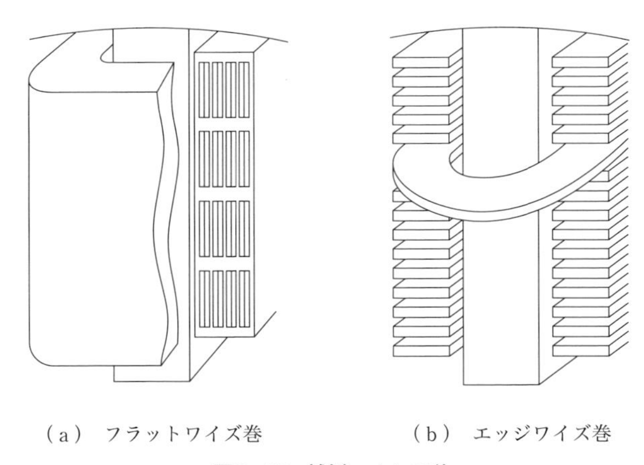

（a） フラットワイズ巻　　（b） エッジワイズ巻

図6・28 補極コイルの形

6・3・10 補償巻線

本例では補償巻線をつけないが，この巻線の設計の方針は次のとおりである．**図6･29** は補償巻線をつけた磁極を示し，そのアンペア導線数は極面に沿う電機子のアンペア導線数 $b_i ac = \alpha_i \tau ac = \alpha_i AC$ に等しく選び，電流の方向を電機子と反対に流せばよい．

補償巻線の1極の導線数 N_c/P は

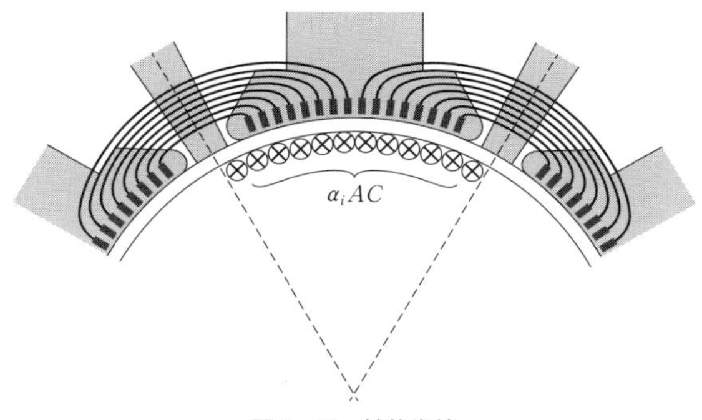

図 6・29　補償巻線

$$\frac{N_c}{P}=\frac{\alpha_i AC}{I}$$

として求める．

補償巻線をつければ，補極に必要なアンペア回数は式（6･30）の AT_I から補償巻線のアンペア回数 $AT_{ew}=(N_c/2P)I$ を減じたアンペア回数だけでよいことになるから，補極コイルの巻数は著しく少なくなる．

6・3・11　主磁路のアンペア回数

以上の計算で磁路の寸法はすべて決定できたので，主磁路のアンペア回数を精算してみる．

〔1〕 **ギャップのアンペア回数**　　$AT_g=0.8K_cB_g\delta\times10^3$ において $K_c=1.1$ とおき，$B_g=0.797$ T，$\delta=4$ mm であるから

$$AT_g=0.8\times1.1\times0.78\times4\times10^3=2\,805\text{ AT}$$

〔2〕 **歯のアンペア回数**　　**図 6･30** において歯ピッチ $t_a=19.9$ mm，歯の最大幅 $Z_{\max}=12.0$ mm，最小幅 $Z_{\min}=7.9$ mm であって，歯の平均幅（図に示したように最小幅のところから $h_t/3$ のところにおける歯幅）は，同期機の場合と同様に式（3･23）で求めると

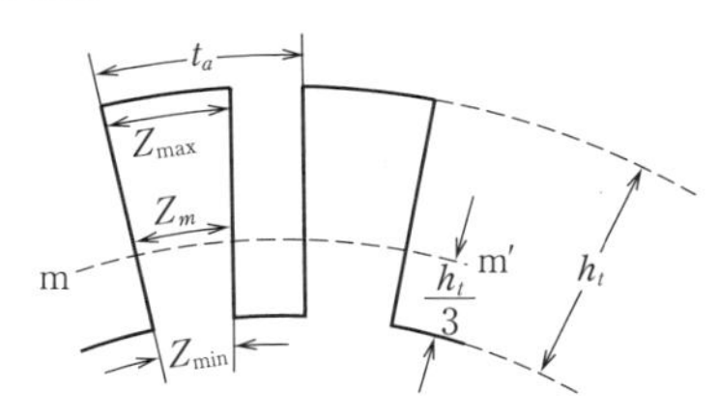

図 6・30　歯の平均幅 Z_m

$$Z_m=\frac{12.0+2\times7.9}{3}=9.3\text{ mm}$$

よって式（3･24）から歯の平均磁束密度 B_{tm} は

$$B_{tm}=0.98\times\frac{19.9\times197}{9.3\times190}\times0.797=1.73\ \mathrm{T}$$

となるから，図3･22から $B_{tm}=1.73$ T において1mmごとに必要なアンペア回数 $at_m=5.6$ AT/mm となり，$h_t=27$ mm であるから，歯のアンペア回数 AT_t は

$$AT_t=5.6\times27=151\ \mathrm{AT}$$

〔3〕 **電機子継鉄部分のアンペア回数**　磁束密度 $B_c=1.22$ T であり，図3･22から $at_c=0.6$ AT/mm を求め，$\tau=205$ mm であるから

$$AT_c=0.6\times\frac{205}{2}=62\ \mathrm{AT}$$

〔4〕 **主　磁　極**　磁束密度 $B_p=1.46$ T であり，軟鋼板を用いるとすると $at_p=2.6$ AT/mm，また $h_p=73$ mm であるから

$$AT_p=2.6\times73=190\ \mathrm{AT}$$

〔5〕 **固定子継鉄のアンペア回数**　磁束密度 $B_y=1.17$ T であり，軟鋼を用いるとして $at_y=0.94$ AT/mm であり，l_y は継鉄の平均直径に対する極ピッチの1/2をとって図6･18より継鉄の内径414mm，外径478mm であるから

$$l_y=\frac{414+478}{2}\times\pi\times\frac{1}{8}=175\ \mathrm{mm}$$

$$\therefore\quad AT_y=0.94\times175=165\ \mathrm{AT}$$

〔6〕 **全負荷におけるアンペア回数**

$$AT_f'=AT_g+(AT_t+AT_c+AT_p+AT_y)$$
$$=2\,805+(151+62+190+165)=2\,805+568=3\,373$$

$$K_s=1+\frac{568}{2\,805}=1.20\quad(\text{予想は }1.2)$$

〔7〕 **飽　和　曲　線**　種々の磁束に対し以上の計算をくり返せば，**表6･4**をつくることができ，飽和曲線を作図できる．ただし，各部の磁束密度は磁束に比例するとして計算する．

この際，界磁弱めにより，2 200 min^{-1} で全負荷運転するときの磁束は

$$21.5\times10^{-3}\times\frac{1\,150}{2\,200}=11.2\times10^{-3}\ \mathrm{Wb}$$

であることを考慮する．

以上の表から，**図6･31**に示すように AT_g+AT_t および AT_f' の飽和曲線 Oc

表 6・4　飽和曲線の計算

磁　束〔Wb〕		11.2×10^{-3}	18.0×10^{-3}	21.5×10^{-3}	24.0×10^{-3}	26.0×10^{-3}	28.0×10^{-3}
ギャップ	B_g	0.415	0.667	0.797	0.890	0.964	1.04
	AT_g	1 461	2 349	2 805	3 132	3 393	3 654
歯	B_{tm}	0.9	1.45	1.73	1.93	2.09	2.25
	at_m	0.24	1.60	5.60	15.0	34.0	80.0
	AT_t	6	43	151	404	917	2 157
電機子継鉄	B_c	0.64	1.02	1.22	1.36	1.48	1.59
	at_c	0.14	0.31	0.60	1.10	1.80	3.00
	AT_c	14	32	62	114	186	310
磁極鉄心	B_p	0.76	0.85	1.46	1.63	1.77	1.90
	at_p	0.32	0.39	2.60	4.80	8.50	15.0
	AT_p	23	29	190	351	621	1 096
固定子継鉄	B_y	0.61	0.98	1.17	1.31	1.41	1.52
	at_y	0.23	0.55	0.94	1.40	2.10	3.20
	AT_y	40	97	165	246	369	562
$AT_s=AT_t+AT_c+AT_p+AT_y$		83	201	568	1 115	2 093	4 125
AT_g+AT_t		1 467	2 392	2 956	3 536	4 310	5 811
$AT_f{}'=AT_g+AT_s$		1 544	2 550	3 373	4 247	5 486	7 779

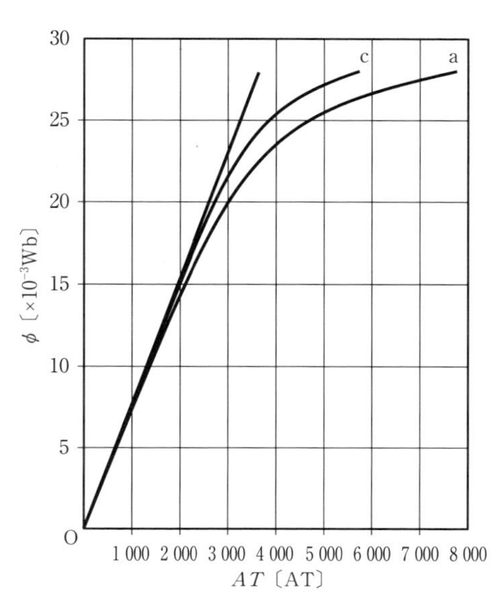

図 6・31　例題の直流機の飽和曲線

およびOaが作図できる．

6・3・12 速度変動率

電機子導線1本の平均長さは

$$l_a = 200 + 1.75 \times 205 = 559\ \mathrm{mm}$$

であり，ブラシ間の直列導線数 $Z/a = 246/2 = 123$，および導線断面積 $q_a = 17.1$ mm^2 であるから

$$R_a = \rho_{115} \times \frac{Z/a \times l_a \times 10^{-3}}{2 \times q_a} = 0.0237 \times \frac{123 \times 559 \times 10^{-3}}{2 \times 17.1} = 0.0476\ \Omega$$

補極コイルの巻数1回の平均長さ $l_{If} = 520$ mm，および導線断面積 $q_I = 50.4$ mm^2，$T_I = 17$ であるから，コイルの抵抗は

$$R_I = \rho_{115} \times \frac{P \times T_I \times l_{If} \times 10^{-3}}{q_I} = 0.0237 \times \frac{4 \times 17 \times 520 \times 10^{-3}}{50.4} = 0.0166\ \Omega$$

安定巻線の巻線1回の平均長さ $l_e = 720$ mm，および導線断面積 $q_e = 50.4$ mm^2，1回巻で4極直列であるが，極間の接続が無視できないのでその長さ $l_{co} = 1\,000$ mmを加え

$$R_e = \rho_{115} \times \frac{(P \times T_e \times l_e + l_{co}) \times 10^{-3}}{q_e}$$

$$= 0.0237 \times \frac{(4 \times 1 \times 720 + 1\,000) \times 10^{-3}}{50.4} = 0.0018\ \Omega$$

電機子回路の全内部抵抗は

$$R = R_a + R_I + R_e = 0.0476 + 0.0166 + 0.0018 = 0.0660\ \Omega$$

よって抵抗による電圧降下は

$$\Delta E = IR + 2 \times (\text{ブラシ電圧降下}) = 227 \times 0.0660 + 2 \times 1 = 17.0\ \mathrm{V}$$

全負荷時の電機子誘導起電力 E は

$$E = 220 - 17 = 203\ \mathrm{V}$$

この値は予測値とほぼ等しいので，1 150 min^{-1} 全負荷時の磁束は 21.5×10^{-3} Wb，このときの $AT_f' = 3\,373$ AT として計算を進める．

AT_Δ は，AT_f' の0.1として

$$AT_\Delta = 3\,373 \times 0.1 \fallingdotseq 337\ \mathrm{AT}$$

$$AT_f = 3\,373 + 337 = 3\,710\ \mathrm{AT}$$

他励界磁のアンペア回数 AT_h は，安定巻線のアンペア回数 $AT_e = 227$ AT であるから

$$AT_h = 3\,710 - 227 = 3\,483\ \mathrm{AT}$$

であって，このとき励磁電流 I_f は

$$I_f = \frac{3\,483}{700} = 4.98\ \mathrm{A}$$

$$\Delta_f = \frac{4.98}{1.33} = 3.74\ \mathrm{A/mm^2}$$

である．励磁電流 4.98 A（3 483 AT）のまま無負荷になると，そのときの磁束は図 6･31 より 21.9×10^{-3} Wb であるから，無負荷速度 n_0 は

$$n_0 = 1\,150 \times \frac{220}{203} \times \frac{21.5\times10^{-3}}{21.9\times10^{-3}} = 1\,224\ \mathrm{min^{-1}}$$

よって，速度変動率 ε〔%〕は

$$\varepsilon = \frac{1\,224 - 1\,150}{1\,150} \times 100 = 6.4\ \%$$

となる．

2 200 $\mathrm{min^{-1}}$ 全負荷における磁束は

$$21.5\times10^{-3} \times \frac{1\,150}{2\,200} = 11.2\times10^{-3}\ \mathrm{Wb}$$

図 6･31 より，このときの $AT_f' = 1\,544$ AT であることから，AT_Δ は

$$AT_\Delta = 1\,544 \times 0.1 = 154\ \mathrm{AT}$$

として

$$AT_f = 1\,544 + 154 = 1\,698\ \mathrm{AT}$$

他励界磁のアンペア回数 AT_h は

$$AT_h = 1\,698 - 227 = 1\,471\ \mathrm{AT}$$

励磁電流は

$$I_f = \frac{1\,471}{700} = 2.10\ \mathrm{A}$$

このまま無負荷にしたときの磁束は，図 6･31 より 10.5×10^{-3} Wb であるから，無負荷速度 n_0 は

$$n_0 = 2\,200 \times \frac{220}{203} \times \frac{11.2\times10^{-3}}{10.5\times10^{-3}} = 2\,543\ \mathrm{min^{-1}}$$

速度変動率 ε〔%〕は

$$\varepsilon = \frac{2\,543 - 2\,200}{2\,200} \times 100 = 15.6\ \%$$

6・3・13　損失と効率

まず，1 150 min^{-1} の場合について計算する．

〔1〕　電機子，補極巻線および安定巻線の銅損

$$W_{Ca}=I^2R_a=227^2\times0.0476=2\,453\ \mathrm{W}$$

$$W_{CI}=I^2R_I=227^2\times0.0166=855\ \mathrm{W}$$

$$W_{Ce}=I^2R_e=227^2\times0.0018=93\ \mathrm{W}$$

$$W_C=W_{Ca}+W_{CI}+W_{Ce}=3\,401\ \mathrm{W}$$

〔2〕　ブラシの摩擦損と電気損の和　整流子の周辺速度 $v_k=\pi\times190\times(1\,150/60)\times10^{-3}=11.4\ \mathrm{m/s}$ であるから，式（1･14）から

$$W_b=2I(1+0.05v_k)=2\times227(1+0.05\times11.4)=713\ \mathrm{W}$$

〔3〕　他励界磁銅損

$$W_f=I_f{}^2R_f=4.98^2\times33.4=828\ \mathrm{W}$$

〔4〕　鉄　　損

鉄心継鉄部の容積

$$V_{Fc}=\frac{\pi}{4}\times(206^2-110^2)\times190=4\,527\times10^3\ \mathrm{mm^3}\qquad（図6･11参照）$$

けい素鋼帯50A470を用いるとすると，表1･1より

鉄心継鉄部の重量　　$G_{Fc}=0.97\times7.7\times4\,527\times10^3\times10^{-6}=33.8\ \mathrm{kg}$

式（1･4）および表1･2から計算するとして，$B_C=1.22\ \mathrm{T}$，$\sigma_{Hc}=3.53$，$\sigma_{Ec}=28.2$，$f=38.3\ \mathrm{Hz}$ であるから，1 kg当たりの鉄損 w_{fc} は

$$w_{fc}=1.22^2\,(3.53\times0.383+28.2\times0.50^2\times0.383^2)=3.55\ \mathrm{W/kg}$$

よって継鉄の鉄損 W_{Fc} は

$$W_{Fc}=w_{fc}G_{Fc}=3.55\times33.8=120\ \mathrm{W}$$

鉄心歯の部分の容積 V_{Ft} は図6･11から

$$V_{Ft}=\frac{\pi}{4}\times(260^2-206^2)\times196-7.9\times27\times41\times196=2\,160\times10^3\ \mathrm{mm^3}$$

その重量 G_{Ft} は

$$G_{Ft}=0.97\times7.7\times2\,160\times10^3\times10^{-6}=16.1\ \mathrm{kg}$$

歯の重量1 kg当たりの鉄損を式（1･5）と表1･2から計算するとして，$B_{tm}=1.73\ \mathrm{T}$，$\sigma_{Ht}=5.88$，$\sigma_{Et}=49.4$ であるから

$$w_{ft}=1.73^2(5.88\times0.383+49.4\times0.50^2\times0.383^2)=12.2\ \mathrm{W/kg}$$

よって歯の鉄損 W_{Ft} は

$$W_{Ft}=w_{ft}G_{Ft}=12.2\times16.1=196\ \mathrm{W}$$

全鉄損 W_F は

$$W_F=W_{Fc}+W_{Ft}=120+196=316\ \mathrm{W}$$

〔5〕 **機　械　損**　式（1・11）において $D=260$ mm，$l_1=200$ mm，$v_a=15.7$ m/s であるから

$$W_m=8\times260\times(200+150)\times15.7^2\times10^{-6}=179\ \mathrm{W}$$

〔6〕 **漂遊負荷損**　出力の 1 % とみて $W_s=450$ W

〔7〕 **全　損　失**

$$W=W_C+W_b+W_f+W_F+W_m+W_s$$
$$=3\,401+713+828+316+179+450=5\,887\ \mathrm{W}$$

〔8〕 **効　　率**

$$\eta=\frac{\mathrm{kW}\times10^3}{\mathrm{kW}\times10^3+W}\times100=\frac{45\times10^3}{45\times10^3+5\,887}\times100=88.4\ \%$$

〔9〕 **他励界磁銅損を除く効率（電機子効率）**

$$\eta'=\frac{45\times10^3}{45\times10^3+3\,401+713+316+179+450}\times100$$
$$=\frac{45\times10^3}{45\times10^3+5\,059}\times100=89.9\ \%$$

電機子電流は

$$I_a=\frac{45\times10^3+5\,059}{220}=228\ \mathrm{A}$$

予測値は $\eta=90$ %，$I_a=227$ A であった．

次に 2 200 min^{-1} における効率を計算する．

電機子，補極巻線および安定巻線の銅損は，上記と同じで $W_C=3\,401$ W，ブラシの摩擦損と電気損の和は，整流子周辺速度が 21.9 m/s となるから $W_b=951$ W，他励界磁の銅損は，$I_f=2.10$ A であるから $W_f=147$ W，鉄損は，$B_c=0.64$ T，$B_{tm}=0.90$ T，$f=73.3$ Hz であるから $W_F=231$ W，機械損は，電機子周辺速度が 29.9 m/s であるので，$W_m=649$ W，漂遊負荷損は出力の 1.65 % として 743 W である．

よって，効率は 88.0 %，また，他励界磁損失を含まない電機子効率は 88.3 %，電機子電流は 232 A となる．

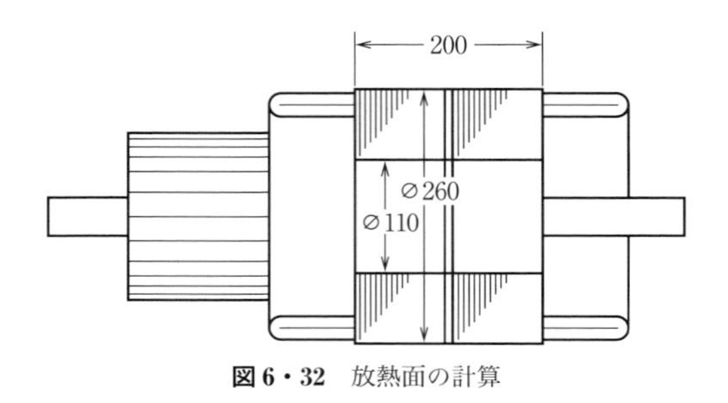

図 6・32　放熱面の計算

6・3・14　温 度 上 昇

直流機の冷却面積 O_a は，**図 6・32** において電機子鉄心の外面，側面およびダクト部分の側面（ダクト 1 か所について 1 面）の合計とみなし，鉄心内径の面は通風が悪いので，放熱面としては計上しないとすると

$$O_a = \frac{\pi}{4}(D^2 - D_i^2) \times (2 + n_d) + \pi D l_1 \tag{6・31}$$

で求められる．また電機子は回転しているので，周辺速度を v_a〔m/s〕として，温度上昇 θ_a は

$$\theta_a = \frac{W_i}{kO_a(1 + 0.1\, v_a)} \tag{6・32}$$

として計算される．ただし W_i は鉄心内に起こる損失で，鉄損とスロット内の電機子銅損のほかに漂遊負荷損の 2/3 はこの部分に生じるとして

$$W_i = W_F + \frac{l_i}{l_a} W_{Ca} + \frac{2}{3} W_s$$

である．また $k = 20 \sim 30$ W/(m²・℃) である．

本例では $W_F = 316$ W，$W_{Ca} = 2\,453$ W，$W_s = 450$ W，$l_a = 559$ mm，$l_i = 200$ mm であり

$$W_i = 316 + \frac{200}{559} \times 2\,453 + \frac{2}{3} \times 450 = 1\,494 \text{ W}$$

また $D = 260$ mm，$D_i = 110$ mm，$n_d = 1$ であるから

$$O_a = \left(\frac{\pi}{4}(260^2 - 110^2)(2 + 1) + \pi \times 260 \times 200\right) \times 10^{-6} = 0.294 \text{ m}^2$$

$k = 28$ とし，$v_a = 15.7$ m/s であるから

$$\theta_a = \frac{1\,483}{28 \times 0.294(1 + 0.1 \times 15.7)} = 71 \text{ ℃}$$

である．電機子コイルの温度上昇はこれより 5 ℃高いとして約 76 ℃と推定する．

6・3・15　主要材料の使用量

〔1〕 銅　質　量　電機子巻線の銅質量 G_{Ca} は

$$G_{Ca}=\gamma_c q_a Z l_a \times 10^{-6} \quad \text{〔kg〕} \tag{6・33}$$

ここに，γ_c：銅の比重＝8.9，q_a：導線断面積〔mm²〕，Z：電機子全導線数，l_a：導線 1 本の平均長さ〔m〕

で計算できる．よって

$$G_{Ca}=8.9\times17.1\times246\times559\times10^{-6}=21\ \text{kg}$$

実際使用量は 10 % 増しの 23 kg と見積もる．

安定巻線の銅質量 G_{Ce} は

$$G_{Ce}=\gamma_c q_e(PT_e l_e+\text{接続長})\times10^{-6} \quad \text{〔kg〕}$$

ここに，q_e：導線断面積〔mm²〕，P：極数，T_e：巻線/極，l_e：巻数 1 回の平均長さ〔m〕

である．よって

$$G_{Ce}=8.9\times50.4\times(4\times1\times720+1\,000)\times10^{-6}=1.7\ \text{kg}$$

実際使用量は 2 kg と見積もる．

他励界磁巻線の銅質量 G_{Cf} は

$$G_{Cf}=\gamma_e q_f PT_f l_f\times10^{-6} \quad \text{〔kg〕} \tag{6・34}$$

ここに，q_f：導線断面積〔mm²〕，P：極数，T_f：巻数/極，l_f：巻数 1 回の平均長さ〔m〕

である．よって

$$G_{Cf}=8.9\times1.33\times4\times670\times700\times10^{-6}=22.2\ \text{kg}$$

実際使用量は 25 kg と見積もる．

補極巻線の銅質量も同様にして

$$G_{CI}=8.9\times50.4\times4\times17\times520\times10^{-6}=15.9\ \text{kg}$$

実際使用量は 18 kg と見積もる．

整流子の銅質量 G_{Ck} は

$$G_{Ck}=\gamma_c\times\frac{\pi}{4}\{D_k{}^2-(D_k-2h_k)^2\}l_k'\times10^{-6} \quad \text{〔kg〕} \tag{6・35}$$

ここに，D_k：整流子の外径〔mm〕，h_k：整流子の高さ〔mm〕，l_k'：整流子片の全長〔mm〕

l_k' は図6･19の l_k（=140 mm）にライザ部の長さを加え160 mmとする．よって

$$G_{Ck}=8.9\times\frac{\pi}{4}\{190^2-(190-2\times32)^2\}\times160\times10^{-6}=22.6\ \mathrm{kg}$$

実際使用量は10％増しの25 kgと見積もる．

〔2〕 **鉄 質 量**　電機子鉄心の質量（スロットの部分も含む）は

$$G_F=\gamma_F\times0.97\times\frac{\pi}{4}(D^2-D_i^2)l\times10^{-6}\quad〔\mathrm{kg}〕\tag{6・36}$$

ここに，γ_F：鋼帯の密度=7.7 kg/dm^3，D，D_i はそれぞれ鉄心の外径および内径〔mm〕，l：鉄心の正味の長さ〔mm〕

よって

$$G_F=7.7\times0.97\times\frac{\pi}{4}(260^2-110^2)\times190\times10^{-6}=61.9\ \mathrm{kg}$$

となる．しかし鉄心は鋼帯の原材から打ち抜くので，かなりのくずがでるから25％増しの77 kgを原材の必要量と見積もる．

6・3・16 電機子回路のインダクタンス

電機子回路のインダクタンスは，多くの直流機に対する実験値の平均から求めた次の実験式が用いられる．

$$L_a=19.1\times C_x\times\frac{V}{PnI}\quad〔\mathrm{H}〕\tag{6・37}$$

ここに，V：定格電圧〔V〕，P：極数，n：定格回転速度〔min^{-1}〕，I：定格電機子電流〔A〕，C_x：補償巻線なしで0.3～0.4，ありで0.1～0.15

よって本例においては，$C_x=0.3$ とし

$$L_a=19.1\times0.3\times\frac{220}{4\times1150\times227}=0.0012\ \mathrm{H}=1.2\ \mathrm{mH}$$

6・3・17 他力通風用電動送風機

直流電動機の熱損失1 kW当たりの所要冷却風量は，およそ5 m^3/(min･kW)である．

本例では，熱損失の合計は

$$\begin{aligned}W_h&=W_C+W_b+W_f+W_F+W_s=3\,401+713+828+316+450\\&=5\,708\ \mathrm{W}\end{aligned}$$

であるから，所要風量は

$$Q_h = 5\,708 \times 10^{-3} \times 5 = 28.5\ \mathrm{m^3/min}$$

本例での直流機内の抵抗損失は，およそ 980 Pa として 30 m³/min のシロッコファンとする．

送風機を駆動するのに要する動力は，次式で表される．

$$P_B = \frac{QH}{6\,120 \times \eta_B \times 9.8}\ \mathrm{kW} \qquad (6 \cdot 38)$$

ここに，Q：風量〔m³/min〕，H：風圧〔Pa〕，η_B：送風機の効率（シロッコファンでは 0.45～0.55）

よって本例では η_B を 0.45 にとり

$$P_B = \frac{30 \times 980}{6\,120 \times 0.45 \times 9.8} = 1.09\ \mathrm{kW}$$

駆動用電動機の定格出力は，この動力に余裕をみて，かつ標準定格を選び 1.5 kW とする．

6・3・18　設　計　表

表 6・5 は以上の計算を一括して示したものである．

表6・5

直流電動機　回転機設計表

仕様				
用途　一般工業用	機器　直流電動機	励磁方式　安定巻線付他励	保護方式　保護防滴	冷却方式　自力自由通風
出力　45 kW	極数　4 P	回転速度　1 150/2 200 min^{-1}	電流　228/232 A	定格　連続
電圧　220 V	励磁電圧　220 V	励磁電流　4.98/2.10 A		
規格　JEC-2120-2000	耐熱クラス　155（F）	送風機用電動機　1.5 kW		

基本諸元				
比容量 S/f　32.6	基準磁気装荷 ϕ_0　2.7×10^{-3} Wb	磁気装荷 ϕ　21.5×10^{-3} Wb	電気装荷 AC　6 980	
電機子外径 D　260 mm	極弧 τ　205 mm	磁気比装荷 B_g　0.797 T	電気比装荷 ac　34 AC/mm	ギャップ長 δ　4.0 mm

電機子	整流子，ブラシ	界磁巻線	安定巻線	補　極
電機子巻線方式　波巻	整流子片数 K　123	他励界磁アンペア回数 AT_h　3 483/1 471	安定巻線アンペア回数 AT_e　227	補極アンペア回数 AT_I　3 662
電機子全導線数 N　246	整流子ピッチ y_k　61	励磁電流 I_f　4.98/2.10 A	安定巻線巻数 T_e　1	補極巻数 T_I　17
スロット数 N_1　41	整流子直径 D_k　190 mm	他励界磁巻数 T_f　700	導体幅　1.8 mm	導体幅　1.8 mm
導体幅　1.8 mm	整流子ピッチ c_k　4.85 mm	導体直径 d_f　1.3 mm	導体高さ　14 mm	導体高さ　14 mm
導体高さ　9.5 mm	マイカナイト絶縁　0.8 mm	導体断面積 q_f　1.33 mm^2	導体持ち数　2	導体持ち数　2
導体断面積 q_a　17.1 mm^2	整流子片長さ L_k　140 mm	電流密度 $\varDelta_f$　3.65 A/mm^2	導体断面積 q_e　50.4 mm^2	導体断面積 q_I　50.4 mm^2
電流密度 $\varDelta_a$　6.64 A/mm^2	整流子片高さ h_k　32 mm		電流密度 $\varDelta_e$　4.5 A/mm^2	電流密度 $\varDelta_I$　4.5 A/mm^2
1スロット内導体数　6	ブラシ幅 b_k　16 mm			
導体並び数　3	ブラシ厚み　32 mm			
歯の平均磁束密度 B_{tm}　1.73/0.90 T	ブラシ組数　3			

継鉄磁束密度 B_c 1.22/0.64 T	ブラシ電流密度 Δ_b 73.9×10^{-3} A/mm^2			

回路定数	損 失	運転特性
電機子巻線抵抗 R_a 0.0476 Ω	電機子巻線銅損 W_{ca} 2 453 W	1 150 min^{-1}
補極巻線抵抗 R_I 0.0166 Ω	補極巻線銅損 W_{cI} 855 W	効率 η 88.4 %
安定巻線抵抗 R_e 0.0018 Ω	安定巻線銅損 W_{ce} 93 W	効率 η'(他励界磁除く) 89.9 %
電機子回路抵抗 R 0.0660 Ω	ブラシ摩擦損・電気損 W_b 713 W	2 200 min^{-1}
他励界磁巻線抵抗 R_f 33.4 Ω	他励界磁銅損 W_f 828 W	効率 η 88.0 %
抵抗値換算温度 115 ℃	全鉄損 W_F 316 W	効率 η'(他励界磁除く) 88.3 %
電機子回路インダクタンス L_a 1.2 mH	機械損(風損) W_m 179 W	
	標遊負荷損 W_s (1%) 450 W	

飽和特性			
磁束	AT_g	AT_s	$AT_{f'}$
11.2×10^{-3}	1 461	83	1 545
18.0×10^{-3}	2 349	201	2 550
21.5×10^{-3}	2 805	568	3 373
24.0×10^{-3}	3 132	1 115	4 247
26.0×10^{-3}	3 393	2 093	5 486
28.0×10^{-3}	3 654	4 125	7 779

寸法諸元

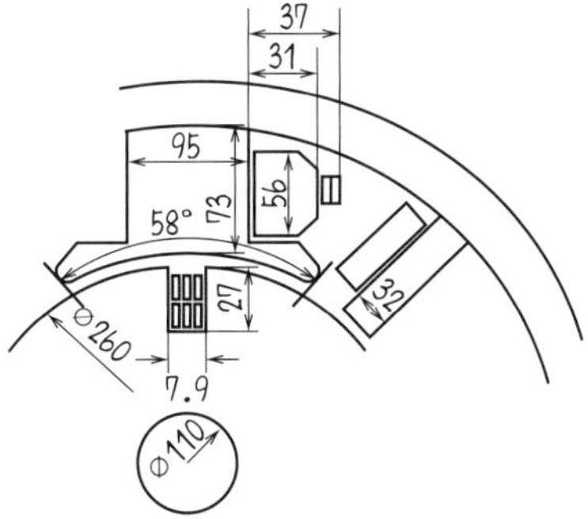

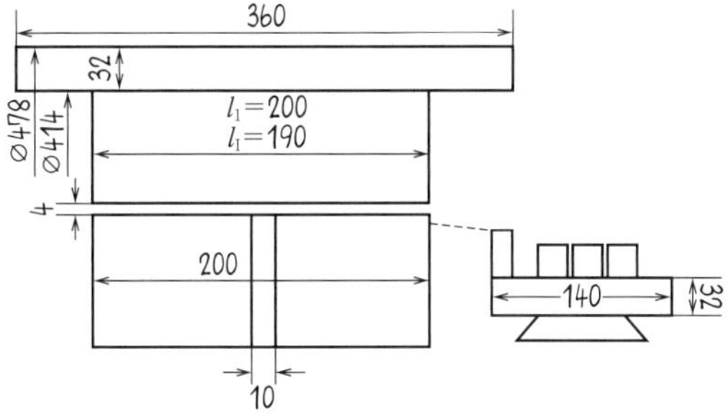

日付： 年 月 日		設計番号：	設計者：

第7章 変圧器の設計

変圧器は原理的構造としては簡単であるが，大容量の変圧器，超高圧の変圧器になると巻線および絶縁の構成，冷却構造など相当複雑となる．

電力用変圧器には負荷時タップ切換変圧器が多く用いられ，また，整流器用変圧器，電炉用変圧器など，特殊用途に使用される変圧器もある．それぞれ構造などの面で差がある．電磁鋼帯などの材料の進歩と解析技術の進歩および環境調和への対応から，低損失・低騒音・コンパクト化のために新しい技術の開発が行われている．

7・1 変圧器の鉄心

変圧器の鉄心および巻線の構造は，大きく分けて外鉄形と内鉄形に分けられるが，内鉄形についてはさらに鉄心の構造から，単相２脚，単相３脚，三相３脚，三相５脚などに分けられる（**図 7・1**）．

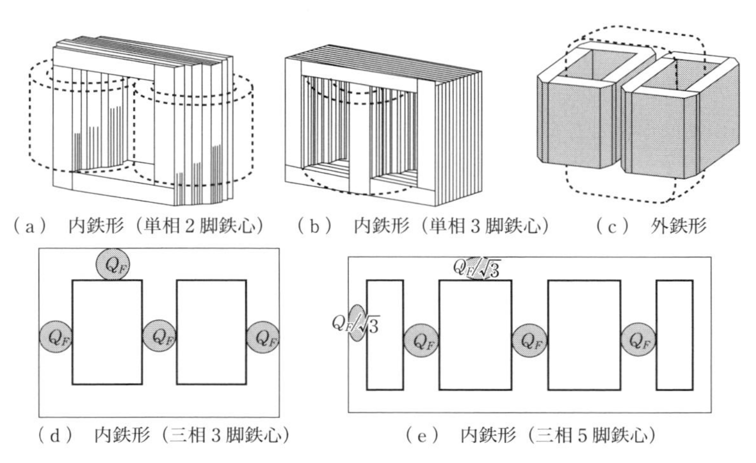

図 7・1 変圧器の鉄心構造

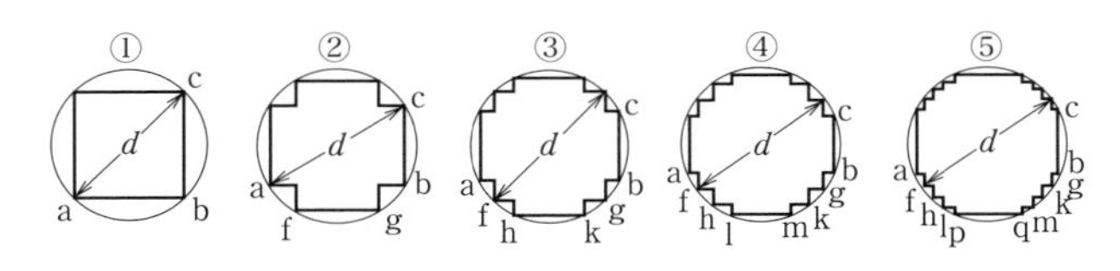

図番号	ab	fg	hk	lm	pq	n= 多角面積 / 円面積
①	0.707d					0.637
②	0.851d	0.536d				0.787
③	0.906d	0.707d	0.424d			0.851
④	0.933d	0.795d	0.607d	0.359d		0.886
⑤	0.950d	0.846d	0.707d	0.534d	0.314d	0.908

図7・2　多辺形とする鉄心の断面

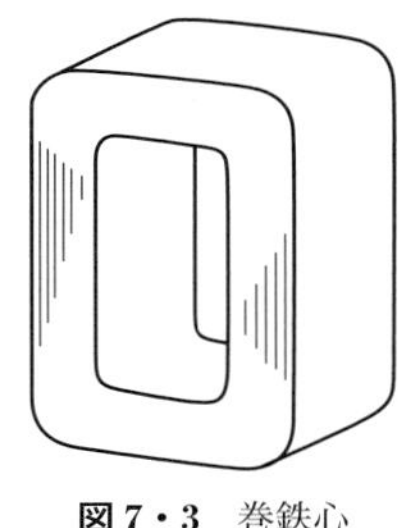

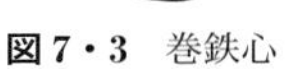
図7・3　巻鉄心

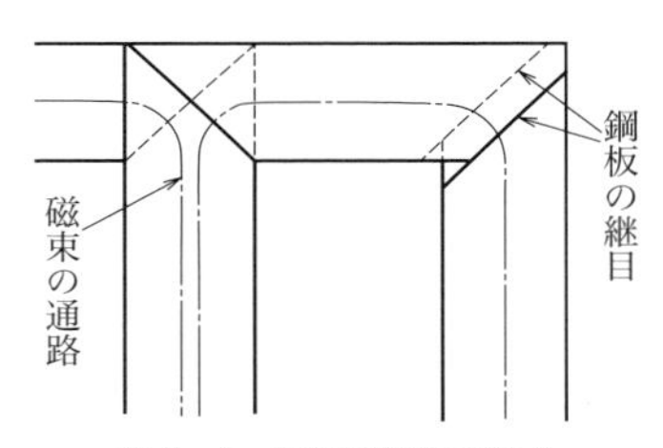

図7・4　額縁形接続の鉄心

三相器には三相3脚鉄心が一般に採用されるが，三相5脚鉄心は三相3脚鉄心に比較し，継鉄部の断面積を約 $1/\sqrt{3}$ にできることから，輸送または使用場所の関係で高さの制限を受ける大容量の三相変圧器に採用される．

鉄心の断面形状としては，小容量の変圧器では長方形の鉄心，中容量以上では**図7･2**に示すような円に内接する多辺形の鉄心が用いられる．

最近は変圧器の鉄心材料として，特性の優れた高磁束密度方向性けい素鋼帯が使用されるが，圧延方向に優れた特性をもつ方向性を十分に生かすため，小容量の変圧器では，圧延方向に長いけい素鋼帯を**図7･3**のように巻いた巻鉄心構造が用いられる．中容量以上では**図7･4**のように，鉄心を構成するけい素鋼板の端部を45°に切断して積み上げ，磁束ができるだけ圧延方向に通るよう考慮した額縁形の接続が用いられる．

7・2　変圧器の巻線

7・2・1　巻線の配置

内鉄形変圧器の巻線は，**図7･5**のように低圧巻線Lが鉄心に近い内側に置かれ，その外側に高圧巻線Hが置かれた同心配置となる．

図7･6は外鉄形の場合で，低圧側および高圧側巻線を数個に分けて交互に配置している．このように高圧，低圧の組合せを数個に分けることにより，漏れリアクタンスを減らすことができる．

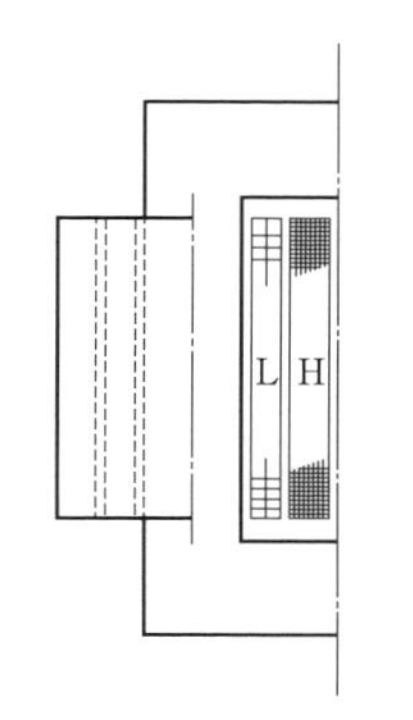

図7・5　内鉄形変圧器の巻線配置

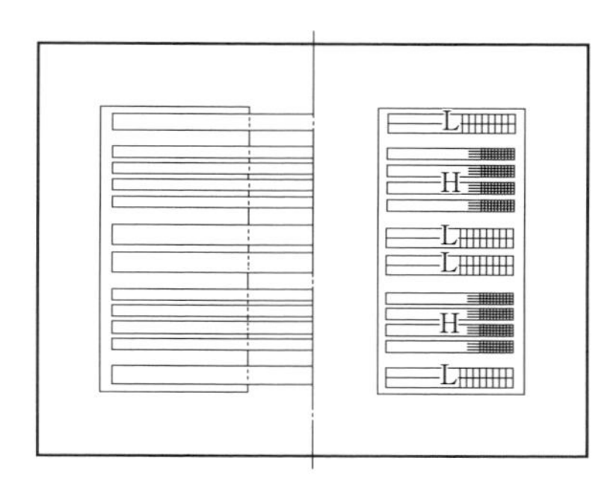

図7・6　外鉄形変圧器の巻線配置

7・2・2　巻線の構造

小容量の変圧器では**図7･7**のように，導体に丸線または平角線を使い鉄心に沿って層状に巻き，層間に絶縁紙を差し込んで巻き重ねた多重円筒巻線が用いられる．

大容量の内鉄形変圧器では，**図7･8**のように丸形の円板巻線が用いられる．平角線を用いて円板状に数～数十回巻き重ねたもので，**図7･9**のようにこれを必要個数連続して巻き，一つの巻線を形成する．各円板コイルの間には，絶縁と冷却を兼ねたプレスボードの間隔片が置かれている．電流が大きく，多数の導体が並列に巻かれる場合は，各導体の電流分布を平均化するため，**図7･10**のように巻線の途中で各導体の位置を入れ換えることが行われる．このような入換えを導体の転位といい，2本以上の導体を並列に使用する場合，転位を適切に行わないと並列導体間の循環電流による損失の増加，温度上昇の過大などをきたすことがあるので，注意を要する．

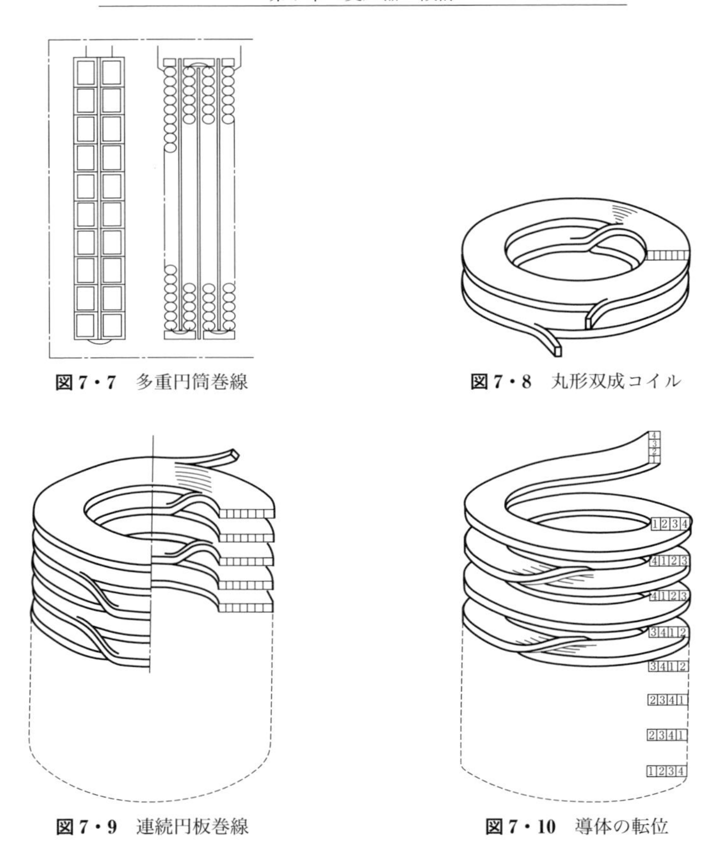

図7・7　多重円筒巻線

図7・8　丸形双成コイル

図7・9　連続円板巻線

図7・10　導体の転位

巻線の絶縁方法は電圧によって異なるが，**図7･11**は内鉄形特別高圧変圧器の絶縁構造を示す一例で，巻線の配置は，低圧巻線を鉄心側とした同心配置となる．鉄心と低圧側巻線の間および低圧側と高圧側巻線の間は絶縁筒（ぜつえんとう）により油道（ゆどう）を分割する構成としている．巻線の上下にはシードリングを置いて，電界の緩和をはかり，さらに高圧側巻線の端部を包むようにL形成形絶縁バリアにより絶縁を強化している．油道の幅が狭いほど絶縁耐力が高くなる E（破壊電界強度）-d（間隙寸法）特性があるため，バリア分割絶縁構成が採用される．

図7･12は大容量の外鉄形変圧器に用いられる長方形の双成コイルで，**図7･13**のようにコイル間には絶縁物をはさみ，低圧巻線と高圧巻線を交互に積み重ねて鉄心に収められる．

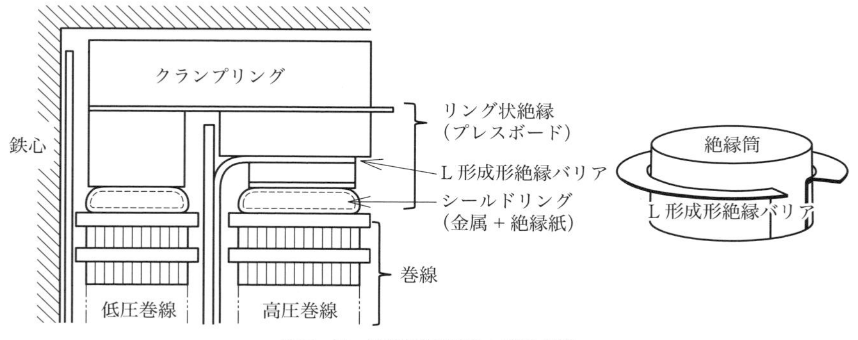

図 7・11　内鉄形変圧器の絶縁構造

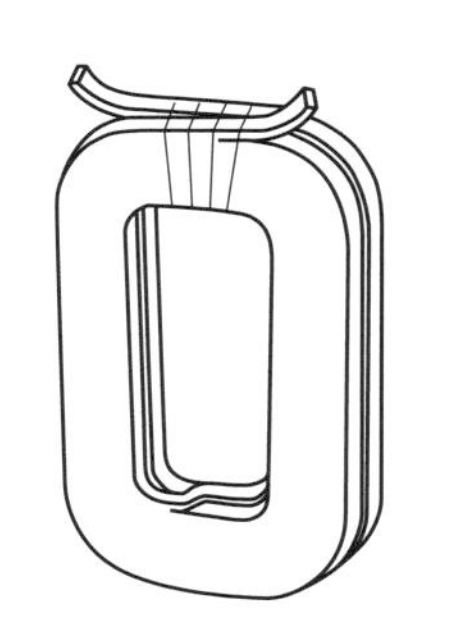

図 7・12　外鉄形変圧器の双成コイル

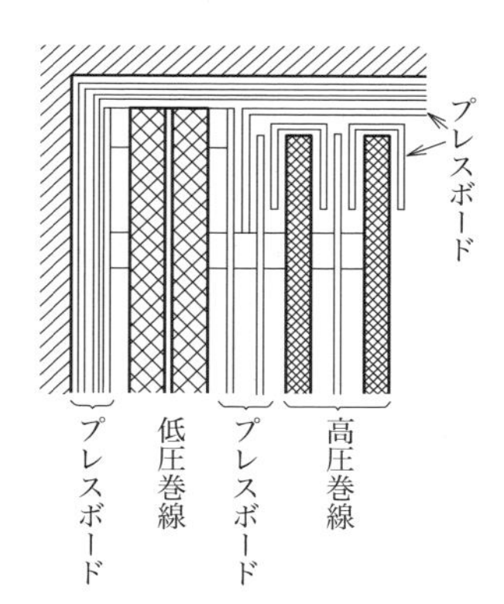

図 7・13　外鉄形変圧器の絶縁

7・2・3　巻線に関する注意事項

① 一般の変圧器は絶縁と冷却の目的で，鉱油，合成油，SF_6 ガスなどに浸されるので，巻線に使用する絶縁物は，これらの媒体に溶けたり腐食されないものを使用する必要がある．また絶縁材料としてはち密質であり，油などが浸透しやすいものがよい．

② 巻線はインダクタンスをもつと同時に対地との間に静電容量があるため，雷などの異常電圧が侵入した場合，部分的に高い電圧が加わり，絶縁破壊を起こすおそれがある．したがって巻線の構造として，このような異常電圧に対し，巻線内の電圧分担をできるだけ平等にする必要がある．

図 7・14（b）は高直列容量巻線といい，巻線内の電圧分担を平等に近づけ

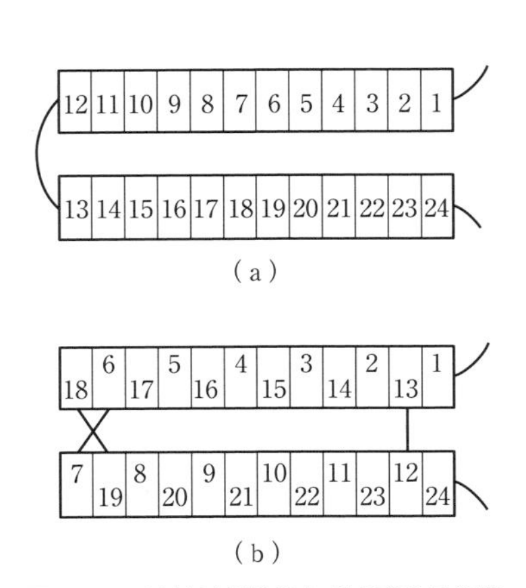

図7・14 連続円板巻線と高直列容量巻線

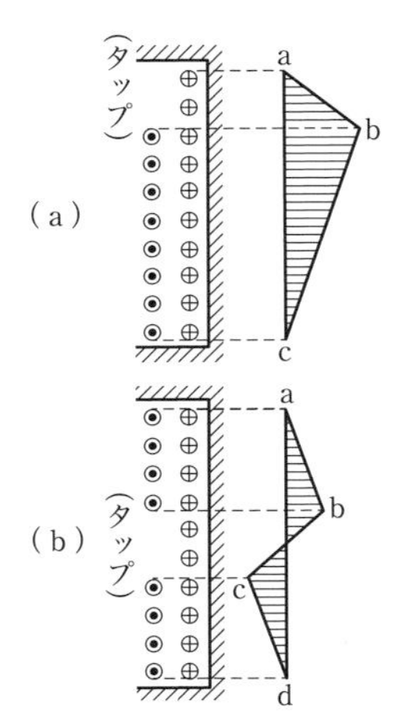

図7・15 タップ位置と漏れ磁束

るため，巻線間の静電容量（直列静電容量）を大きくするよう考慮した巻線の一例である．

③ 電圧調整用のタップがある場合，これを巻線の端部から出すと，**図7・15**(a) のように起磁力の不平衡によって漏れ磁束（a，b，c）を生じ，漏れリアクタンスの増加，漏れ磁束による漂遊負荷損が発生する．これを防ぐため，タップは巻線の中央，または数か所に分けて出すのがよく，中央から出した場合，同図 (b) のように起磁力は比較的平衡し，漏れ磁束（a，b，c，d）は少なくなる．

④ 多数の導体を並列に巻く場合，転位を行って電流分布の平均化を行ったのと同様，多数のコイルを並列に接続する場合も，各コイルに対する漏れ磁束の状態が同じでないと電流分布に不平衡を生じるので，配置上の注意が必要である．

⑤ 高い短絡インピーダンスに設計された変圧器，または大容量の変圧器では漏れ磁束が相当大きな値となり，導体内はもちろん，外部の金属部分にもうず電流を発生し，損失の増加，部分的な過熱を起こすおそれがある．このような場合，導体の寸法，巻線に近い金属部分の材質構造などに対する検討が必要となる．

⑥ 外部回路で短絡のあった場合，短絡電流と漏れ磁束により巻線に非常に大

きな機械力が働くので，巻線自身の構造および鉄心との支持構造は，この機械力に耐えるよう考慮する必要がある．

7・3　変圧器の設計例（1）

設計例　単相内鉄形変圧器

仕　様

油入自冷　　規格　JIS C 4304：2013（配電用標準）

定格容量　20 kVA　　周波数　50 Hz

一次電圧　F6750–R6600–F6450–F6300–6150 V

（R：定格電圧，F：全容量タップ電圧，無印：低減容量タップ電圧）

二次電圧　210–105 V（単相3線式）

7・3・1　装荷の配分

配電用小形変圧器の鉄心には，方向性けい素鋼帯を用いた巻鉄心が広く用いられ，鉄心特性が良好なことから，特性を規格値におさめるため，やや鉄機械に設計される．本例の鉄心は単相2脚として設計する．

容　　量　kVA＝20

一次電流　$I_1=\dfrac{20\times10^3}{6\,600}=3.03\ \mathrm{A}$　（6 600 V タップ）

$I_1=\dfrac{20\times10^3}{6\,300}=3.18\ \mathrm{A}$　（6 300 V タップ）

二次電流　$I_2=\dfrac{20\times10^3}{210}=95.2\ \mathrm{A}$

毎脚の容量　$S=\dfrac{20}{2}=10\quad(P=2)\ \mathrm{kVA}$

比 容 量　$\dfrac{S}{f\times10^{-2}}=\dfrac{10}{0.5}=20\ \mathrm{kVA}$

式（2･56）から $\gamma=1$ として $\chi=4.47$ となり，基準磁気装荷 $\phi_0=0.35\times10^{-2}$ に選んで

磁気装荷　$\phi=\chi\phi_0=4.47\times0.35\times10^{-2}=1.57\times10^{-2}\ \mathrm{Wb}$

したがって 210 V に対する二次巻数を T_2 とすれば

$$T_2=\frac{E_2}{4.44\phi f}=\frac{210}{4.44\times1.57\times10^{-2}\times50}=60.3\text{ 回}$$

端数をなくして $T_2=60$ 回とすると，6 600 V に対する巻数は

$$T_1=T_2\times\frac{E_1}{E_2}=60\times\frac{6\,600}{210}\fallingdotseq1\,886\text{ 回}$$

各タップに対する巻数は電圧に比例するとして計算し，次のようになる．

電　圧〔V〕	6 750	6 600	6 450	6 300	6 150
巻　数〔回〕	1 929	1 886	1 843	1 800	1 757

一次巻数は 965 回および 964 回の 2 個とし，二次巻数は 105 V に対して 60/2＝30 回とし，これをさらに各脚 15 回，2 層に巻き，**図 7･16** のように分割交さ結線とする．

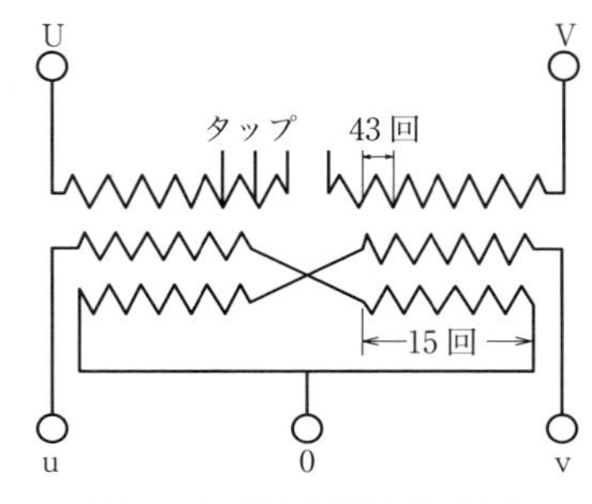

図 7・16　配電用変圧器の結線

ここで磁気装荷を再計算すると

$$\phi=\frac{210}{4.44\times60\times50}$$
$$=1.58\times10^{-2}\text{ Wb}$$

また電気装荷は

$$AT=\frac{I_1T_1}{P}=\frac{3.03\times1\,886}{2}$$
$$=2\,857\text{ AT}$$

7・3・2　比装荷と主要寸法

変圧器の比装荷と電流密度は，**表 7･1** に示す値が用いられる．

表 7・1　変圧器の比装荷と電流密度

比装荷＼容量		小容量	中容量	大容量
磁気比装荷 B_c〔T〕	方向性	1.5～1.7	1.6～1.8	1.6～1.8
	無方向性	1.0～1.3	1.2～1.4	—
電気比装荷 at〔AT/mm〕		10～20	20～50	50～100
電流密度 $\varDelta$〔A/mm^2〕		2～3	2.5～4	2.5～4.5

なお電気比装荷は鉄心窓内の銅の占積率に関係があり，電圧が高いときは比装荷は小さい値となることに注意を要する．

磁気比装荷を B_c とすると鉄心の断面積 Q_F は

$$Q_F = a \times b = \frac{\phi}{0.9B_c} \quad (7\cdot1)$$

として求められる．ただし，a と b は鉄心断面が長方形の場合の脚部分の幅と厚みであり，0.9 は鋼板の占積率である．なお a と b の割合は，鉄心の形に応じて**図 7•17** のようにとられる．

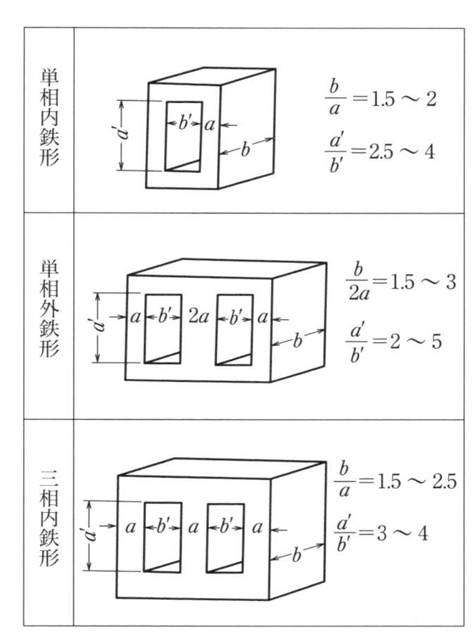

図 7・17　鉄心の寸法化

窓内の銅線の総断面積を Q_c〔mm²〕とすると

$$Q_c = (q_1T_1 + q_2T_2) \quad 〔\mathrm{mm}^2〕$$

である．ただし q_1，q_2 はそれぞれ一次および二次銅線の断面積〔mm²〕である．

ここで一次，二次の平均電流密度を $\varDelta$〔A/mm²〕とすると

$$Q_c = \frac{I_1T_1 + I_2T_2}{\varDelta} = \frac{2I_1T_1}{\varDelta} = \frac{2\times2AT}{\varDelta} \quad 〔\mathrm{mm}^2〕 \quad (7\cdot2)$$

となる．鉄心の窓の面積は

$$a' \times b' = \frac{Q_c}{f_c} \quad 〔\mathrm{mm}^2〕 \quad (7\cdot3)$$

ここに，a'：窓の高さ，b'：窓の幅（図 7•17）

として求められる．また f_c は窓内の銅の占積率といい，**図 7•18** に示すように電

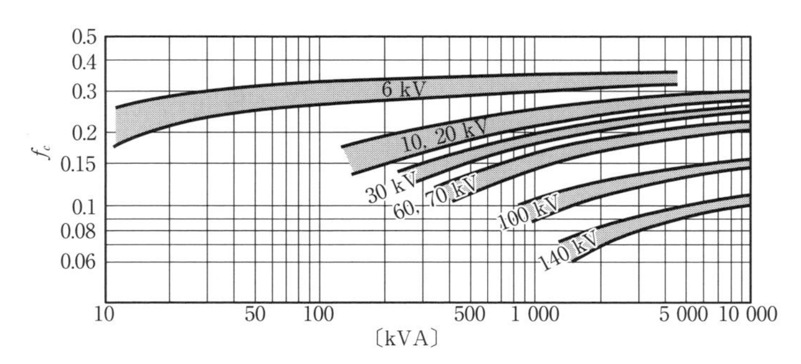

図 7・18　銅の占積率

圧と容量によって決まる値である．

本例では方向性けい素鋼帯 30P105 を使用し，磁気比装荷 $B_c=1.6$ T にとると鉄心断面積は

$$Q_F=\frac{1.58\times10^{-2}}{0.9\times1.6}=1.1\times10^{-2}\ \mathrm{m}^2=110\times10^2\ \mathrm{mm}^2$$

したがって脚の幅 $a=80$ mm，厚み $b=140$ mm とすると

$$a\times b=80\times140=112\times10^2\ \mathrm{mm}^2=112\times10^{-4}\ \mathrm{m}^2,\quad \frac{b}{a}=\frac{140}{80}=1.75$$

これにより B_c を再計算すると次のようになる．

$$B_c=\frac{1.58\times10^{-2}}{0.9\times112\times10^{-4}}=1.57\ \mathrm{T}$$

銅線の平均電流密度を $\varDelta=2.6$ A/mm^2 とすると，窓内銅線の総断面積は

$$Q_c=\frac{4AT}{\varDelta}=\frac{4\times2\,857}{2.6}=4\,395\ \mathrm{mm}^2$$

図7•18より本例は 6 kV 級，20 kVA であるから，銅の占積率 $f_c=0.25$ とすると，窓の面積 $a'\times b'$ は式（7•3）より

$$a'\times b'=\frac{4\,395}{0.25}=17\,580\ \mathrm{mm}^2$$

電気比装荷 at は表7•1を参考に 12.5 AT/mm にとると，巻線の高さ h は

$$h=\frac{2\,857}{12.5}=229\ \mathrm{mm}$$

巻線の上下端の絶縁のために要する寸法を考え，鉄心の窓高さは

$$a'=h+21=229+21=250\ \mathrm{mm}$$

とする．また窓の幅は

$$b'=\frac{a'\times b'}{a'}=\frac{17\,580}{250}=70.3\ \mathrm{mm}$$

余裕をみて $b'=75$ mm とする．

ここまでの計算で，鉄心の寸法が**図7•19**のように決定されたことになるが，実際の設計では，次節の巻線設計において，

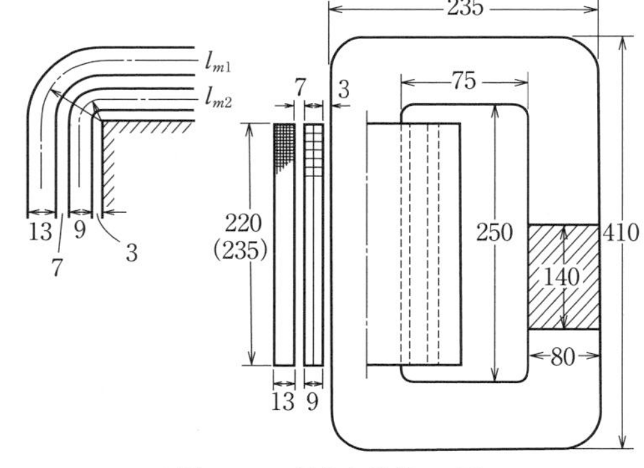

図7・19　鉄心と巻線の寸法

標準電線を使用した巻線寸法から多少の修正が必要である．

7・3・3 巻線の寸法

小形変圧器では，丸線または平角線による円筒巻線が用いられる．巻線寸法を決定するには鉄心の窓寸法を考慮し，銅線の寸法，層数，1層の巻回数などの調整が必要である．

一次および二次銅線の電流密度を，それぞれ$\Delta_1=2.8$ A/mm^2，$\Delta_2=2.4$ A/mm^{2}にとると，一次銅線断面積q_1は

$$q_1=\frac{I_1}{\Delta_1}=\frac{3.18}{2.8}=1.136\ \mathrm{mm^2}$$

丸線を用いるとして，その直径d_1は

$$d_1=\sqrt{\frac{4}{\pi}\times 1.136}\fallingdotseq 1.20\ \mathrm{mm}$$

したがって$d_1=1.2$ mmとし，$q_1=1.13$ mm^2，$\Delta_1=2.81$ A/mm^{2}となる．

二次銅線断面積q_2は

$$q_2=\frac{I_2}{\Delta_2}=\frac{95.2}{2.4}=39.7\ \mathrm{mm^2}$$

したがって14 mm×2.8 mmの紙巻平角線を用いるとすると，$q_2=38.8$ mm^2，$\Delta_2=2.45$ A/mm^{2}となる．14 mm×2.8 mmの断面積は39.2 mm^{2}となるが，平角線として加工する場合，角部に丸みを付けるため，標準電線としての断面積は38.8 mm^{2}となる．

一次巻線は965回および964回の2個に分け，1個は161回巻き5層と160回巻き1層の合計6層とし，もう1個は最後の1層のみ159回巻きとする．二次巻線は15回を2層に巻くとすると，各々の巻線の高さと幅は次のようになる．

一次巻線の高さ

銅　　線	(161＋1)×(1.2＋0.15)＝218.7
そ の 他	1.3

高さ＝220 mm

一次巻線の幅

銅　　線	6×(1.2＋0.15)＝8.1
層間絶縁	(0.5〜1.0)×5 ＝3.5
そ の 他	1.4

幅＝13 mm

銅線には絶縁厚さを加え，高さの計算は巻き始めと巻き終りの重なりがあるため，巻回数＋1回で計算する．

二次巻線の高さ

銅　　線	$(15+1)\times(14+0.5)=232$
余裕その他	$=3$
	高さ$=235$ mm

二次巻線の幅

銅　　線	$2\times(2.8+0.5)=6.6$
層間絶縁	$=1$
余裕その他	$=1.4$
	幅$=9$ mm

以上の寸法の巻線を，絶縁および冷却を考慮して，図7·19のように鉄心に収める．

7・3・4 電圧変動率

変圧器の電圧変動率 ε〔%〕は，q_r を抵抗降下率〔%〕，q_x を漏れリアクタンス降下率〔%〕とし，負荷の力率を $\cos\phi$ とすると次の式で与えられる．

$$\varepsilon=q_r\cos\phi+q_x\sin\phi+\frac{(q_x\cos\phi-q_r\sin\phi)^2}{200}\quad〔\%〕\tag{7・4}$$

ここで，R：一次からみた巻線の全抵抗〔Ω〕，X：一次からみた漏れリアクタンス〔Ω〕，I_1：一次定格電流〔A〕，E_1：一次定格電圧〔V〕とすると

$$q_r=\frac{I_1R}{E_1}\times100\quad〔\%〕$$

$$q_x=\frac{I_1X}{E_1}\times100\quad〔\%〕$$

である．したがって電圧変動率は，巻線抵抗と漏れリアクタンスの値を知り，負荷の力率が指定されれば求めることができる．

〔1〕 巻線抵抗の計算　油入変圧器の特性は，実際の運転状態での温度を考慮し75℃を基準として計算されるので，抵抗値としては75℃の値を求める．

一次巻線の巻数1回の平均長さ l_{m_1} は，図7·19より

$$l_{m_1}=2\times(140+80)+2\pi\times25.5=600\text{ mm}$$

25.5 mmは，長方形に巻いた一次巻線の角部分の平均の丸みで，図7·19から，

$3+9+7+13/2=25.5$ mm として求めたものである．

一次巻線の抵抗は 6 600 V タップにおいて

$$R_1=0.021\frac{T_1 l_{m_1}}{q_1}=0.021\times\frac{1\,886\times600\times10^{-3}}{1.13}=21.03\ \Omega$$

6 300 V タップにおいて

$$R_1=0.021\times\frac{1\,800\times600\times10^{-3}}{1.13}=20.07\ \Omega$$

二次巻数 1 回の平均長さは

$$l_{m_2}=2\times(140+80)+2\pi\times7.5=487\ \text{mm}$$

二次巻線の抵抗は

$$R_2=0.021\frac{T_2 l_{m_2}}{q_2}=0.021\times\frac{60\times487\times10^{-3}}{38.8}=0.0158\ \Omega$$

一次定格タップ（6 600 V）に換算した全抵抗

$$R=R_1+\left(\frac{T_1}{T_2}\right)^2 R_2=21.03+\left(\frac{1\,886}{60}\right)^2\times0.0158=36.6\ \Omega$$

6 300 V タップに換算した全抵抗

$$R=20.07+\left(\frac{1\,800}{60}\right)^2\times0.0158=34.3\ \Omega$$

なお，以上の計算は直流に対する抵抗値であるが，交流に対しては，表皮作用により抵抗は若干増加し，また漏れ磁束により巻線導体内，および金属構造物にもうず電流損を発生する．これらの損失を漂遊負荷損と呼ぶが，これを正確に計算することは非常に繁雑である．そこで本例は小形変圧器でもあり，全体を含めて経験的に損失が約 3 % 増加するものとして計算を進める．

$$R_{ac}=1.03\times36.6=37.7\ \Omega\quad（6\,600\ \text{V タップ}）$$

$$R_{ac}=1.03\times34.3=35.3\ \Omega\quad（6\,300\ \text{V タップ}）$$

〔2〕 **漏れリアクタンスの計算**　**図 7・20** は内鉄形変圧器の漏れ磁束分布の模様を示したものである．漏れ磁束は負荷電流による磁束のうち，一次および二次巻線と共通に鎖交しない磁束をいい，巻線の漏れインダクタンスとして作用する．漏れ磁束を生じる磁界の強さは同図（b）のようになり，漏れ限界として巻線高さ h をとった場合のインダクタンスの値は

$$L=\mu\frac{T^2 U_m}{h}\times\left(d_0+\frac{d_1+d_2}{3}\right)\times10^{-3}\quad〔\text{H}〕$$

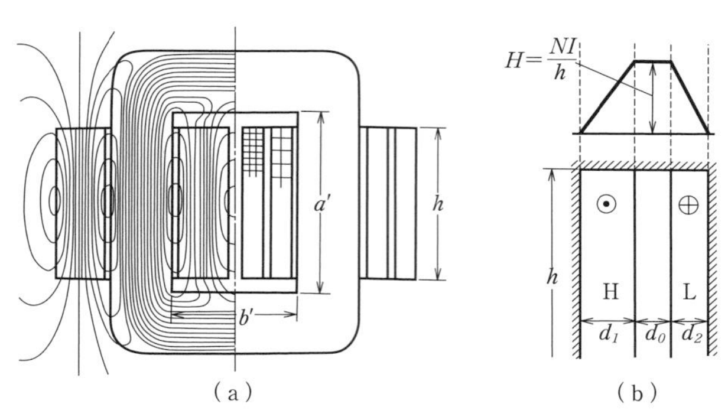

図7・20 内鉄形変圧器の漏れ磁界

ここに，T：巻線1脚の巻回数，U_m＝一次，二次巻線の平均周長$(l_{m_1}+l_{m_2})/2$〔mm〕，d_1，d_2，d_0：それぞれ一次，二次巻線の巻き厚さ〔mm〕およびその間隔〔mm〕

なお，この計算で漏れ磁束は巻線の軸方向にのみ通っているとしたが，端部の曲がりを考えた場合これより小さな値となり，次の補正係数（ロゴウスキー係数）が必要となる．

$$K=1-\frac{d_1+d_2+d_0}{\pi h}$$

したがって補正を考慮した漏れリアクタンスは，$\mu=4\pi\times10^{-7}$として

$$X=2\pi fL=8\pi^2 fK\frac{T^2U_m}{h}\left(d_0+\frac{d_1+d_2}{3}\right)\times10^{-10}\ \text{〔H〕} \qquad (7\cdot5)$$

となる．本例では一次巻線は2脚直列接続となっているため，$T=T_1/2$で計算した値の2倍となる．また小容量のため$K=1$となるので，これを1とし，T_1＝1 886回，h＝220 mm，d_1＝13 mm，d_2＝9 mm，d_0＝7 mmとして

$$X=8\pi^2\times50\times\frac{1\,886^2\times544}{2\times220}\times\left(7+\frac{13+9}{3}\right)\times10^{-10}\ \text{H}$$

$$=24.9\ \Omega$$

したがって短絡インピーダンスは，抵抗値を含めて

$$Z_s=\sqrt{R_{ac}{}^2+X^2}=\sqrt{37.7^2+24.9^2}=45.2\ \Omega$$

インピーダンス電圧の百分率は

$$\frac{Z_sI_1}{E_1}\times100=\frac{45.2\times3.03}{6\,600}\times100=2.08\ \%$$

となる．

〔3〕 **電圧変動率**

$$q_r=\frac{37.7\times3.03}{6\,600}\times100=1.73\ \%$$

$$q_x=\frac{24.9\times3.03}{6\,600}\times100=1.14\ \%$$

となるから，$\cos\phi=1$ のときの電圧変動率は式（7･4）より

$$\varepsilon_{1.0}=q_r+\frac{qx^2}{200}=1.73+\frac{1.14^2}{200}=1.74\ \%$$

$\cos\phi=0.8$（遅れ）においては

$$\varepsilon_{0.8}=(1.73\times0.8+1.14\times0.6)+\frac{(1.14\times0.8-1.73\times0.6)^2}{200}$$

$$=2.07\ \%$$

となる．

7・3・5　損失と効率

〔1〕 **銅　　損（負荷損）**　定格タップにおける全銅損は $R_{ac}=37.7\ \Omega$，$I_1=3.03$ A であるから

$$W_{CR}=I^2R_{ac}=3.03^2\times37.7=346\ \mathrm{W}$$

6 300 V タップでは

$$W_{CM}=3.18^2\times35.3=357\ \mathrm{W}$$

効率は定格タップを基準として計算するが，定格タップより低い電圧の全容量タップがある場合，一般には全容量最低タップの銅損が最大となるので，温度上昇は，このタップにおける損失で計算しなければならない．

〔2〕 **鉄　　損（無負荷損）**　鉄心磁路の平均長さは図7･19より，鉄心角部は直角として計算し

$$L_f=2\times(250+75)+4\times80=970\ \mathrm{mm}$$

鉄心の有効断面積は $0.9\times112\ \mathrm{cm}^2$，鉄心質量は密度が $7.65\ \mathrm{kg/dm}^3$ であるから

$$G_F=0.9\times112\times970\times7.65\times10^{-4}=74.8\ \mathrm{kg}$$

鉄心材料として 30P105 を使用しているので，1 kg 当たりの鉄損 w_f は式（1･3）において，$B=1.57$ T，$f=50$ Hz，$d=0.3$，σ_H，σ_E は表1･2より，それぞれ 0.46，7.4 であるから

$$w_f=1.57^2\times(0.46\times0.5+7.4\times0.30^2\times0.5^2)=0.977\ \mathrm{W/kg}$$

したがって鉄損 W_F は

$$W_F = G_F \times w_f = 74.8 \times 0.977 = 73.1\ \mathrm{W}$$

となる．

〔3〕 **効　　率**　負荷力率 $\cos\phi = 1.0$ のときの効率を $\eta_{1.0}$ とすると

$$\eta_{1.0} = \frac{20 \times 10^3}{20 \times 10^3 + 346 + 73.1} \times 100 = 97.95\ \%$$

となる．

7・3・6　無負荷電流

鉄心磁路の長さはさきの計算から 0.97 m である．また $B_c = 1.57$ T であるから，**図 7・21** より $at = 23$ AT/m を求め，励磁アンペア回数 AT_{0F} を計算する．

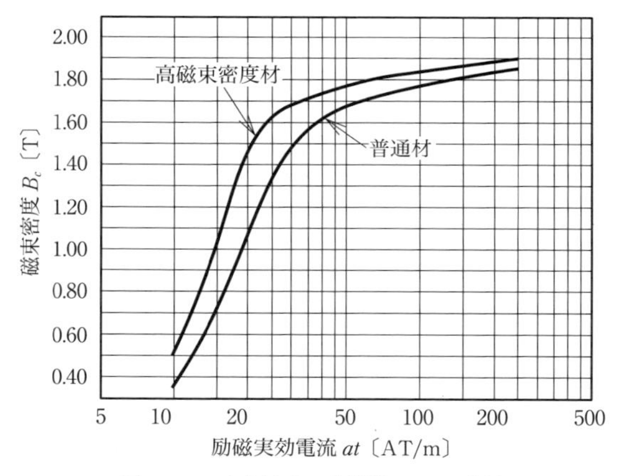

図 7・21　方向性けい素鋼帯の B–H 曲線

$$AT_{0F} = 23 \times 0.97 = 22.3\ \mathrm{AT}$$

けい素鋼板を用いて鉄心を組む場合には，図 7・4 に示すように鋼板の継目ができ，この部分に生じるかすかなすきまのため，励磁アンペア回数が 10〜20 % 余分に必要となる．巻鉄心においては，小形のものでは，成形した鉄心に特殊巻線機により直接巻線を巻く場合もあるが，本例の鉄心では，成形固着したのち上下に切断し，表面を平滑に仕上げ，別に巻いた巻線を差し込んでから，突合せ接合して固定するものとする．このため，励磁アンペア回数が 20 % 増すものとすると

$$AT_{00} = 1.2 AT_{0F} = 1.2 \times 22.3 = 26.8\ \mathrm{AT}$$

したがって励磁電流を正弦波とみなすと，26.8ATは最大磁束密度のとき必要なアンペア回数であるから，励磁電流の実効値をI_{00}とすると

$$I_{00}=\frac{AT_{00}}{T_1}\quad〔\mathrm{A}〕\qquad(7・6)$$

したがって

$$I_{00}=\frac{26.8}{1\,886}=0.010\ \mathrm{A}$$

鉄損を供給するために流れる有効電流I_{0w}は

$$I_{0w}=\frac{73.1}{6\,600}=0.011\ \mathrm{A}$$

したがって無負荷電流I_0は

$$I_0=\sqrt{I_{00}{}^2+I_{0w}{}^2}=\sqrt{0.014^2+0.011^2}=0.018\ \mathrm{A}$$

I_0の定格電流に対する百分率は（0.018/3.03）×100＝0.59％である．

7・3・7　温度上昇

図7・22は，変圧器のタンク壁に沿う温度分布を示す．

油は温度が上がると対流を起こし，図中の破線の矢で示すように流動して，発熱部分からタンクへ熱を伝える．このためタンク壁の温度は，油面に近い所で最高温度θ_{max}となる．タンクから外気への熱の放射は，空気の対流およびタンク壁からの放射によって行われる．**図7・23**のような断面をもつ波形タンクの場合，その放射は，空気の対流によるものは波形の面に沿う面積に比例するが，放射によるものはそれほど増加せず，図中点pからの放射は，∠apbの間で行われるだけである．

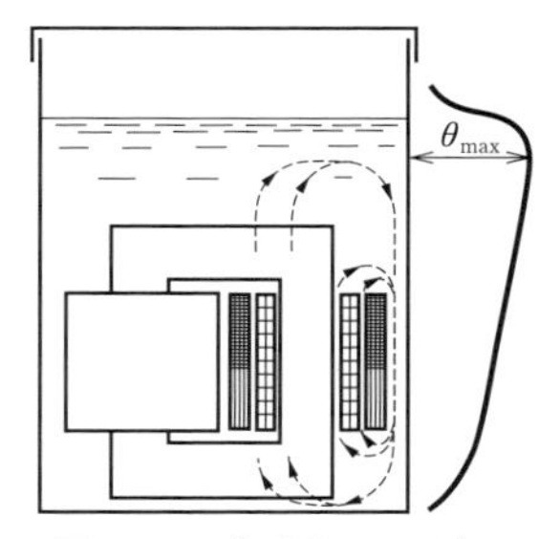

図7・22　変圧器タンク壁の温度分布

図7・24のように冷却管を取り付けたタンクでは，対流による熱の放散はよいが，放射による熱の放散はあまり増加しない．

図7・25においてタンク内の油面の高さをH_0とし，その断面が同図（a）のように表面が平滑であるものでは，熱の放散に役立つ面積は，空気の対流によるものと放射によるものが等しく，断面の周囲の長さをL_0とすれば，冷却面積O_{cr}は

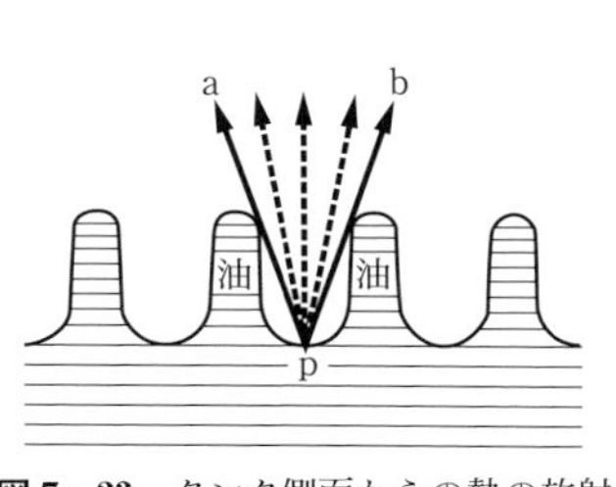

図7・23　タンク側面からの熱の放射

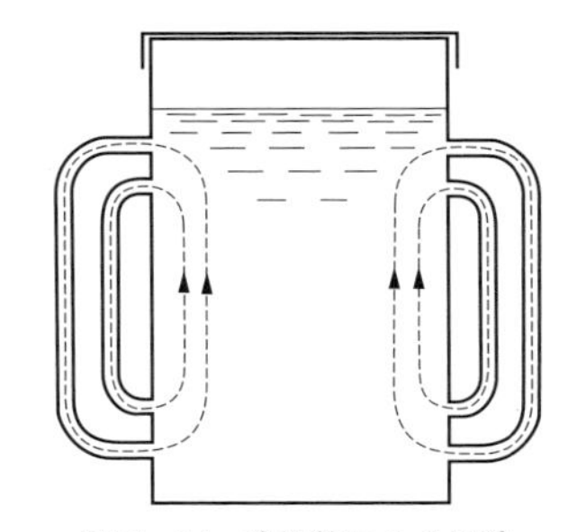

図7・24　冷却管による対流

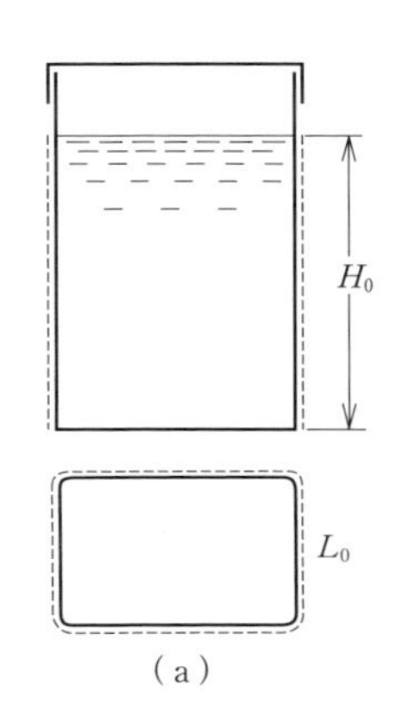

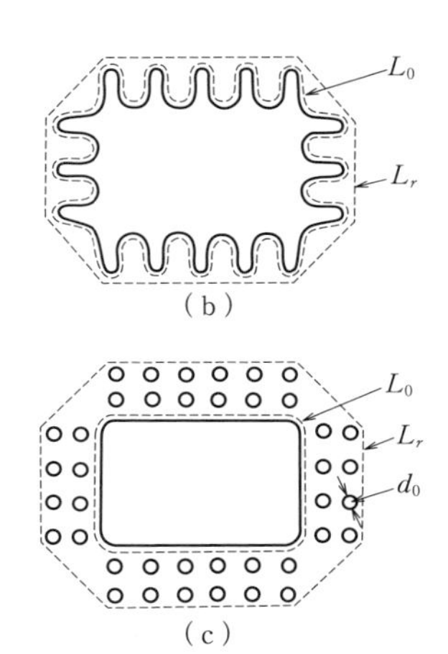

図7・25　放熱面の計算

$$O_{cr}=H_0L_0 \tag{7・7}$$

である．冷却に役立つ面積としては，油面より上のタンク側面およびタンクの上面もあるが，これらの部分は温度も低く，熱放散は少ないので省略する．

同図（b）に示すように波形タンクのときは，これを展開したときの長さを L_0 として，対流に対する冷却面積 O_c は

$$O_c=H_0L_0$$

である．同図（c）のように冷却管をもつものでは，管の直径を d_0，長さを l_0 とし，管の数を n_0 とすれば，対流に対する冷却面積は

$$O_c=H_0L_0+\pi d_0 l_0 n_0 \tag{7・8}$$

である．管の数が多くなると，タンク側面の対流が十分でなく，放熱が少なくな

るのでこれを省略する．

波形または管を包囲する長さを L_r とすれば，放射に対する冷却面積 O_r は

$$O_r = H_0 L_r \tag{7・9}$$

である．

タンク壁の温度は図 7･22 のように，油面より少し下がったところで最高となるが，設計においてはタンクの平均温度上昇 θ_T を考えるのが便利である．油の平均温度上昇は θ_T より 3〜5 K，また巻線の温度上昇は θ_T より 10〜20 K 程度高いと推定できる．

空気の対流によって外気へ熱が放散される場合の熱伝達率を k_c〔W/(m^2･K)〕，放射によるそれを k_γ〔W/(m^2･K)〕とすれば

$$\theta_T = \frac{W_c + W_F}{k_c O_c + k_\gamma O_r} \tag{7・10}$$

でタンク壁の平均温度上昇が求められる，熱伝達率としては，次の程度の値が用いられる．

$$k_c = 6〜8\ \mathrm{W/(m^2 \cdot K)}$$

$$k_\gamma = 5〜7\ \mathrm{W/(m^2 \cdot K)}$$

本例の変圧器のタンクは，**図 7･26** のような寸法の平滑なタンクを用いるとすると

$$O_{cr} = 0.52 \times 2 \times (0.4 + 0.3) = 0.728\ \mathrm{m^2}$$

全損失は $W_c + W_F = 357 + 73.1 = 430.1$ W，$k_c + k_\gamma = 15$ とすると，タンク壁の平均温度上昇は

$$\theta_T = \frac{430.1}{15 \times 0.728} = 39.4\ \mathrm{K}$$

したがって巻線の温度上昇は，θ_T より約 10 K 高いとみて，50 K と推定する．

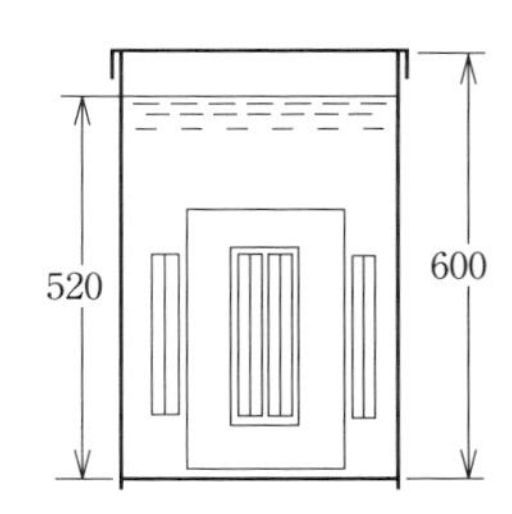

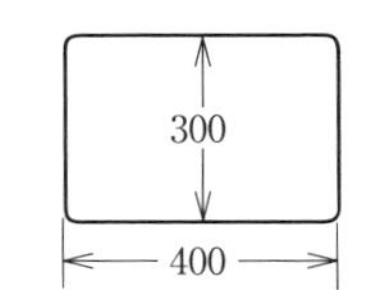

図 7・26　例題の変圧器タンク

7・3・8　主要材料の使用量

〔1〕 **銅　質　量**　γ_c を銅の密度〔kg/dm^3〕，q を銅線断面積〔mm^2〕，m を相数，T を一相の巻回数，l_mを巻線の巻数 1 回の平均長さ〔m〕とすると質量 G_C は

$$G_C = \gamma_c q m T l_m \times 10^{-3}\quad〔\mathrm{kg}〕$$

で求められ，本例では

一次側　　$G_{C1}=8.9\times1.13\times1\times1\,929\times0.6\times10^{-3}=11.6$ kg

二次側　　$G_{C2}=8.9\times38.8\times1\times60\times0.487\times10^{-3}=10.1$ kg

リード線その他を含め，実際の使用量は 22.5 kg と見積もる．

〔2〕 **鉄 心 質 量**　さきに 7･3･5 項で計算し，74.8 kg であった．巻鉄心のため歩留(ぶどま)りもよいので，75 kg と見積もる．

〔3〕 **油　　量**　油量 V_0〔L〕は，おおむね次の式で求められる．

$$V_0=V_T-\left(\frac{G_C}{3}+\frac{G_F}{5.5}\right) \qquad (7\cdot11)$$

ただし，V_T：油面までのタンクの容積（冷却管のある場合はその容積を含む）〔L〕，G_C，G_F：銅および鉄心の質量〔kg〕である．したがって図 7･26 より

$$V_T=(0.52\times0.3\times0.4)\times10^3=62.4\ \text{L}$$

$$V_0=62.4-\left(\frac{21.74}{3}+\frac{74.8}{5.5}\right)=41.6\ \text{L}$$

となり，所要量は約 45 L と見積もる．

7・3・9　設　計　表

表 7･2（p. 212–213）は，以上の計算を一括した設計表である．

7・4　変圧器の設計例（2）

設計例　三相内鉄形変圧器

仕　様

油入自冷　　規格　JEC–2200–2014

定格容量　　5 000 kVA　　周波数　50 Hz　　結線　Y–△

一次電圧　F69000–F66000–R63000–F60000 V

二次電圧　6 600 V

7・4・1　装荷の配分

容　　量　　kVA＝5 000

一 次 電 流　　$I_1=\dfrac{5\,000\times10^3}{\sqrt{3}\times63\times10^3}=45.8$ A　（63 000 V タップ）

$I_1=\dfrac{5\,000\times10^3}{\sqrt{3}\times60\times10^3}=48.1$ A　（60 000 V タップ）

二 次 電 流　$I_2=\dfrac{5\,000\times10^3}{\sqrt{3}\times6.6}=437.4$ A

二次相電流　$I_{2ph}=\dfrac{437.4}{\sqrt{3}}=252.5$ A

毎脚の容量　$S=\dfrac{5\,000}{3}=1\,666.7$ kVA

比　容　量　$\dfrac{S}{f\times10^{-2}}=\dfrac{1\,666.7}{0.5}=3\,333.3$ kVA

式（2･56）から $\gamma=1$ のとき $\chi=57.7$ となり，$\phi_0=0.29\times10^{-2}$ に選んで

磁気装荷　$\phi=57.7\times0.29\times10^{-2}=16.73\times10^{-2}$ Wb

二次一相の巻数は

$$T_2=\frac{6\,600}{4.44\times16.73\times10^{-2}\times50}=177.7\ \text{回}$$

$T_2=178$ とすると，一次 63 000 V タップ 1 相の巻数は

$$T_1=178\times\frac{63\,000/\sqrt{3}}{6\,600}=980.97\ \text{回}$$

端数を四捨五入して，一次各タップ電圧に対する巻数を求めると次のようになる．

電　圧〔V〕	69 000	66 000	63 000	60 000
巻　数〔回〕	1 074	1 028	981	934

磁気装荷（再計算）　$\phi=\dfrac{6\,600}{4.44\times178\times50}=16.7\times10^{-2}$ Wb

電気装荷　$AT=178\times252.5=44.95\times10^3$ AT

7・4・2　比装荷と主要寸法

鉄心には方向性けい素鋼帯 30P105 を使用し，磁気比装荷 $B_c=1.7$ T とする．鉄心の占積率は大形の鉄心では 0.95 程度となり，したがって鉄心断面積 Q_F は

$$Q_F=\frac{16.7\times10^{-2}}{0.95\times1.7}\times10^6=1\,034\times10^2\ \text{mm}^2$$

となる．大形の内鉄形変圧器には，丸形の同心円配置の巻線が用いられる．この構造の特長は，最小の長さの銅線で最大鉄心断面積を包むことができ，材料が節約され，また短絡時の機械力に強いことである．鉄心の断面の形状は，けい素鋼帯の歩留りを考慮して詳しい寸法を決める．

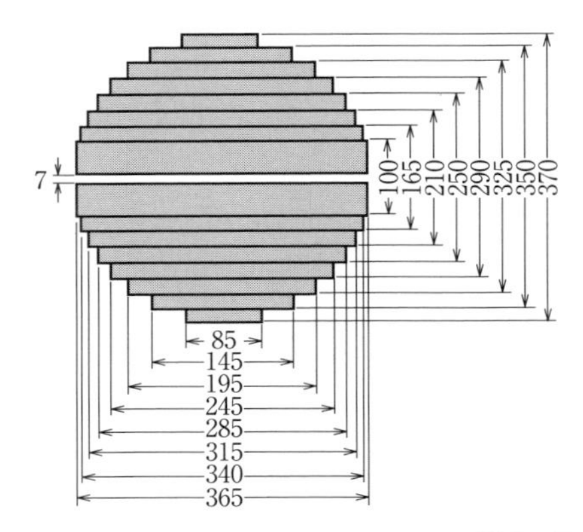

No.	鉄心幅〔mm〕		積 厚〔mm〕		箇 所		断面積〔mm²〕	
1	365	×	(100−7)	×	1	=	339.5	× 10^2
2	340	×	32.5	×	2	=	221.0	× 10^2
3	315	×	22.5	×	2	=	141.8	× 10^2
4	285	×	20.0	×	2	=	114.0	× 10^2
5	245	×	20.0	×	2	=	98.0	× 10^2
6	195	×	17.5	×	2	=	68.3	× 10^2
7	145	×	12.5	×	2	=	36.3	× 10^2
8	85	×	10.0	×	2	=	17.0	× 10^2
					合計（Q_F）	=	1035.9	× 10^2

図7・27　鉄心の断面

本設計では**図7･27**に示す断面の鉄心を使用し，断面積は図のような値となる．したがって

$$B_c = \frac{16.7\times10^{-2}}{0.95\times1\,035.9\times10^{-4}} = 1.70\ \mathrm{T}$$

となる．

巻線の平均電流密度を$\Delta=3.3\ \mathrm{A/mm^2}$とすると，窓内の銅の断面積$Q_c$は式（7･2）より

$$Q_c = \frac{4\times44.94\times10^3}{3.3} = 54\,485\ \mathrm{mm^2}$$

高圧側が60 kV級であるから，図7･18より$f_c=0.2$として，窓の面積$a'\times b'$は

$$(a'\times b') = \frac{54\,485}{0.2} = 2\,724\times10^2\ \mathrm{mm^2}$$

電気比装荷atを表7･1から63 AT/mmにとると，巻線の高さhは

$$h = \frac{44.95\times10^3}{63} = 714\ \mathrm{mm}$$

巻線の上下端の絶縁，締付けなどを考慮して，窓の高さa'はhに150 mmを加えて

$$a' = 714 + 150 = 864\ \mathrm{mm}$$

$$b' = \frac{2\,724\times10^2}{864} = 315\ \mathrm{mm}$$

となるが，詳しい寸法は巻線寸法を決めてから決定する．

7・4・3　巻線の寸法

巻線の寸法は，％インピーダンスなどの特性，および冷却を考慮し，銅線の寸法，コイル数，1コイルの巻回数を調整して決定する．このため前項の鉄心窓寸法にも関係し，経験および繰返し計算による部分が多い．

一次および二次巻線の電流密度をそれぞれ $\varDelta_1 = 3.4\ \mathrm{A/mm^2}$，$\varDelta_2 = 3.2\ \mathrm{A/mm^2}$ とすれば，これら銅線の断面積 q_1 および q_2 は

$$q_1 = \frac{48.1}{3.4} = 14.2\ \mathrm{mm^2}$$

$$q_2 = \frac{252.5}{3.2} = 78.9\ \mathrm{mm^2}$$

したがって一次側は 8 mm×1.8 mm（断面積 14.09 $\mathrm{mm^2}$）の平角線1本，二次側は 12 mm×3.2 mm（断面積 37.9 $\mathrm{mm^2}$）の平角線2本を，並列に使用するものとすると

$$\varDelta_1 = \frac{48.1}{14.09} = 3.41\ \mathrm{A/mm^2}$$

$$\varDelta_2 = \frac{252.5}{37.9 \times 2} = 3.33\ \mathrm{A/mm^2}$$

これらの銅線をクラフト紙で絶縁し，一次側は22回および21回巻きの円板コイルをそれぞれ24個および26個の計50個として，**図7･28**（a）の寸法に仕上げ，各コイル間には冷却用の油道を設ける．二次側は銅線2本で並列に巻いて 178/20＝8.9回巻き20コイルとし，同図（b）の寸法に仕上げる．内鉄形の同心円筒巻線では，低圧側の巻線は普通，内側に巻かれるため，円板巻線の1コイルの巻数を整数とすると，巻き始めと巻き終り部分が重なってその部分が厚くなり，外側巻線との絶縁寸法が不足するため，端数回として手前の位置で次のコイ

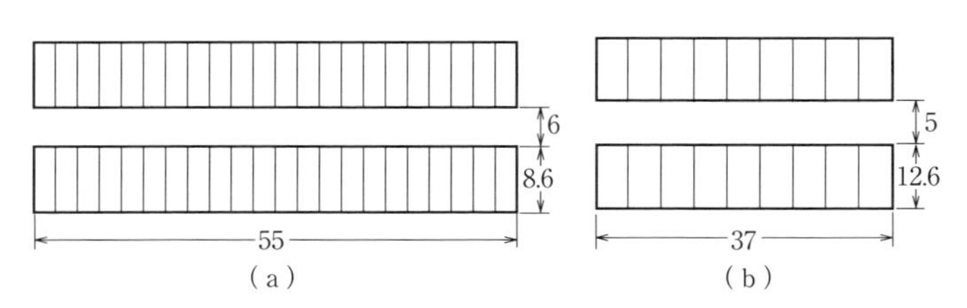

図7・28　一次，二次コイルの寸法

ルに移る方法がとられる．

コイルの配置は**図 7･29** のようにする．同図（a）は一次巻線で，22 回巻き 24 個および 21 回巻き 26 個の円板コイルを，5～6 mm の油道を設けて連続に巻き，タップは巻線中央部から引き出す．同図（b）は二次巻線で，各コイル間に 5 mm の油道を設け 2 回路並列に巻き，上下で並列接続する．

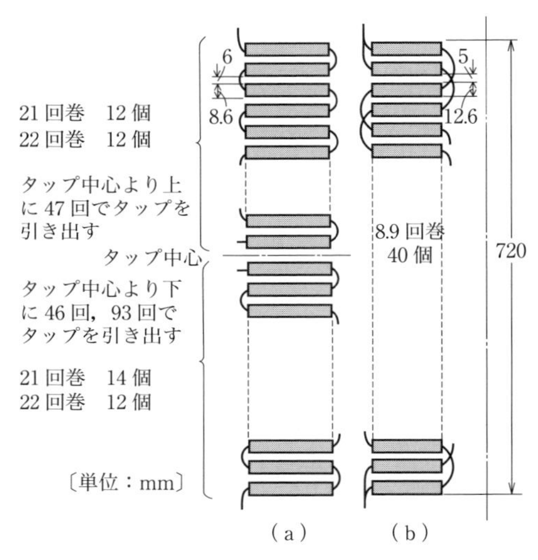

図 7・29　一次，二次コイルの接続

一次巻線の高さは

$$8.6 \times 50 + 5 \times 49 = 675 \text{ mm}$$

巻線端部に近い油道は絶縁を考慮して 6 mm を使用し，またタップ引出し部分の油道も大きくとり，巻線高さを 720 mm とする．

二次巻線の高さは

$$(12.6 \times 20) \times 2 + 5 \times 39 = 699 \text{ mm}$$

一部の油道を大きくとり，一次巻線と同じく 720 mm とする．

鉄心窓高さは，巻線高さに主絶縁その他を考えて，$a' = 870$ mm とする．

一方窓の幅は，鉄心脚円形（てっしんきゃくえんけい）に対し

鉄心と二次巻線の間隔	2×15＝30
二次巻線と一次巻線の間隔	2×35＝70
一次巻数の幅	2×55＝110
二次巻線の幅	2×37＝74
一次巻線相互の間隔（相間）	36
	窓の幅＝320 mm

鉄心窓幅 b'＝320 mm として，鉄心および巻線の詳しい寸法は**図 7･30** のようになる．

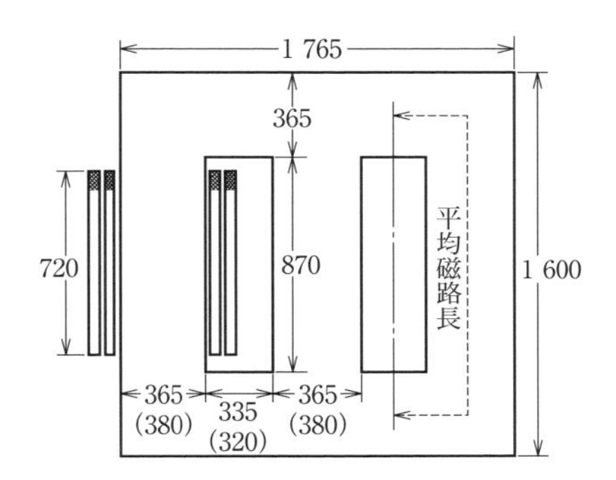

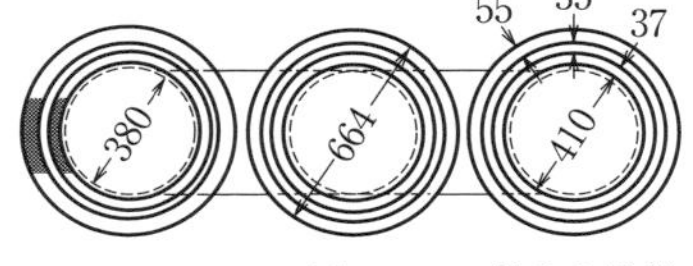

(380)：鉄心径
365　：鉄心最大幅
(320)：鉄心径基準窓幅
335　：鉄心窓幅実寸法

図 7・30　鉄心と巻線の寸法

7・4・4　電圧変動率

〔1〕 **抵　　抗**　図 7･30 から一次巻線の巻数 1 回の平均長さ $l_{m1}=\pi\times(664-55)=1\,913$ mm である．また銅線断面積 $q_1=14.09$ mm^2 であるから，75 ℃ における一次巻線直流抵抗 R_1 は

$$R_1=0.021\times\frac{981\times1\,913\times10^{-3}}{14.09}=2.80\ \Omega\quad(63\,000\ \text{V タップ})$$

$$R_1=0.021\times\frac{934\times1\,913\times10^{-3}}{14.09}=2.66\ \Omega\quad(60\,000\ \text{V タップ})$$

二次巻数の巻数 1 回の平均長さは l_{m2} は $\pi\times(410+37)=1\,404$ mm，$q_2=75.8$

mm^2 であるから

$$R_2=0.021\times\frac{178\times1\,404\times10^{-3}}{75.8}=0.0693\ \Omega$$

定格タップ 63 000 V を用いたときの一次換算全抵抗

$$R=2.80+\left(\frac{981}{178}\right)^2\times0.0693=4.91\ \Omega$$

全容量の最低タップ 60 000 V を用いたときの一次換算全抵抗

$$R=2.80+\left(\frac{934}{178}\right)^2\times0.0693=4.57\ \Omega$$

表皮作用および漏れ磁束による損失の増加を 10 % として

$$R_{ac}=1.1\times4.91=5.40\ \Omega\quad(63\,000\ \mathrm{V}\ タップ)$$

$$R_{ac}=1.1\times4.57=5.03\ \Omega\quad(60\,000\ \mathrm{V}\ タップ)$$

となる．

〔2〕 **漏れリアクタンス**　三相内鉄形変圧器では，各相の巻数は各々一つの脚に全数巻かれる．本例では一次，二次巻線各1個が同心配置となっているので，式（7･5）に，$f=50$，$T_1=981$，また図7･30から $h=720$ mm，$d_1=55$ mm，$d_2=37$ mm，$d_0=35$ mm を入れて計算する．

U_m および補正係数 K の値は次のようになる．

$$U_m=\frac{1\,913+1\,404}{2}=1\,659\ \mathrm{mm}$$

$$K=1-\frac{55+37+35}{\pi\times720}=0.944$$

したがって

$$X=8\pi^2\times50\times0.944\times\frac{981^2\times1\,659}{720}\times\left(35+\frac{55+37}{3}\right)\times10^{-10}$$

$$=54.26\ \Omega$$

となる．また短絡インピーダンスは，前項の定格タップにおける全抵抗を含めて

$$Z_s=\sqrt{R_{ac}{}^2+X^2}=\sqrt{5.40^2+54.26^2}=54.53\ \Omega$$

インピーダンス電圧の百分率は

$$\frac{Z_sI_1}{E_1}\times100=\frac{54.53\times45.8}{63\,000/\sqrt{3}}\times100=6.87\ \%$$

となる．

〔3〕　**電圧変動率**

$$q_r=\frac{I_1R_{ac}}{E_1}\times100=\frac{45.8\times5.4}{63\,000/\sqrt{3}}=0.68\ \%$$

$$q_x=\frac{I_1X}{E_1}\times100=\frac{45.8\times54.26}{63\,000/\sqrt{3}}=6.83\ \%$$

力率 $\cos\varphi=1.0$ のときの電圧変動率は

$$\varepsilon_{1.0}=0.68+\frac{6.83^2}{200}=0.913\ \%$$

$\cos\varphi=0.8$（遅れ）のときの電圧変動率は

$$\varepsilon_{0.8}=(0.68\times0.8+6.83\times0.6)+\frac{(6.83\times0.8-0.68\times0.6)^2}{200}$$

$$=4.77\ \%$$

7・4・5　損失と効率

〔1〕　**銅　　損（負荷損）**　一次定格タップ（63 000 V）を用いたときの銅損は

$$W_{CR}=3\times45.8^2\times5.4=34.0\times10^3\ \mathrm{W}$$

60 000 V タップを用いたときの銅損は

$$W_{CM}=3\times48.1^2\times5.03=34.9\times10^3\ \mathrm{W}$$

60 000 V タップにおける銅損は，温度上昇計算のときの損失として使用する．

〔2〕　**鉄　　損（無負荷損）**　脚部分の鉄心容積

$$V_{FC}=3\times1\,035.9\times87.0=270.4\times10^3\ \mathrm{cm}^3$$

継鉄部分の鉄心容積

$$V_{Fy}=2\times1\,035.9\times176.5=365.7\times10^3\ \mathrm{cm}^3$$

鉄心の占積率は 0.95，鋼帯の密度は 7.65 kg/dm^3 であるから

脚部分の質量

$$G_{Fc}=0.95\times270.4\times7.65=1\,965\ \mathrm{kg}$$

継鉄部分の重量

$$G_{Fy}=0.95\times365.7\times7.65=2\,658\ \mathrm{kg}$$

けい素鋼帯として 30P105 を使用しているので，式（1･3）および表 1･2 から 1 kg 当たりの損失は

$$w_f=1.70^2\times(0.46\times0.5+7.4\times0.30^2\times0.5^2)=1.146\ \mathrm{W/kg}$$

したがって鉄損 W_F は

$$W_F = 1.146 \times (1\,965 + 2\,658) = 5.30 \times 10^3 \text{ W}$$

となる．

〔3〕 **効　　率**　定格タップにおいて，負荷力率 $\cos\varphi = 1.0$ のときの効率は

$$\eta_{1.0} = \frac{5\,000}{5\,000 + 34.0 + 5.30} \times 100 = 99.22\ \%$$

負荷力率 $\cos\varphi = 0.8$（遅れ）のときの効率は

$$\eta_{0.8} = \frac{5\,000 \times 0.8}{5\,000 \times 0.8 + 34.0 + 5.30} \times 100 = 99.03\ \%$$

となる．

7・4・6　無負荷電流

1脚当たりの鉄心磁路の長さは，図7･30より

$$L_F = (870 + 335) + 2 \times 365 = 1\,935 \text{ mm} = 1.935 \text{ m}$$

$B_c = 1.70$ T であるから，図7･21より $at = 32$ AT/m となり，必要な励磁アンペア回数は

$$AT_{0F} = 1.935 \times 32 = 61.9 \text{ AT}$$

継目のために AT が約15 % 増加するとして，必要なアンペア回数は

$$AT_{00} = 1.15 AT_{0F} = 1.15 \times 61.9 = 71.2 \text{ AT}$$

したがって定格タップにおける各相の励磁電流は

$$I_{00} = \frac{71.2}{\sqrt{2} \times 981} = 0.051 \text{ A}$$

鉄損を供給するための有効電流は

$$I_{0w} = \frac{5.30 \times 10^3}{\sqrt{3} \times 63\,000} = 0.049 \text{ A}$$

一相の無負荷電流は

$$I_0 = \sqrt{I_{00}{}^2 + I_{0w}{}^2} = \sqrt{0.051^2 + 0.049^2} = 0.071 \text{ A}$$

無負荷電流の定格電流に対する百分率は

$$I_{00} = \frac{0.071}{45.8} \times 100 = 0.16\ \%$$

となる．

7・4・7　温 度 上 昇

この変圧器のタンクは，**図7･31**のような寸法とし，放熱のため**図7･32**に示す

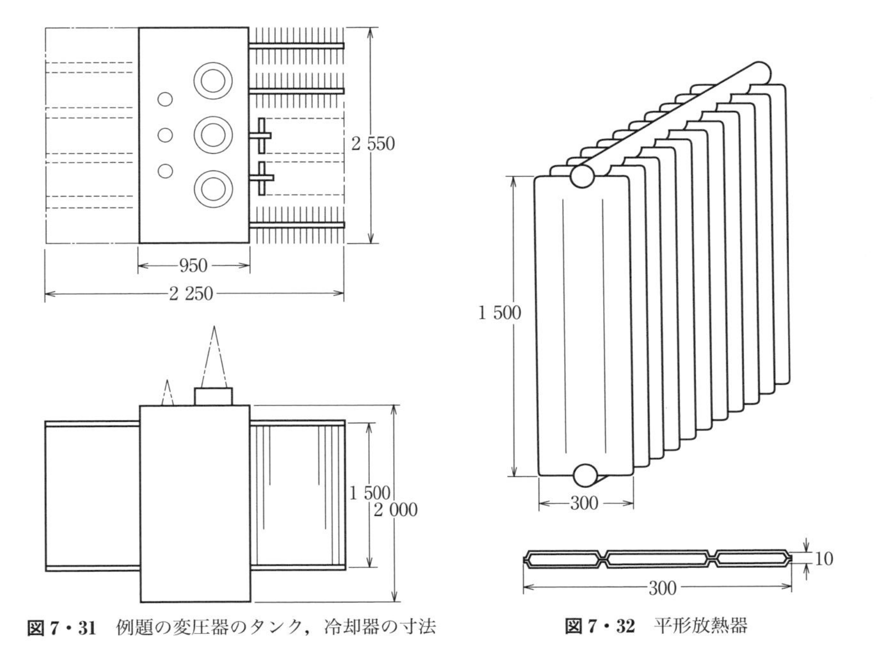

図 7・31　例題の変圧器のタンク，冷却器の寸法

図 7・32　平形放熱器

鋼板製の幅 300 mm，長さ 1 500 mm のパネル形冷却器 15 枚を 1 本として，合計 10 本をタンクの前後に配置する．

対流による冷却に役立つ表面積は，冷却器 O_{cr} と，タンク O_{ct} について

$$O_{cr}=300\times1\,500\times2\times15\times10\times10^{-6}=135\ \mathrm{m}^2$$

$$O_{ct}=(950+2\,250)\times2\times2\,000\times10^{-6}=12.8\ \mathrm{m}^2$$

また放射による冷却に役立つ表面積 O_γ は，冷却器の外まわりの寸法をとって

$$O_\gamma=(2\,250+2\,550)\times2\times1\,500\times10^{-6}=14.4\ \mathrm{m}^2$$

全損失は 60 000 V タップのとき最大となり，40.2 kW である．熱伝達率は，冷却器について $k_{CR}=7.5\ \mathrm{W/(m^2\cdot K)}$，タンクについてはやや悪く $k_{CT}=6\ \mathrm{W/(m^2\cdot K)}$，また $k_\gamma=6\ \mathrm{W/(m^2\cdot K)}$ とすると

$$\theta_T=\frac{40.2\times10^3}{135\times7.5+12.8\times6+14.4\times6}=34.2\ \mathrm{K}$$

となる．したがって巻線温度はこれより約 15 K 高いとみて，50 K と推定される．

7・4・8　主要材料の使用量

〔1〕 **銅　質　量**　　一次巻線の銅質量 G_{C1} は

$$G_{C1}=8.9\times14.09\times3\times1\,074\times1.913\times10^{-3}=773\text{ kg}$$

二次巻線の銅質量 G_{c2} は

$$G_{C2}=8.9\times75.8\times3\times178\times1.404\times10^{-3}=506\text{ kg}$$

合計 1 279 kg であり，歩留りをみて，実際の使用量は 1 300 kg と見積もる．

〔2〕 **鉄 心 質 量**　　さきに計算したように

$$G_F=G_{Fc}+G_{Fy}=1\,965+2\,658=4\,623\text{ kg}$$

であり，実際の使用量は 4 800 kg と見積もる．

〔3〕 **油　　　量**　　図 7･31 および図 7･32 より

タンクの容積$=95\times225\times200\times10^{-3}=4\,275\text{ L}$

冷却器の容積$=30\times150\times1\times15\times10\times10^{-3}=675\text{ L}$

したがって

$$V_T=4\,275+675=4\,950\text{ L}$$

$$V_0=4\,950-\left(\frac{1\,279}{3}+\frac{4\,623}{5.5}\right)=3\,683\text{ L}$$

なお周囲温度が −20 ℃から +40 ℃まで変化するものとし，油の平均温度上昇を 40 K とすると，油の平均温度は −20 ℃から +80 ℃まで変化する．これに対する油の容積変化は，油の膨張係数を 0.0007 として，油量は約 3 700 L であるから

$$3\,700\times0.0007\times(80+20)=259\text{ L}$$

となる．この容積変化を吸収するため約 300 L のコンサベータを設けるものとすると，平均的周囲温度（20 ℃）において

$$259\times(20+20)/(80+20)=104\text{ L}$$

の油が入ることになり，この油量が上記 V_0 に加わり，合計油量は約 3 800 L となる．したがって実際の使用量は約 4 000 L と見積もる．

7・4・9　設　計　表

表 7･3（pp. 214–215）は，以上の計算を一括した設計表である．

7・5　設 計 フ ロ ー

設計全体の流れを**図 7･33** に示す．

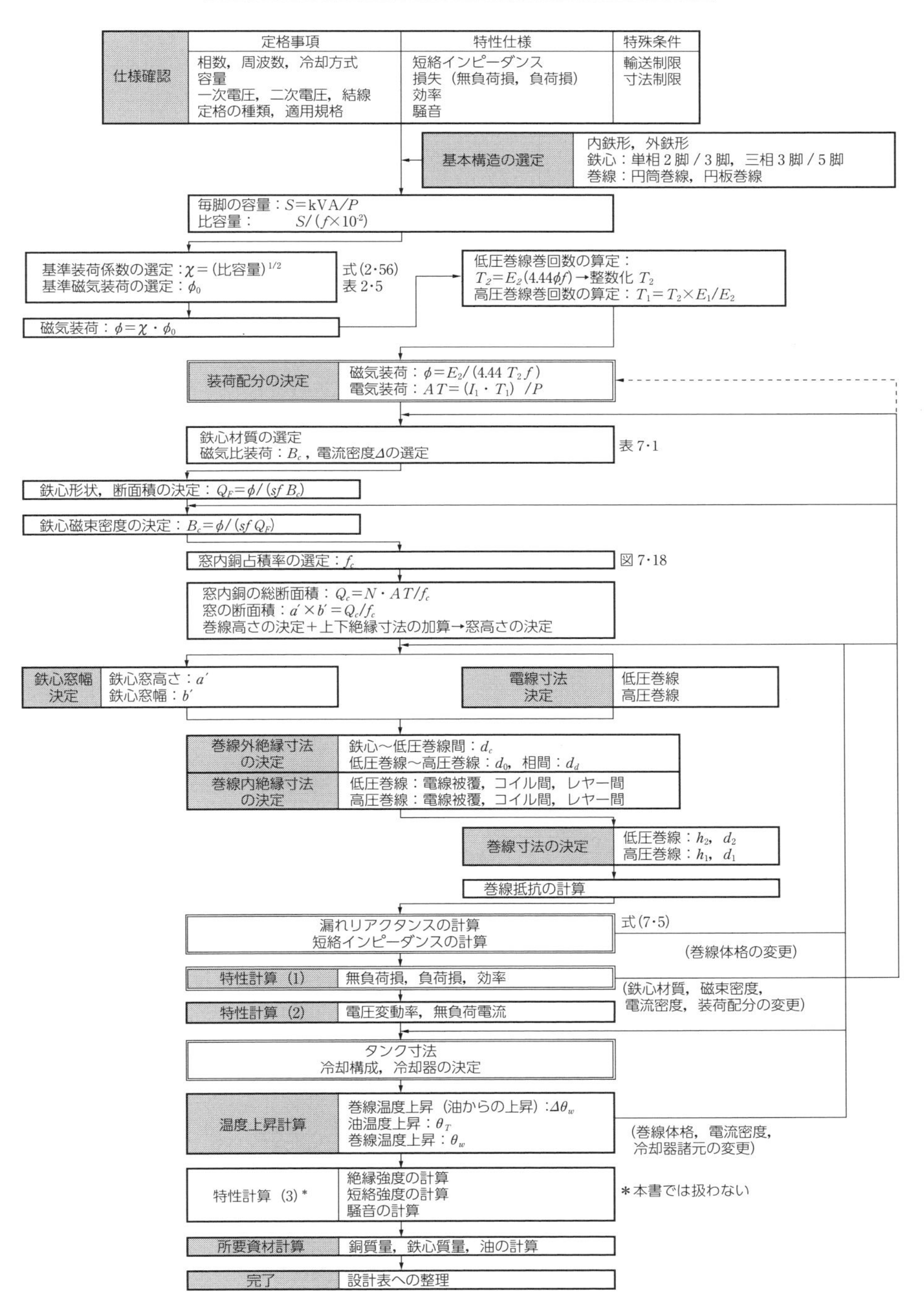

図7・33　変圧器設計フロー

表7・2

単 相 変圧器設計表

装荷配分			鉄心諸元	
脚容量 S 10 kVA	(χ = 4.47)		材質 30P105	
比容量 $S/f \times 10^2$ 20 kVA	(ϕ_0 = 0.35×10^{-2})		磁束密度 B_c 1.57 T	
磁気装荷 ϕ 1.58 ×10^{-2} Wb	窓高さ a' 250 mm		幅 a 80 mm	積厚 b 140 mm
	窓幅 b' 75 mm		断面積 Q_F 110 cm^2	占積率 0.9
電気装荷 AT 2857 AT	(f_c = 0.25)		脚質量 G_{Fc} — kg	継鉄質量 G_{Fy} — kg

一次側(高圧)巻線		二次側(低圧)巻線	
巻回数 T_1 1929-1886-1843-1800-1757 回		巻回数 T_2 60-30 回	
定格電流 I_{1R} 3.03 A		定格電流 I_2 95.2 A	
最大電流 I_{1max} 3.18 A			
電流密度 Δ_{1R} 2.68 A/mm^2	電線断面積 1.13 mm^2	電流密度 Δ_2 2.45 A/mm^2	電線断面積 38.8 mm^2
電流密度 Δ_{1max} 2.81 A/mm^2			
電線寸法 丸線 ×∅1.2 mm	電線被覆厚さ 0.15 mm	電線寸法 14 × 2.8 mm	電線被覆厚さ 0.50 mm
巻線方式 円筒巻線 (1本)	(両側)	巻線方式 円筒巻線 (1本)	(両側)
コイル巻数 965, 964	個数/脚 1	コイル巻数 15	個数/脚 2

R_{ac} 37.7 Ω	補正係数 K 1.0	q_r 1.73 %	q_x 1.14 %	鉄心質量 G_F 74.8 kg
$X = 8\pi^2 \times 50 \times 1.0 \times \dfrac{1886^2 \times 544}{2 \times 220} \times \left(7 + \dfrac{13+9}{3}\right) \times 10^{-10} = 24.9\ \Omega$			%IZ 2.08%	電線質量 G_C 21.7 kg
				$G_F + G_C$ 96.5 kg

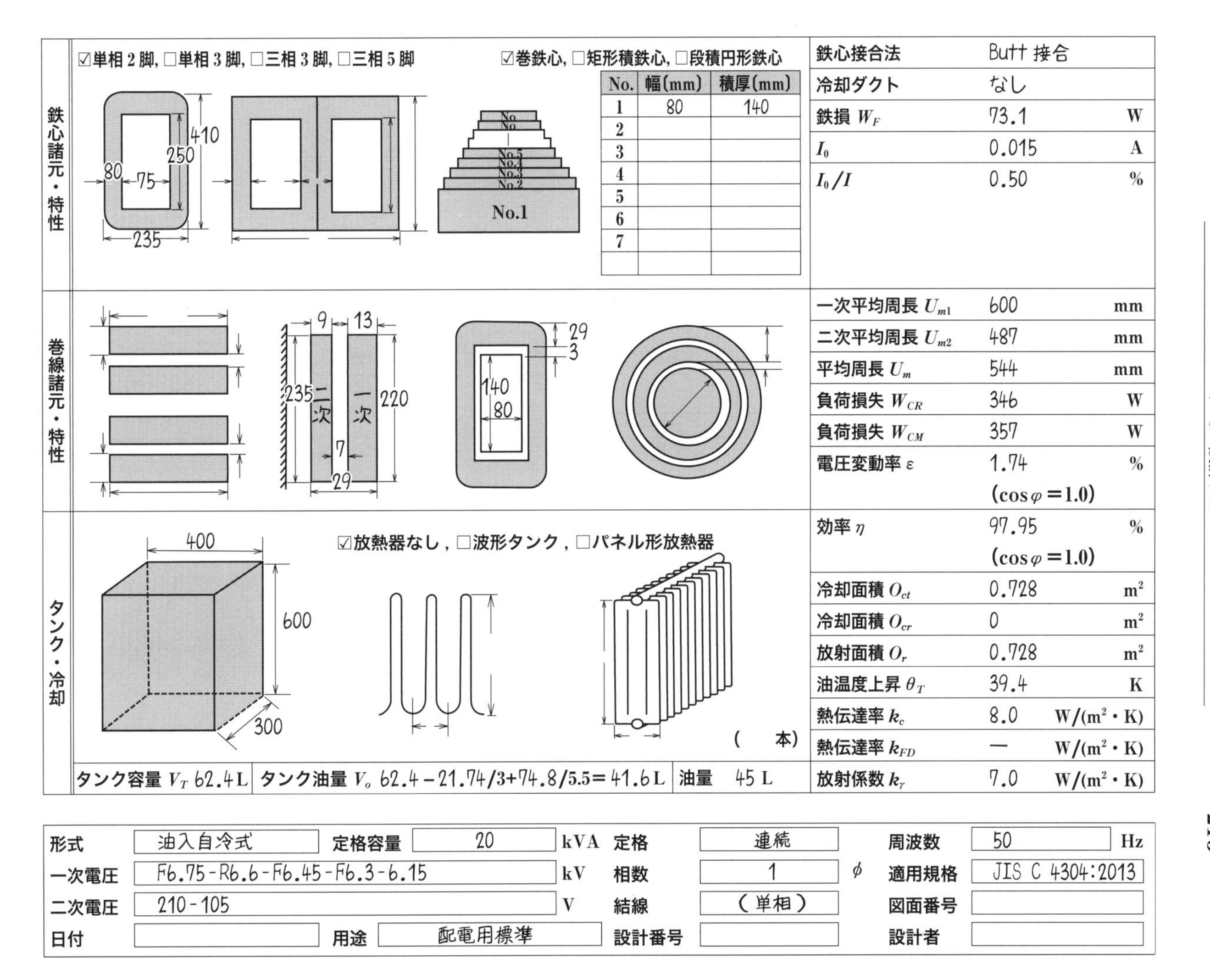

鉄心諸元・特性	☑単相 2 脚, □単相 3 脚, □三相 3 脚, □三相 5 脚　☑巻鉄心, □矩形積鉄心, □段積円形鉄心	鉄心接合法	Butt 接合	
		冷却ダクト	なし	
		鉄損 W_F	73.1	W
		I_0	0.015	A
		I_0/I	0.50	%
巻線諸元・特性		一次平均周長 U_{m1}	600	mm
		二次平均周長 U_{m2}	487	mm
		平均周長 U_m	544	mm
		負荷損失 W_{CR}	346	W
		負荷損失 W_{CM}	357	W
		電圧変動率 ε	1.74 (cos φ =1.0)	%
タンク・冷却	☑放熱器なし, □波形タンク, □パネル形放熱器　(　本)	効率 η	97.95 (cos φ =1.0)	%
		冷却面積 O_{ct}	0.728	m^2
		冷却面積 O_{cr}	0	m^2
		放射面積 O_r	0.728	m^2
		油温度上昇 θ_T	39.4	K
		熱伝達率 k_c	8.0	W/(m^2・K)
		熱伝達率 k_{FD}	—	W/(m^2・K)
	タンク容量 V_T 62.4 L　タンク油量 V_o 62.4−21.74/3+74.8/5.5= 41.6 L　油量 45 L	放射係数 k_r	7.0	W/(m^2・K)

No.	幅(mm)	積厚(mm)
1	80	140
2		
3		
4		
5		
6		
7		

項目	値	項目	値	項目	値
形式	油入自冷式	定格容量	20 kVA	定格	連続
周波数	50 Hz	一次電圧	F6.75-R6.6-F6.45-F6.3-6.15 kV	相数	1 ϕ
適用規格	JIS C 4304:2013	二次電圧	210-105 V	結線	(単相)
図面番号		日付		用途	配電用標準
設計番号		設計者			

表7・3

三相内鉄形　変圧器設計表

装荷配分				鉄心諸元			
脚容量 S	1667 kVA	(χ =	57.7)	材質	30P105		
比容量 $S/f \times 10^{-2}$	3333.3 kVA	(ϕ_0 =	0.29×10^{-2})	磁束密度 B_c	1.7 T		
		窓高さ a'	870 mm	幅 a	365 mm	積厚 b	370 mm
磁気装荷 ϕ	16.7 $\times 10^{-2}$ Wb	窓幅 b'	335 mm	断面積 Q_F	1 035.9 cm^2	占積率	0.95
電気装荷 AT	44.95×10^3 AT	(f_c =	0.2)	脚質量 G_{Fc}	1 965 kg	継鉄質量 G_{Fy}	2 658 kg

一次側(高圧)巻線				二次側(低圧)巻線			
巻回数 T_1	1074-1028-981-934 回			巻回数 T_2	178 回		
定格電流 I_{1R}	45.8 A			定格電流 I_2	252.5 A/相		
最大電流 I_{1max}	48.1 A						
電流密度 Δ_{1R}	3.25 A/mm^2	電線断面積 q_1	14.09 mm^2	電流密度 Δ_2	3.33 A/mm^2	電線断面積	75.8 mm^2
電流密度 Δ_{1max}	3.41 A/mm^2						(37.9×2)
電線寸法	8.0 × 1.8 mm	電線被覆厚さ	0.60 mm	電線寸法	12 × 3.2 mm	電線被覆厚さ	0.6 mm
巻線方式	円板巻線 (1本)	(両側)		巻線方式	円板巻線(2本)	(両側)	
コイル巻数	22, 21	個数/脚	50	コイル巻数	8.9	個数/脚	20×2

R_{ac} 5.4 Ω	補正係数 K 0.944	q_r 0.68 %	q_x 6.83 %	鉄心質量 G_F	4 623 kg
$X = 8\pi^2 \times 50 \times 0.944 \times \dfrac{981^2 \times 1\,659}{720} \times \left(35 + \dfrac{55+37}{3}\right) \times 10^{-10} = 54.3\ \Omega$			%IZ 6.87%	電線質量 G_C	1 279 kg
				$G_F + G_C$	5 902 kg

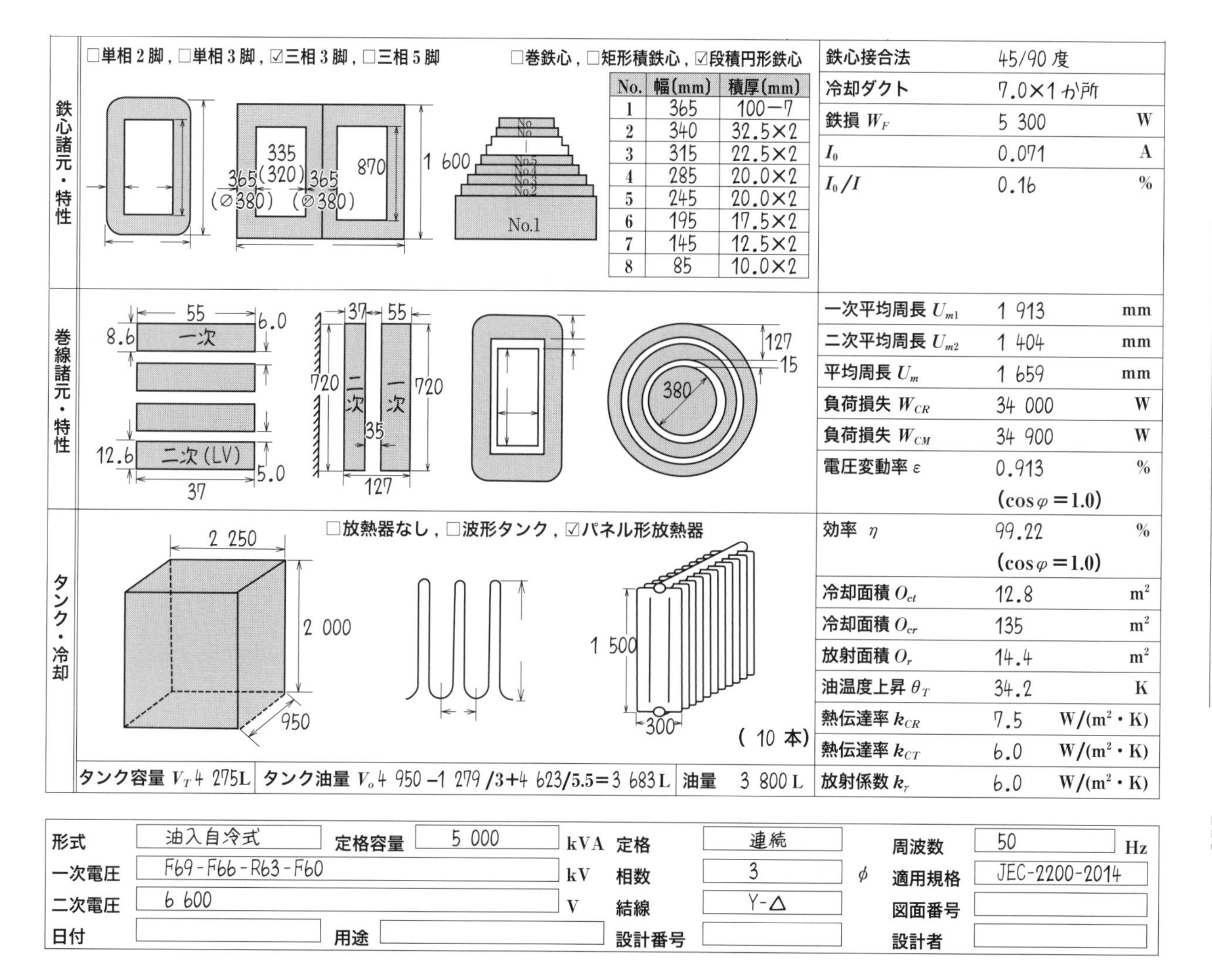

鉄心諸元・特性

□単相2脚，□単相3脚，☑三相3脚，□三相5脚　　□巻鉄心，□矩形積鉄心，☑段積円形鉄心

No.	幅〔mm〕	積厚〔mm〕
1	365	100−7
2	340	32.5×2
3	315	22.5×2
4	285	20.0×2
5	245	20.0×2
6	195	17.5×2
7	145	12.5×2
8	85	10.0×2

鉄心接合法	45/90 度	
冷却ダクト	7.0×1 か所	
鉄損 W_F	5 300	W
I_0	0.071	A
I_0/I	0.16	%

巻線諸元・特性

一次平均周長 U_{m1}	1 913	mm
二次平均周長 U_{m2}	1 404	mm
平均周長 U_m	1 659	mm
負荷損失 W_{CR}	34 000	W
負荷損失 W_{CM}	34 900	W
電圧変動率 ε	0.913 ($\cos\varphi = 1.0$)	%

タンク・冷却

□放熱器なし，□波形タンク，☑パネル形放熱器

タンク容量 V_T 4 275L　タンク油量 V_o 4 950 −1 279 /3+4 623/5.5=3 683 L　油量 3 800 L

効率 η	99.22 ($\cos\varphi = 1.0$)	%
冷却面積 O_{ct}	12.8	m^2
冷却面積 O_{cr}	135	m^2
放射面積 O_r	14.4	m^2
油温度上昇 θ_T	34.2	K
熱伝達率 k_{CR}	7.5	W/(m²・K)
熱伝達率 k_{CT}	6.0	W/(m²・K)
放射係数 k_r	6.0	W/(m²・K)

形式	油入自冷式	定格容量	5 000 kVA	定格	連続
周波数	50 Hz	一次電圧	F69-F66-R63-F60 kV	相数	3 φ
適用規格	JEC-2200-2014	二次電圧	6 600 V	結線	Y-△
図面番号		日付		用途	
設計番号		設計者			

第8章　電機設計総論

いままで述べてきた電気機器の設計法に関連して，故竹内寿太郎博士は原著において電機設計の在り方と他の設計学説についての見解を述べている．その内容を電機設計総論として以下に掲げる．

8・1　電機設計の要旨

設計の要旨は次の段階に分けられる

① まず装荷分配を行い，比装荷を選定して主要寸法を決める．

② 実状に適するようにスロットや導線などの細部の寸法を決める．

③ 設計された機器の主要特性を試算し，性能の良否を検討する．

①と②は機器の寸法を決める手順であり，これによってその機器に要する資材の量はもちろん，③で試算される性能も決まってくるのである．③の試算は，設計された機器の性能が仕様書に要求された特性を満足するか否か，またその機器に関する規格に適合するか否かなどを判定することになる．

機器の主要特性と寸法との関係　PMモータを含む回転機の設計において，ギャップ長を決める式はいずれも同じで

$$\delta = c \times 10^{-3} \times \frac{AC}{B_g}$$

という形で示されることは注目すべきことであり，このことは回転機の主要特性が

$$\frac{\text{電機子反作用起磁力}}{\text{無負荷時の励磁起磁力}}$$

という比に支配されることを意味するものである．すなわち機械の電機子反作用をどの程度まで許すかが，機械の特性を支配すると同時に，重要な寸法として，ギャップの長さの決定に直接関係することに注目すべきである．

機器設計のための算式の精度　いままで各章で述べた設計計算において用い

た多くの算式は，精度によって次の4種類に分けることができる．

① 自然現象に従う精密な物理的算式，たとえば起電力の式 $E=4.44T\phi f$ などはこれに当たる．

② 理論的算式を求めることが困難であるか，または理論式が複雑であるときは，実用的な略算式を採用している．たとえば，鉄心1kg当たりの損失を求める式

$$w_f=B^2\left\{\sigma_h\left(\frac{f}{100}\right)+\sigma_e d^2\left(\frac{f}{100}\right)^2\right\}$$

などはこれに当たる．

③ 算式の係数を過去の経験から統計的に求めたものもある．たとえば装荷分配の手順のうち，磁気装荷を求める式

$$\phi=\phi_0\times\left(\frac{S}{f\times10^{-2}}\right)^{\frac{\gamma}{1+\gamma}}$$

などがこれである．

④ 算式によらず，実験の結果を資料として計算するもの，たとえばけい素鋼板の磁化曲線などがこれである．

以上のように，設計計算に使用する式はそれぞれ出所が異なり，したがって精度も異なっているから，機器の設計においては算式のみに頼らず，心算を行う必要がある．設計は理論でなく技術である意味もここにある．

元来，design という語は意匠考案を意味するものであって，決して計算そのものではない．設計に用いる計算式は，製図におけるコンパスの類に相当する道具にすぎないので，計算式だけに頼っていては決して優秀な機器は設計できない．マイルスウォーカー氏は「すべてを計算に頼っていては，一生かかっても機械は設計できないであろう」，また「設計は，どの部分を計算によって決め，どの部分に目算を働かせるかにある」と述べている．これはまさに至言である．設計は計算ではなく考案であり，発明であることに注意しなくてはならない．

機器設計はその工作の実際を無視しては無意味である　いままで各章で用いた実用的な計算式の係数などは，その機器を製作する工場の設備に関係するものであるから，設計者は係数の値を決めるにあたっては，工場の設備，経験，現場での慣例などを考慮しなくてはならない．

電気機器設計の発達は，その算式の進歩より電気材料の進歩，その使用法の進

歩による面が大きいので，将来電気機器設計に大きい革新があるとすれば，そこには必ず新材料の出現が伴うものと思われる．すでにシリコン系，ガラス繊維系の絶縁物のように最高許容温度の高い材料の出現によって，電機設計は大きく変わりつつある．設計技術者は常に新材料の出現に応じる必要があり，一方，設計学の基礎的考察法を十分に探究しておくことが肝要である．

8・2　D^2l 法か，装荷分配法か

電機設計の基礎的考察には，本書に述べたような装荷の分配による方法のほかに，主要寸法と比装荷の関係を用いた D^2l 法が広く用いられている．ここにその大要を説明する．

機器容量の式（2・15）において $f=P\mathrm{rpm}/120$ とおくと

$$\mathrm{kVA}=\frac{K_0}{2}P^2AC\phi\frac{\mathrm{rpm}}{60}\times10^{-3} \tag{8・1}$$

と書ける．この機械の電気および磁気比装荷をそれぞれ ac および B_g とすると，$\phi/\alpha_iB_g=\tau l_i\times10^{-6}$ であるから

$$\frac{\mathrm{kVA}}{\alpha_iB_gac}=\frac{K_0}{2}P^2\left(\frac{AC}{ac}\right)\left(\frac{\phi}{\alpha_iB_g}\right)\frac{\mathrm{rpm}}{60}\times10^{-3}=\frac{K_0}{2}P^2\tau(\tau l_i)\frac{\mathrm{rpm}}{60}\times10^{-9}$$

となり，$P\tau=\pi D$ であるから

$$\frac{D^2l_i\mathrm{rpm}}{\mathrm{kVA}}=\frac{12.2\times10^9}{K_0\alpha_iB_gac}=\xi \tag{8・2}$$

となる．この ξ を寸法係数という．

この式は D^2l 法の基礎となる算式であり，微増加比例法における磁気装荷の式

$$\phi=\phi_0\times\left(\frac{S}{f\times10^{-2}}\right)^{\frac{\gamma}{1+\gamma}}$$

に対応するものである．

図 8・1～8・3 はそれぞれ直流機，同期機，誘導機の寸法係数と容量の関係を統計によって示したものである．これらの図でみると寸法係数は機器の容量によって大きく異なり，大容量のものほど ξ が小さいだけでなく，同じ機種，同じ容量の場合にも非常に広い範囲の値になっているので，適用の面からは不便である．

なお，改訂3版の見直しにあたり，図に示したデータは古い（昭和18年以前）ものであるが，原著を尊重してそのままとした．同一の出力に対し，寸法係数の値が小さいほど，回転機が小形化でき，現在の回転機では，これら寸法係数の値

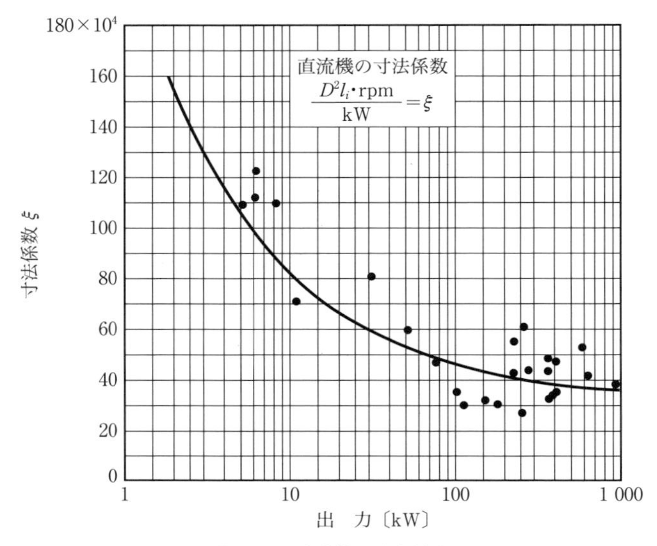

図 8・1 直流機の寸法係数

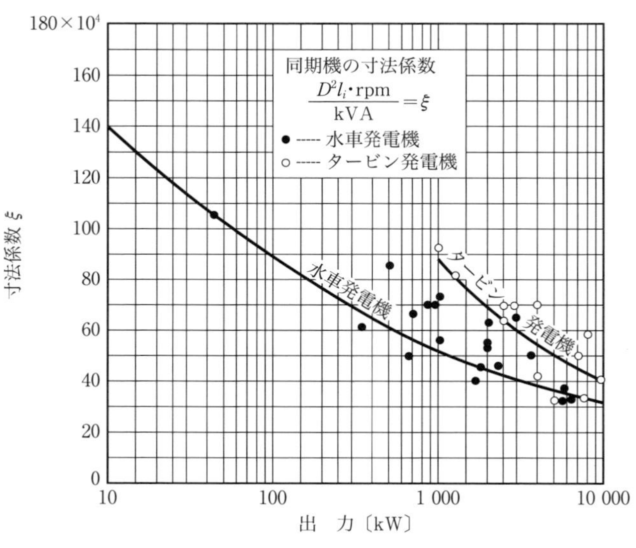

図 8・2 同期機の寸法係数

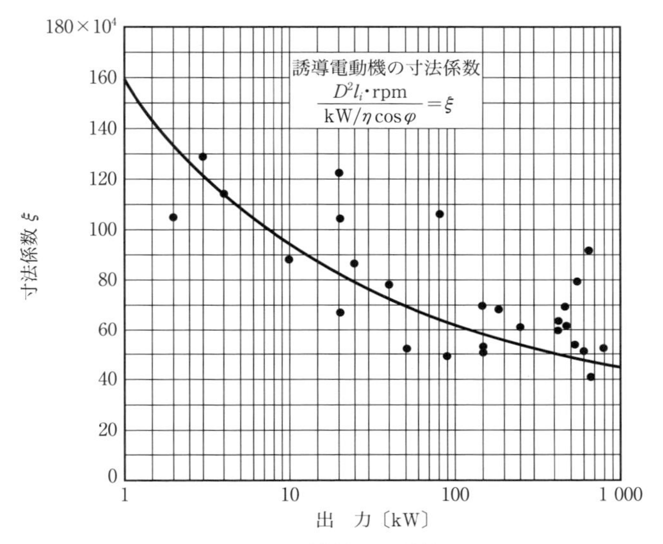

図 8・3　誘導機の寸法係数

はおよそ 1/2 以下である．

D^2l 法の応用例として，第 6 章で述べた設計例の 45 kW 直流電動機の設計計算を試みてみる．寸法係数 ξ の値を図 8・1 で予定するか，または比装荷 ac および B_g を予定するかのいずれでもよいが，ここで 6・3・2 項の設計例のように $ac=34$，$B_g=0.78$ とし，$\alpha_i=0.67$ にとれば，直流機では $K_0=2$ であるから

$$\xi=\frac{12.2\times10^9}{2\times0.67\times0.78\times34}=343.3\times10^6$$

である．よって式 (8・2) より

$$D^2 l_i=343.3\times10^6\times\frac{45}{1\,150}=13.4\times10^6$$

となる．D^2l 法によるときは D と l とをどんな割合にするかが問題で，普通の機械では $\tau/l_i=\pi D/Pl_i$ が 1.1〜1.5 の間にある．よって，この範囲内で τ/l_i を幾通りか選び，次のような表を作ってみる．

$\frac{\tau}{l_i}=$	1.1	1.2	1.3	1.4	1.5
$\frac{D}{l_i}=\frac{\tau}{l_i}\times\frac{P}{\pi}=$	1.40	1.53	1.66	1.78	1.91

$$D=\sqrt[3]{13.4\times10^6\times\left(\frac{D}{l_i}\right)}=265.9 \quad 273.9 \quad 281.4 \quad 288.1 \quad 294.9\ \mathrm{mm}$$

$$l_i=189.9 \quad 179.0 \quad 169.5 \quad 161.9 \quad 154.4\ \mathrm{mm}$$

上表をみて，$D=260$ mm に選べば $l_i=200$ mm となって，第5章で述べた装荷分配法による場合とほぼ同じになる．そして，この場合

$$\tau=\frac{\pi D}{P}=\frac{\pi\times260}{4}=204\ \mathrm{mm}$$

$$\frac{\tau}{l_i}=\frac{204}{200}=1.02$$

である．また磁気装荷を求めると

$$\phi=\alpha_i\tau l_i B_g=0.67\times204\times200\times0.78\times10^{-6}=2.13\times10^{-2}\ \mathrm{Wb}$$

したがって

$$\frac{N}{a}=\frac{203}{2\times2.13\times10^{-2}\times38.3}=124$$

となって，以下の計算は第6章で行ったものと同様に進めればよい．

この計算例でみるように，D^2l 法でも装荷分配法でも根本においては同じで，ただ計算順序が異なるだけである．しかし本書で説明した微増加比例法は，D^2l 法に比べて計算手続が簡単であるばかりでなく，後者の方法が回転機の設計だけに限られるのに対し，前者の方法は変圧器の設計にも一貫した方法で通用する．さらに，装荷分配が機器の主要特性と合理的に関係づけられることが微増加比例法の特長である．

また，2016年現在，回転機（同期機）に広く使われている出力係数 K_u は式(8・3) で示される．

$$K_u=\frac{P}{nD^2L} \tag{8・3}$$

P：出　力

D：固定子鉄心内径

L：固定子鉄心長さ

n：回転数

この出力係数は電気比装荷と磁気比装荷の積として導かれ，出力係数の大きな回転機は，より小さな寸法 D^2L で大きな出力 P を出すことができる．

20 世紀のはじめから日本で電気機器が造られるようになり，欧米から設計理論が入ってきて D^2l 法が広く用いられるようになったのであるが，大正年間の末に田中龍夫博士が立方根説[1]を発表し，電気機器の設計は装荷分配を基とすべきである，と主張されたのは鋭い先見の明であった．欧米においても，D^2l 法のほかに，装荷分配法として平方根説[2]を唱えた者もあるが，この方法には多くの欠点があって，変圧器の設計以外にはあまり用いられなかった．

その後，原著者は，田中博士の説に道を得て微増加比例法[3]を発表し，電機設計は装荷分配によるべきであることを主張した．また上田輝雄博士は，機械のトルクと磁気装荷の関係を基として装荷分配を行う方法[4]を研究し，発表した．

このように装荷分配法は，日本において盛んに研究され発達したもので，欧米の D^2l 法に比べて多くの優れた点をもっている．もちろん，今日でも多くの研究すべき問題が残されていて，近い将来に解決しなければならない問題としては，高温に耐える絶縁物の進歩が設計法にどんな影響を及ぼすか，すなわち，それが装荷分配にいかに影響するかの問題である．そして，この分配法に重要問題の鍵があり，研究や改善が進められている．原著者は，この装荷分配法が日本人の手によって完成され，優れた設計の基礎学説として広く用いられることを切望するものである．

1）田中龍夫：The Basis of Dynamo Design，電学誌，p. 597～687（大．8–10）
2）Niethammer, R. Kennedy, A. Gray
3）竹内寿太郎：New method for the electric machine design and the mechanical device determining distribution of loadings，電学誌，p. 711～744（大．11–10）
4）上田輝雄：電気機械の基礎的構成要素とその運用，早稲田大学出版部（昭．5）

第9章　パワーエレクトロニクスと電機設計

9・1　半導体装置と電気機器の組合せ

半導体応用装置の普及により，電磁機器はそれと組み合わせて用いられることが多くなった．組合せの形態には

① 半導体電力変換装置との組合せ

② 半導体による自動制御装置の利用

③ 電磁機器を含むシステムのコンピュータなどによる総合的な制御

などがある．以下，これらの概要について述べる．

9・1・1　半導体電力変換装置との組合せ

たとえば，直流電動機のサイリスタ整流器による可変電圧制御や，誘導電動機のインバータによる可変電圧可変周波数制御のように，半導体電力変換装置と電磁機器を主回路で結合したものである．

この場合，整流装置が発生源となる高調波の電圧および電流が，電磁機器に影響を及ぼす．そのおもなものは次のとおりである．

① 高調波による損失のため，温度上昇が高くなる．

② 振動や騒音を発生する．

③ トルクに脈動が生じる．

④ 出力，効率，力率が低下する．

⑤ 直流機では整流が悪くなる．

⑥ 変圧器では，偏磁および交・直流巻線の容量の相違を生じる．

このような高調波の影響は最も重要であるが，最近は発生源における高調波低減の工夫がなされており，その状況を含めて9・2節に発生高調波の内容を述べておくこととする．

9・1・2　半導体による自動制御装置の利用

たとえば，交流発電機の自動電圧調整装置や，電動機の自動速度調整装置など

に，トランジスタやサイリスタを用いたフィードバック制御が用いられるが，その応答性が高いので，電磁機器自身の設計にも影響を与える．

なお，フィードバック系の一要素として，電磁機器の諸定数を明確にする必要があることはもちろんのことである．

9・1・3 システムの制御

たとえば，変圧器や発電機の接続される電力系統の自動保護制御や，生産管理とも関連づけた総括的な電動機群のコンピュータ制御などが広く行われているが，これらは機器自身の設計に直接の影響は少ない．

9・2 電気機器に及ぼす半導体装置の影響

9・2・1 半導体電力変換装置による波形

〔1〕 インバータの出力波形　インバータは主回路の構成により電圧形（**図9•1**）と電流形（**図9•2**）に大別される．電圧形は交流出力電圧の大きさを制御するもので，古くは電圧波形が方形であった．電流形は出力電流を制御するもので古くは電流波形が台形であった．したがって，いずれも高調波成分を多く含むものであったが，その後バイポーラトランジスタによる等価正弦波 PWM 制御が用いられるようになり，全体として高調波成分が少なくなったものの，スイッチング周波数が低い（0.5～2 kHz）ため，電圧や周波数によっては特定の高調波成分が大きく出ることがあった．しかし現在では IGBT による等価正弦波 PWM 制御（スイッチング周波数 5～15 kHz）によって，数百 kVA 程度のものまではとんど正弦波に近い出力電圧・電流が得られるようになっている．**図9•3** に等価正弦波 PWM 制御時の出力電圧波形を示す．また，数百 kVA 以上の大容量に対しては，複数のインバータを相間リアクトルを介して並列接続する方式が用いられている．

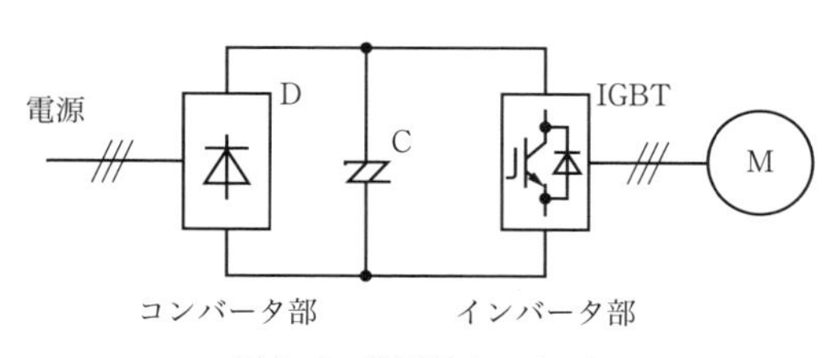

図9・1 電圧形インバータ

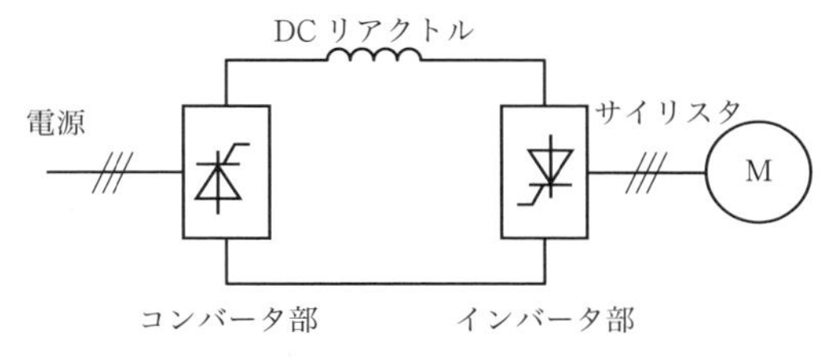

図 9・2　電流形インバータ

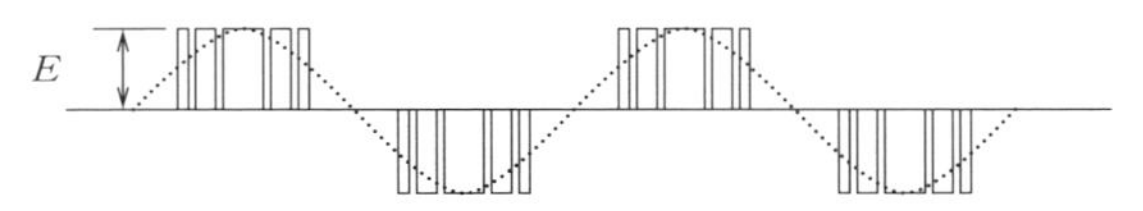

図 9・3　等価正弦波 PWM 制御の出力波形

〔2〕　整流器の直流出力電圧　三相整流器の直流出力電圧は，**図 9•4** のように脈動している．その直流平均電圧 $E_{d\alpha}$ は，直流電流が断続しないと仮定し，次式で表される．

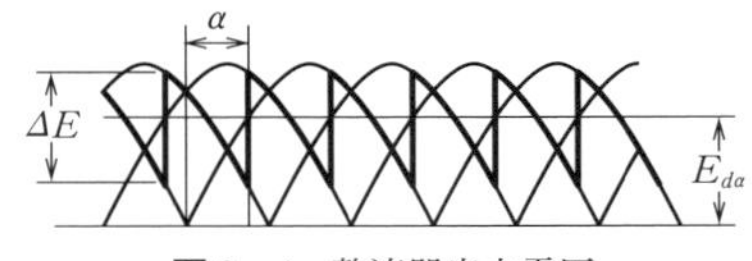

図 9・4　整流器出力電圧

$$E_{d\alpha}=\frac{\sqrt{2}E\sin\dfrac{\pi}{p}\cos\alpha}{\pi/p} \tag{9・1}$$

ここに，E：交流電圧，p：パルス数，α：制御角

式（9•1）より，三相整流器の直流平均電圧は $p=6$ で $E_{d\alpha}=1.35E\cos\alpha$，単相整流器の場合は $p=2$ で $E_{d\alpha}=0.9E\cos\alpha$ となる．

また，脈動の最大幅 $\varDelta E$ は次式で表される．

$$\varDelta E=\sqrt{2}E\left\{1-\cos\left(\frac{\pi}{p}+\alpha\right)\right\} \tag{9・2}$$

この電圧がかかることにより，直流電動機に流れる電機子電流の脈動は，その抵抗とインダクタンスによって決まってくる．

〔3〕　整流器による電源への影響　整流器を交流電源に接続すると，交流側に高調波電流が流れる．その波形は回路によって異なる．たとえばコンデンサインプット形整流器（定電圧定周波装置あるいは電圧形インバータによる交流電動機の可変速運転などに用いられる）は，直流電圧を一定にするような容量の大き

いコンデンサ（キャパシタ）を接続してあるので，交流電源側からの電流は，整流器の交流側の電圧が直流回路の電圧より高いときだけ流れ込むことになり，電流波形は不連続で高調波を多く含むことになる．また，チョークインプット形整流器（直流電動機の電源あるいは電流形インバータによる交流電動機の可変速運転などに用いられる）では，直流電流を平滑にするため直流回路に直列に大きいリアクトルが接続されるので，交流電源側の電流は台形波となり，やはり高調波を多く含む．

これらに対し，電力系統への高調波規制の進展に伴い複数の高調波発生源に対し一括してアクティブフィルタ（逆相波の発生により高調波を抑制する半導体装置）を設置する，あるいは，**図9･5**に示すようにインバータの順変換部にもIGBTによるPWM制御を用いて力率の改善と高調波の低減が図られている．

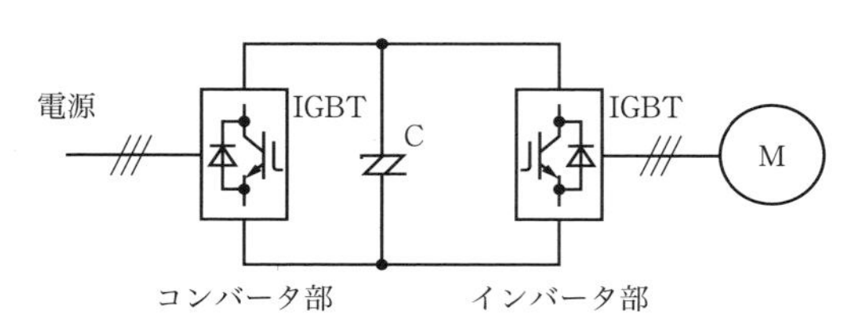

図9・5　PWMコンバータ付インバータ

〔4〕　**整流器負荷をもつ系統の他の部分の交流電圧**　　上記の高調波電流のため，その系統に高調波電圧を生じるが，その値は電源からその場所までの変圧器および線路のインピーダンスと高調波電流の積に比例する．通常その値は基本波電圧に比べかなり小さく，かつ上述のように高調波の発生が抑制される方向にもあり，またそこに接続される電動機の高調波に対するリアクタンス分は基本波に対し n 倍になるから，このための影響は問題になることが少ない．

9・2・2　各機器に対する影響

各機器に対する代表的な組合せの場合について述べる．

〔1〕　**交流電動機のインバータによる制御**　　9･2･1項〔1〕に述べたように，電圧形，電流形とも出力を正弦波に近づける工夫がされており，電動機として特別の考慮は必要としない．

ただし，PWM制御のスイッチング周波数に起因する高調波損失はおもに回転子に発生するため，スイッチング周波数が低い場合には回転子の温度上昇に注意する必要がある．特に PM モータにおいては，回転子永久磁石の温度を考慮する必要がある．

旧形のインバータでは高調波成分の多いものがあるので注意を要する．たとえば誘導電動機を方形波電圧で駆動する場合は，実効値の等しい正弦波の特性に比べてトルクが 10 % 程度減少する，銅損が一次で 15〜30 %，二次で 40〜100 % 増加する，騒音や振動が増すなどの影響が出るので，あらかじめ考慮に入れておかなければならない．

〔2〕 直流電動機に及ぼす脈動電流の影響

（a） 整　流　電流脈動の割合を示すにはいくつかの方法があるが，ここでは全振幅脈動率 μ_p を用いる．**図 9・6** において

$$\mu_p=\frac{I_{\mathrm{max}}-I_{\mathrm{min}}}{I_{\mathrm{mean}}} \tag{9・3}$$

で表される．

電機子回路に式（9・1）および式（9・2）で示されるような脈動電圧が加わったときの，全振幅脈動率とインダクタンスとの関係は，次式で概算できる．

$$\mu_p=\frac{\sqrt{2}K_vE_{d0}}{\pi fpLI} \tag{9・4}$$

ここに，L：電機子回路の全インダクタンス，K_v：制御角 α により決まる係数（**図 9・7**），E_{d0}：無負荷無制御直流電圧〔V〕，I：定格電機子電流〔A〕，p：整流相数，f：整流器交流側周波数〔Hz〕

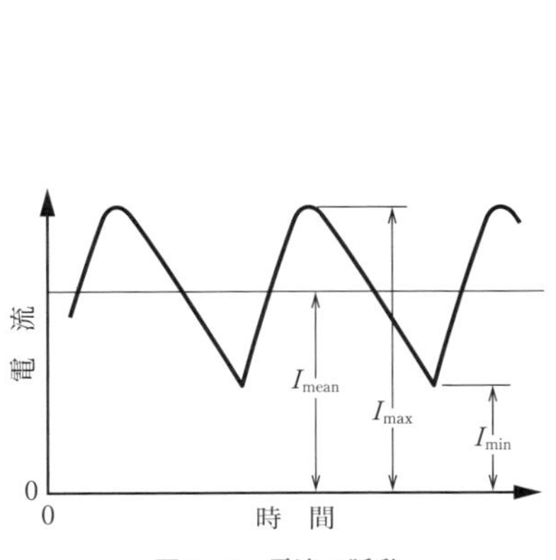

図 9・6　電流の脈動

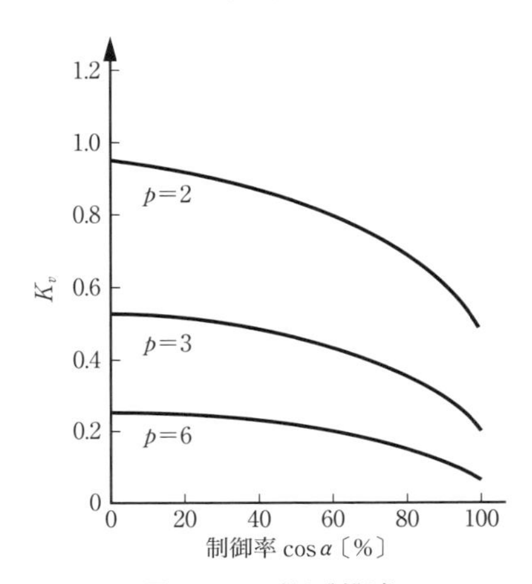

図 9・7　K_v 値と制御率

直流電動機は脈動率が大きいと，電流の脈動に対し補極の磁束の変化が追随できず，火花を発生しやすくなる．通常の直流電動機においては，脈動率を**図9･8**の上下限範囲内に抑えることが望ましい．この図から求まる脈動率の制限値を，式（9･4）に代入してLを求め，$L>L_a$（L_a：式（6･37）の値）ならば，その差のインダクタンスを直列に入れる．

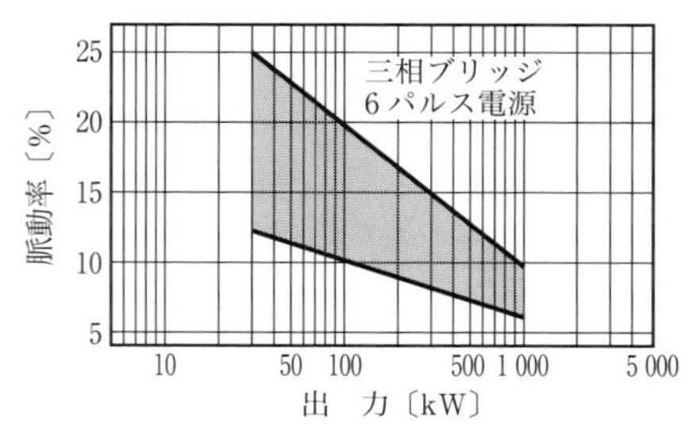

図9・8　許容脈動率

なお，補極と固定子継鉄をすべて成層構造とすると，補極磁束の追随が良くなり，脈動耐力が著しく良くなる．中容量以下では，外部インダクタンスを入れないで，40～60％の脈動率でも整流が悪化しない．最近はこのような電動機が増加している．

（**b**）　**電流の断続**　　制御角αが大きく，かつ軽負荷時には，電機子電流が断続しやすくなる．電流が断続すると，速度変動率が大きくなったり，振動・騒音の原因になる．

実用上断続してほしくない最低限界電流Iに対し，次の式で決まるLがL_aより大きいとき，その差を電機子と直列に入れる．

$$L=\frac{E_{d0}}{I}\cdot\frac{\sin\alpha}{2\pi f}\left(1-\frac{\pi}{p}\cot\frac{\pi}{p}\right) \qquad (9\cdot5)$$

〔**3**〕　**同期発電機に及ぼす整流器負荷の影響**　　独立電源としての同期発電機に，負荷として整流器が接続される場合には，高調波電流による制動巻線の熱耐量および位相制御に伴う力率低下による界磁巻線の熱耐量を考慮する必要がある．

制動巻線の熱耐量に関する値として逆相分電流に対する許容耐量が用いられ，普通のディーゼル発電機ではその値は15％程度（JEM 1354）とされている．整流器負荷電流耐量は，普通この2～3倍であって，30～45％ということになる．

一方，整流器を位相制御し，制御角をαとすると電源側の力率はほぼ遅れの$\cos\alpha$に等しくなる．負荷の力率が低い場合には，電機子反作用を補償するための界磁電流が余分に必要となるので，発電機の定格力率より低い力率となる場合には容量を減らして使用しなければならない．

以上二つの条件を考慮しつつ整流器負荷と発電機の組合せを計画する必要があるが，9･2･1項〔3〕に述べたように，アクティブフィルタや順変換PWM制御などにより高調波を軽減するとともに力率も1近くに改善することができるので，場合によってはこれらの採用により発電機の容量増を防ぐことも含め，システムとして最適の選択をすることが望ましい．

〔4〕 **自動制御との関係**　マイクロコンピュータを用いたディジタル制御装置を用いることにより，制御の精度と速応性が向上してきた．このため，機器の設計に対し，与える仕様に影響が出ている．

たとえば，交流発電機の短絡比あるいは固有電圧変動率が，古くは仕様の一つとして意義があったが，自動電圧調整装置の応答が速くなったので，固有の電圧変動率を設計上の制限値として考えることが全く無意味となっている．

また，直流電動機の減磁作用による負の速度変動率があっても，サイリスタによる自動速度調整装置によって安定な運転を行うことができ，安定巻線を省略することができる．

誘導電動機やPMモータにおいては，ベクトル制御（第5章5･1･3項参照）が容易に実現でき，直流電動機と同等以上のトルク制御，速度制御が可能となった．これにより，交流電動機の適用範囲が広がっているが，サーボ用途など速応性を要求される用途においては，制御応答と電動機パラメータの関係が重要な設計要素となる．

〔5〕 **整流器用変圧器**　整流器用変圧器は，整流回路に所要の交通電力を供給するために，変圧，相数変換，中性点の引出し，絶縁などを行うものである．整流素子の開閉動作により断続電流が流れるので，偏磁および巻線の容量に注意をはらう必要がある．

（a） **直流偏磁**　単相半波および三相半波整流回路などでは，変圧器の直流巻線には半波しか電流が流れないため，直流分が含まれることになる．一次電流は交流であるから，交流巻線には上記を打ち消すような直流分が流れて，鉄心を直流磁化し，磁気飽和を起こすおそれがあるので注意を要する．全波整流ではそのようなことはない．

（b） **巻線の容量**　整流器の出力電流をI_d〔A〕，無負荷無制御時の電圧をE_{d0}〔V〕とし，$P_d=E_{d0}I_d$とすれば，変圧器巻線の容量は，電流波形のためP_dより大きくなる．

たとえば，三相ブリッジの場合は 1.05P_d，単相ブリッジの場合は 1.11P_d である．この場合は，直流巻線も交流巻線も同じ波形の交流となるから，両巻線とも同じ容量でよい．

しかし，半波整流回路の場合は，両巻線の電流波形が異なるので，両巻線の容量が等しくない．たとえば，三相半波整流の場合は，直流巻線の容量が 1.48P_d，交流巻線の容量が 1.21P_d となり，相間リアクトル付二重Y結線の場合は，直流巻線容量が 1.48P_d，交流巻線容量が 1.05P_d となる．

付録：コンピュータの利用

現在，メーカでは，電気機器の設計にコンピュータを利用している．

その代表的な方法は，本書で述べたような計算手順および設計資料をコンピュータに記憶させ，仕様を入力するだけで最適な設計結果を出力させるものである．この場合，より精度の高い計算式や資料の駆使が可能であり，また機械構造部分の設計計算も行い，図面，製造手配票，購入伝票などを一貫して出力することができる．

コンピュータによる設計フローの例を**付録図 1** に示す．この図の一点鎖線で囲まれた部分を取り出して，より詳しく描いたものが**付録図 2** である．これらの図はフローの概要を示したものであって，各ブロックの中がさらに詳細に組み立てられることはもちろんである．なお，これらのブロックのうち，電磁振動・騒音や機械的強度の計算などは，本書の中では省略した部分であるが，実際にはきわめて重要な設計プロセスである．

上記の方法は，設計方式が標準的になったものについて適用できるが，一方，例外的な判断を必要とするものについては，いくつかの設計のプロセスごとに出力させ，必要に応じて，設計者が意思決定に介入して次のプロセスに移る対話形式をとることが多い．

また，近年ではコンピュータを用いた電磁界解析，構造解析，熱流体解析など，高度なシミュレーション技術が確立してきており，各設計プロセスにおいてより詳細な検討を行うような場合には，これらの技術も有効に利用されている．

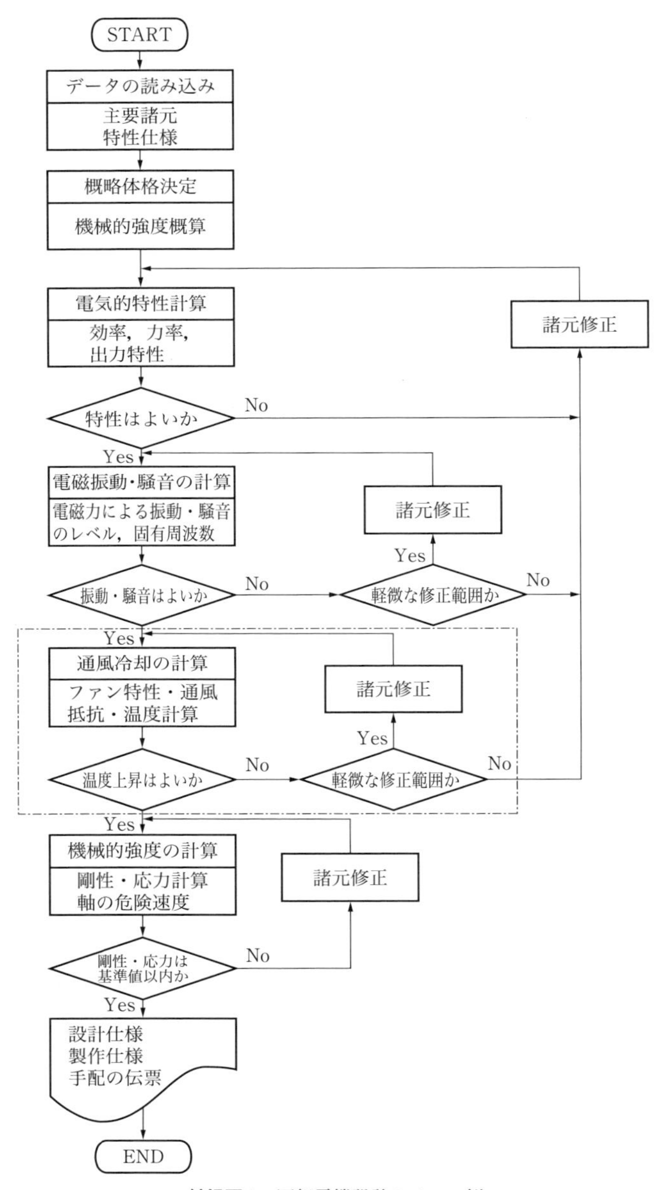

付録図 1　回転電機設計のフロー例

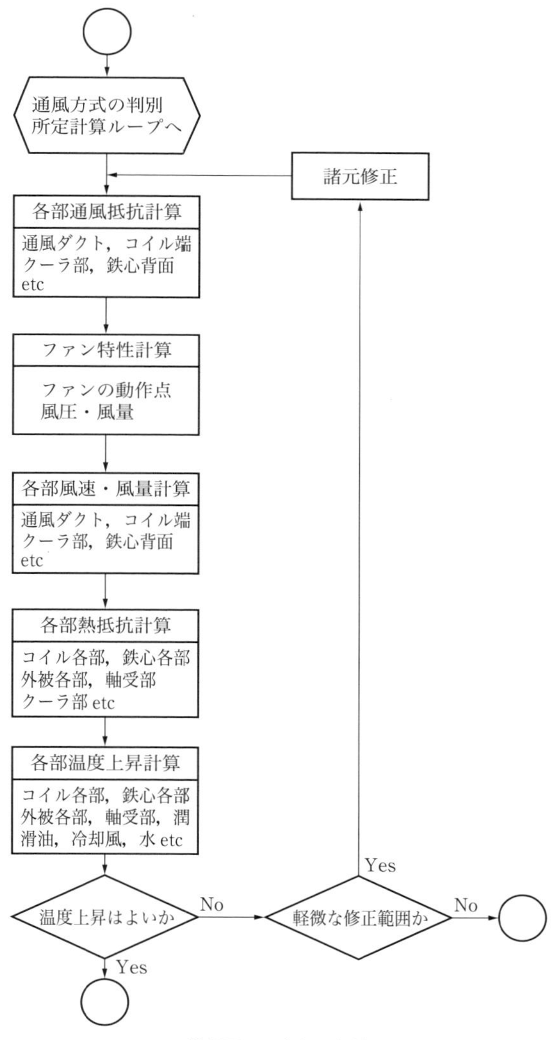
通風方式の判別
所定計算ループへ
諸元修正
各部通風抵抗計算
通風ダクト，コイル端
クーラ部，鉄心背面
etc
ファン特性計算
ファンの動作点
風圧・風量
各部風速・風量計算
通風ダクト，コイル端
クーラ部，鉄心背面
etc
各部熱抵抗計算
コイル各部，鉄心各部
外被各部，軸受部
クーラ部 etc
各部温度上昇計算
コイル各部，鉄心各部
外被各部，軸受部，潤
滑油，冷却風，水 etc
温度上昇はよいか
No
Yes
軽微な修正範囲か
Yes
No

付録図 2　冷却の計算

索　　引

ア　行

アクティブフィルタ（active filter）………231
遊びコイル……………………………………143
後ピッチ（back-pitch）……………………140
安定巻線（stabilizing winding）…………172
安定巻線付他励………………………………146
アンペア回数（ampere-turn）…………19, 33
アンペア導線数（ampere-conductors）
……………………………………………19, 33

位相制御（phase control）…………………230
インバータ（inverter）……………119, 226

うず電流損（eddy-current loss）……………3
うず電流損係数…………………………………4
埋込磁石形（interior permanent magnet）
…………………………………………………117
上口導線………………………………………140

永久磁石同期電動機（permanent magnet synchronous motor）…………………………117
エッジワイズ巻（edgewise winding）……166

温度上昇（temperature rise）……72, 135, 174
温度上昇限度……………………………………9

カ　行

開口スロット（open slot）……………………68
界磁アンペア回数（field ampere-turn）……153
界磁制御（field control）……………………145
界磁巻線（field winding）…………………153
外鉄形（shell type）…………………19, 181
回転磁界（rotation magnetic field）…………54
隔極接続…………………………………………46
かご形回転子（squirrel-cage rotor）…………78
かご形三相誘導電動機（three-phase squirrel-cage induction motor）…………99
重ね巻（lap winding）………………………139
カーター係数（Carter's coefficient）
…………………………………90, 127, 130
完全相似性………………………………………22

機械損（mechanical loss）
………………………7, 71, 94, 109, 134, 173
基準磁気装荷……………………32, 122, 146, 187
基準装荷…………………………………………39
基準電気装荷……………………………………32
希土類・コバルト磁石………………………118
希土類磁石（rare-earth magnet）…………118
ギャップ長…………………………85, 101, 150, 151
極間並列…………………………………………46
極　弧（pole arc）………………49, 124, 148
極ピッチ（pole-pitch）………………………26
均圧線（equalizer）…………………………142

けい素鋼帯（silicon steel）……………………3
減　磁（demagnetization）…………………132

コイル端漏れ（coil-end leakage）………67, 130
高調波規制……………………………………228
高調波成分……………………………………226
高調波漏れリアクタンス……………………89, 107
効　率（efficiency）…………………………23
固定子スロット…………………………………83
固有保磁力……………………………………132

サ　行

サイリスタ整流器……………………………145
三相短絡曲線（three-phase short-circuit characteristic curve）…………………………55
三相同期発電機（three-phase synchronous motor）………………………………………43
残留磁束密度（remanence）………………128

磁気回路の飽和…………………………………55

磁気装荷（magnetic loading）
……………………14, 20, 21, 33, 49, 100, 122, 147
磁気比装荷……………………………50, 51, 188
磁極位置検出……………………………………119
磁石動作点………………………………………125
磁束分布係数（flux distribution factor）……17
下口導線…………………………………………140
自動制御装置……………………………………225
集中巻（concentrated winding）……………45
出力係数…………………………………………222
循環電流…………………………………………142
順変換 PWM 制御………………………………231
仕　様（specification）……………20, 121, 145

すべり（slip）…………………………………95
スリップリング（slip ring）…………………78
スロット漏れ（slot leakage）……………67, 129
寸法係数…………………………………………219

整数スロット巻（integral slot winding）……45
整　流（rectification）………………………142
整流器（rectifier）……………………………227
整流子（commutator）……………………139, 156
整流子ピッチ（commutator pitch）…………141
整流子片（commutator bar）…………………139
整流子片間電圧…………………………………143
絶縁の種類…………………………………………8
占積率（space factor）…………………………12
全節巻（full pitch winding）…………………44
全負荷飽和曲線（full-load saturation curve）
…………………………………………………55

装荷の分配………………………39, 80, 121, 145, 219
装荷分配定数……………………………………31, 39
層間絶縁（layer insulation）……………………46
速度制御（speed controll）……………………119
速度変動率…………………………………………170

タ　行

対地絶縁（insulation to the earth）…………46
耐熱クラス（thermal class）……………8, 47, 52
耐熱クラス 155（F）……………………………47
他励界磁銅損……………………………………172
短節係数（short pitch factor）………17, 45, 123
短節巻（short pitch winding）…………………44
単層巻（single layer winding）………………43

直流機（DC machine）…………………………139
直流機の装荷統計…………………………………36
直流偏磁（DC asymmetrical magnetization, DC magnetization）……………………………231
チョッパ電源……………………………………145

通風ダクト（airduct, ventilation duct）
…………………………………………50, 51, 148

鉄機械（iron machine）……………………21, 30
鉄質量………………………………………………98
鉄心積み厚…………………………………………12
鉄心の正味長さ……………………………………50
鉄心の有効長さ……………………………………50
鉄　損（core loss, iron loss）
………………3, 70, 93, 108, 133, 172, 195, 207
電圧形インバータ………………………………226
電圧変動率（voltage regulation）……………57
電気機器の構成……………………………………18
電気機器の損失………………………………………3
電気機器の容量……………………………………18
電機子（armature）……………………………172
電機子全導線数…………………………………146
電機子電圧制御…………………………………145
電機子銅損（armature copper loss）………133
電機子反作用（armature reaction）
……………………………………130, 143, 150
電機子反作用アンペア回数………………………55
電機子反作用起磁力………………………………55
電機子反作用磁束………………………………130
電機子反作用リアクタンス……………………130
電機子誘導起電力………………………………146
電気装荷（electric loading）
…………………14, 20, 21, 33, 49, 100, 123, 147
電気損……………………………………………172
電気比装荷………………………………26, 51, 188
電流形インバータ………………………………227

等価回路（equivalent circuit）………………94

等価正弦波 PWM……226
銅機械（copper machine）……21, 30
同期機の装荷統計……33
同期反作用……59
同期リアクタンス（synchronous reactance）……120
銅質量……98
銅　損（copper loss）……6, 172, 195, 207
導体の転位（transposition）……183
突極形磁極（salient pole）……55

ナ　行

内鉄形（core type）……19, 181
波　巻（wave winding）……141

二層巻（double layer winding）……43, 122

ネオジム磁石（neodymium magnet）……118

ハ　行

パーミアンス（permeance）……125
パーミアンス係数……126
半導体電力変換装置……225
半閉スロット（semi-enclose slot）……68

ヒステリシス損（hysteresis loss）……3
ヒステリシス損係数……4
微増加比例法（method of proportional increment）……31, 219
表面磁石形（surface permanent magnet）……117
漂遊負荷損（stray load loss）……70, 96, 133, 173, 186
比容量……20

風　損（windage loss）……7, 71
不可逆減磁（irreversible flux loss）……132
負荷時タップ切換変圧器……181
負荷損（load loss）……195, 207
不完全相似性……26
ブラシ（brush）……141, 156
ブラシの電気損（brush electrical loss）……8
ブラシの摩擦損（brush friction loss）……7, 172
ブラシレス励磁装置……61
フラッシオーバ（flashover）……143
フラットワイズ巻（flatwise winding）……166
分数スロット巻（fractional slot winding）……45
分布係数（distribution factor）……16, 17, 45, 123
分布巻（distributed winding）……45

平均リアクタンス電圧……143
平方根説……223
変圧器（transformer）……181
変圧器の装荷統計……36
変圧器の鉄心……181

方向性けい素鋼帯……3
方向性電磁鋼帯……4
飽和曲線（saturation curce）……168
飽和係数（saturation factor）……59, 90
補　極（interpole）……144
補極巻線……172
補償巻線（compensating winding）……144

マ　行

マイクロコンピュータ（microcomputer）……231
前ピッチ（front-pitch）……140
巻　線（winding）……183
巻線形三相誘導電動機……80
巻線係数（winding factor）……45, 123
巻線抵抗……192
巻線の寸法……191, 203
巻鉄心（wound core）……11

見かけの長さ……51
脈動電流（pulsating current）……229

無負荷損（no-load loss）……195, 207
無負荷電流……94
無負荷飽和曲線（no-load saturation curve）……56, 66
無負荷誘起電圧（no-load induced voltage）……120
無方向性電磁鋼帯……4

漏れ係数（leakage factor）………………60, 126
漏れ磁束（leakage flux）……………59, 126, 186
漏れリアクタンス（leakage reactance）
………………………89, 106, 129, 183, 186, 193

ヤ　　行

有効冷却面積……………………………………24
誘導機の装荷統計……………………………33

ラ　　行

立方根説……………………………………222
隣極接続……………………………………46

英 数 字

B–H 曲線（B–H curve）…………………125
D^2l 法…………………………………………219
IGBT（insulated gate bipolar transistor）
……………………………………………………226
IPM モータ（IPM motor）……………………118
J–H 曲線（J–H curve）…………………132
PM モータ（PM motor）………………………117
SPM モータ（SPM motor）……………………117

跋

第1版への序言

著者はさきに「電気機器設計学」なる書を公にした．それが幸いにして実際の職場におけるのみならず，上級学校および大学の教科書として広く採用されて今日に及んでいる．ところが学制が改まって，新制大学における専門学課の講義時間は一層短縮されたため，教科書としてはその内容を改める必要に迫られ，ここに「電機設計大学講義」と題して本書の起稿を企てた次第である．そうして前著「電気機器設計学」は本書の詳しい理論説明についての参考書として残すことにした．

大学における電機設計の講義の目的は，設計法を修得せしめるためばかりでなく，機器理論の基礎を与え，その理解を完全ならしむるにある．ところが実際の設計は術であって学ではないので，その程度に制限のある理由はない．けれどもこれを限られた時間内に講義するには，設計学の形式を採って，その要旨をできるだけ普遍的に論じ，全般にわたりまとめて講述する必要がある．

本書はさきに公にした「電気機器設計学」の中で，機器の内容を理解するに必要な事項を選んで一層平易簡明に記述し，かつ最近の発展にともなう諸問題を追加し，設計資料の如きも改めたものであり，ことに機器の主要特性がその内容にいかに関係するかについては，実例によって詳述した．

電気機器の設計を修得するには，例題を計算することが絶対に必要である．設計はその理論の理解をもって足れりとするものでなく，どこまでも実際設計の計算によって初めてその機器の本質が修得できるものであり，本書の読者諸君が電気機器に対して一段と高い知識を修得せられるならば，著者の幸いとするところこの上もない．

本書の出版に当たっては，東京電機大学助教授磯部直吉君の一かたならぬ御協力を得たことを記して深謝の意を表わす．

1953年5月

竹内寿太郎

跋

第2版への序言

電気機器の発達は，その設計法よりも，それに使用する新材料の開発および規格の改革によるところが多い．本書の初版は昭和28年で，当時の材料と規格によったので，現状に通じないところが多い．

本書における設計法は従来より著者の提唱する装荷の微増加比例法であるが，設計例は明電舎設計部石崎彰博士，坪島茂彦博士および高井章氏が提唱された最近の実際に製作した機器の資料によって改稿したことを記して深謝する．

今日，自動制御の発達，半導体素子の開発等によって電気機器の使用状態は日に日に改まり，将来における機器の形態はいっそう変化するであろう．そうして機器の設計法はその内容としては装荷および比装荷の分配が改まることが予想されるので，設計者は常に機器の新しい使用状態に注目して，設計資料の改善をはかるべきである．

本書の改版は東京電機大学教授磯部直吉博士の努力によって完成されたので，同氏との共著として出版することにした．

1968年12月

竹 内 寿 太 郎

跋

付　　　言

本書の改訂に当たっては，まえがきの主旨に従って次の事項に注意した．

〔1〕 電気機器の本質を明らかにするために，まず他の動力機械との比較を述べ，次に電気機器の寸法と容量との関係についてその概要を説明した．

〔2〕 各種の電気機器の設計基礎はみな同一で，実際の設計においても全く同様な考え方で処理できることを明らかにし，各機種ともに同じ形式の計算手続をとっている．

〔3〕 本書に用いる単位系としてはSI系を採用した．ただし，商用設計の実状に照らして，長さの単位にはcm, mmも併用することにした．

〔4〕 商用設計では，特殊仕様の機器を除いてあらかじめ設定したプログラムに従って，コンピュータを使って演算するシステムが採用されている．また，詳細の特性，温度上昇など複雑な計算にもコンピュータを使用している．これらコンピュータの使用例について付録で概要を紹介する．ただし，本書は機器の特性理論と設計技術を修得することを目的としているので，例題の計算は計算尺によることとしているが，実用上もそれで十分である．電卓を用いて計算する場合，いたずらに大きな桁数を扱うことなく適度に選ぶことが大切で，これを各例題で会得してもらいたい．

〔5〕 本書中では，多くの数式の証明を省いているが，その詳細を修得しようとする読者は，竹内寿太郎博士著「電気機器設計学」（オーム社）を参照されたい．

1968年12月

竹内寿太郎

〈原著者略歴〉

竹内寿太郎（たけうち　としたろう）

大正 2 年　東京高等工業学校電気工学科卒
大正 14 年　工学博士
元東京電機大学教授
元同大電動力応用研究所所長

〈監修者略歴〉

西方正司（にしかた　しょうじ）

昭和 50 年　東京電機大学大学院工学研究科修士課程修了
昭和 59 年　工学博士
現　在　東京電機大学名誉教授

〈改訂３版編者略歴〉

足利　正（あしかが　ただし）

昭和 50 年　国立秋田工業高等専門学校電気工学科卒業
同　年　株式会社明電舎入社
平成 9 年　博士（工学）
現　在　株式会社明電舎モータドライブ事業部参与

五十嵐和巳（いからし　かずみ）

昭和 53 年　法政大学工学部電気工学科卒業
同　年　株式会社明電舎入社
現　在　株式会社明電舎変電担当常務執行役員

伊東竹虎（いとう　たけとら）

昭和 56 年　東京理科大学工学部電気工学科卒業
同　年　株式会社明電舎入社
現　在　株式会社明電舎発電事業部プロジェクトリーダー

大湊茂夫（おおみなと　しげお）

昭和 50 年　早稲田大学理工学部電気工学科卒
同　年　株式会社明電舎入社
現　在　東京電機大学非常勤講師

山田幸治（やまだ　こうじ）

昭和 60 年　岐阜工業高等専門学校電気工学科卒業
同　年　株式会社明電舎入社
現　在　株式会社明電舎モータドライブ事業部電動力応用製品企画部部長

水野孝行（みずの　たかゆき）

昭和 56 年　中部工業大学大学院工学研究科博士前期課程修了
同　年　株式会社明電舎入社
平成 4 年　博士（工学）
現　在　株式会社明電舎モータドライブ事業部上席理事

渡辺洋一（わたなべ　よういち）

昭和 60 年　幾徳工業大学（現神奈川工科大学）電気工学科卒業
同　年　株式会社甲府明電舎入社
現　在　株式会社甲府明電舎設計部部長

〈改訂２版編者略歴〉

磯部直吉（いそべ　なおきち）

昭和 14 年　電機学校高等工業科卒
昭和 29 年　工学博士
元東京電機大学名誉教授

石崎　彰（いしざき　あきら）

昭和 23 年　東京工業大学工学部電気工学科卒
昭和 30 年　工学博士
元東京電機大学教授
元 EM テクノリサーチ代表

高井　章（たかい　あきら）

昭和 29 年　新潟大学工学部電気工学科卒
元（株）明電舎

松田　勲（まつだ　いさお）

昭和 14 年　東京工業大学工学部電気工学科卒
元（株）明電舎

坪島茂彦（つぼしま　しげひこ）

昭和 24 年　東京工業大学工学部電気工学科卒
昭和 36 年　工学博士
元（株）明電舎

大学課程　電機設計学（改訂3版）

1953年 6月20日　第1版第1刷発行
1969年 1月25日　第2版第1刷発行
1979年10月30日　改題第1版第1刷発行
1993年 2月25日　改訂2版第1刷発行
2016年11月25日　改訂3版第1刷発行
2022年 7月10日　改訂3版第7刷発行

原著者　竹内寿太郎
監修者　西方正司
著　者　足利　正・五十嵐和巳・伊東竹虎・大湊茂夫
　　　　山田幸治・水野孝行・渡辺洋一

発行者　村上和夫
発行所　株式会社 オーム社
　　　　郵便番号　101-8460
　　　　東京都千代田区神田錦町3-1
　　　　電話　03(3233)0641(代表)
　　　　URL　https://www.ohmsha.co.jp/

印刷・製本　三美印刷
ISBN978-4-274-21970-2　Printed in Japan